热处理工艺入门

安士忠 著

化学工业出版社

·北京·

内 容 简 介

热处理作为一种重要的工艺手段，在充分挖掘材料的性能潜力、提高产品质量、延长产品的使用寿命等方面具有不可替代的作用。本书作为热处理行业的入门书籍，详细阐述了热处理工艺的基本概念、参数设置、缺陷控制等内容，将热处理工艺的基本概念、原理与实际应用紧密结合起来，以供材料热处理及相关领域的读者学习、参考。

本书以热处理工艺为本位，首先，总体介绍了热处理工艺及设计；接着，分别详细介绍了四种最为常用的热处理工艺，即退火、正火、淬火和回火；然后，重点介绍了工程实践中应用较多的表面热处理和化学热处理工艺；最后，以典型的钢铁材料和有色金属及其合金为例，详细阐述了热处理工艺的实际应用。

本书深入浅出、易懂易学、逻辑清晰、内容实用，既适合作为热处理相关专业的教材和培训资料，也可以作为材料、机械等行业工作者的参考书和工具书，还可以作为热处理等相关行业人员自学进修的入门读物。

图书在版编目（CIP）数据

热处理工艺入门/安士忠著．—北京：化学工业
出版社，2022.9
ISBN 978-7-122-41699-5

Ⅰ.①热…　Ⅱ.①安…　Ⅲ.①热处理-工艺学
Ⅳ.①TG156

中国版本图书馆 CIP 数据核字（2022）第 107733 号

责任编辑：邢　涛　　　　　　　　文字编辑：朱丽莉　陈小滔
责任校对：王　静　　　　　　　　装帧设计：韩　飞

出版发行：化学工业出版社（北京市东城区青年湖南街 13 号　邮政编码 100011）
印　　装：三河市延风印装有限公司
710mm×1000mm　1/16　印张 13¾　字数 237 千字　2022 年 11 月北京第 1 版第 1 次印刷

购书咨询：010-64518888　　　　　　售后服务：010-64518899
网　　址：http://www.cip.com.cn
凡购买本书，如有缺损质量问题，本社销售中心负责调换。

定　　价：78.00 元

前　言

"热处理工艺"之于"优质材料"，就好比"烹饪方法"之于"美味佳肴"。热处理工艺千变万化，材料性能五花八门。

经过将一年多的努力，《热处理工艺入门》这本书终于完成了。这本书的写作初衷是：让初学者入门，让专业者思考。因此，本书在撰写过程中，在保持学术上严谨性的同时，尽可能采用通俗的语言、简明的逻辑、简练的表达，将热处理的基本原理讲通透，将热处理的典型应用说清楚。

热处理工艺的"一目的"：提升材料性能。

热处理工艺的"二注意"：工件材料的成分状态，工件的尺寸形状规格。

热处理工艺的"三要素"：温度、时间和冷却速度。

热处理工艺的"四把火"：退火、正火、淬火和回火。

本书一共分9章：第1章概述热处理工艺及设计；第2章到第5章重点介绍热处理的"四把火"；第6章重点介绍表面热处理；第7章重点介绍化学热处理；第8章和第9章分别介绍热处理工艺在钢铁材料和有色金属材料中的应用。

本书在撰写过程中，受到了河南科技大学、龙门实验室、有色金属共性技术河南省协同创新中心、河南省有色金属材料科学与加工技术重点实验室等单位的大力支持，在此表示感谢。本书参考了大量的文献资料，在此对提供参考资料的各位专家和学者表示衷心感谢。

由于著者水平有限，本书中不足之处，恳请广大读者提出宝贵意见或建议。

安士忠

目 录

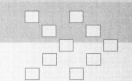

第1章

热处理工艺及设计

热处理（Heat Treatment）是指采用适当的方式对固态金属或合金进行加热、保温和冷却以获得预期的组织结构与性能的工艺。

热处理，顾名思义，核心是"热"，热能是一种能量，通过热处理，材料与外界发生了能量交换，材料本身的能量和状态发生了变化，也即微观上组成材料的原子和电子的状态（包括原子的排列方式、电子的能级和分布等）发生了变化，从而引起材料在宏观上性能（包括力学性能和物理性能）发生改变。

热处理的起源可以追溯到远古时期，从"火"的出现和应用开始。初期（从二三百万年前旧石器时代起），火仅仅被应用于取暖、照明、烹饪和驱赶野兽；随后（八九千年前新石器时代），火开始被用于烧制陶器和瓷器；之后（公元前两千年的夏商时期），火渐渐被用于铜的退火和铁的退火，比较有代表性的是兵器的制作；直到近现代时期，火被广泛应用于多种金属材料及非金属材料的热处理。

热处理的应用和发展，极大地丰富了材料的力学、物理和化学性能，催生了种类和牌号众多的材料，服务于经济建设，促进了科技进步；而经济发展和科技进步对物理和化学性能各异的新型材料的需求，反过来促进了热处理工艺和技术的发展，最终发展成一整套热处理体系。本章重点介绍热处理工艺的分类和牌号，热处理工艺、组织的优化设计，以及热处理工艺和前后工序之间的关系。

1.1 热处理工艺分类及代号

热处理工艺的分类和代号是基于长期的实践经验，相关学术团体通过会议讨论制定的，以方便从事热处理行业的工作人员沟通的标准或规范。例如，国家标准 GB/T 12603—2005 规定了热处理的基础分类和附加分类。基础分类根据热处理工艺的总称、工艺类型和工艺名称（按获得的组织状态或渗入元素进行分类），将热处理工艺按照三个层次进行分类，具体见表 1-1。从表 1-1 可以看出，热处理可以分为整体热处理、表面热处理和化学热处理三大类。而且，许多热处理工艺名称中均含有"火"字，包括退火、正火、淬火和回火，被称为热处理的"四把火"。

表 1-1　热处理工艺分类及代号（参照 GB/T 12603—2005）

工艺总称	代号	工艺类型	代号	工艺名称	代号
热处理	5	整体热处理	1	退火	1
				正火	2
				淬火	3
				淬火和回火	4
				调质	5
				稳定化处理	6
				固溶处理，水韧处理	7
				固溶处理＋时效	8
		表面热处理	2	表面淬火和回火	1
				物理气相沉积	2
				化学气相沉积	3
				等离子体增强化学气相沉积	4
				离子注入	5
		化学热处理	3	渗碳	1
				碳氮共渗	2
				渗氮	3
				氮碳共渗	4
				渗其他非金属	5
				渗金属	6
				多元共渗	7

　　附加分类对表 1-1 中的某些工艺的具体条件进行更细化的分类。按照实现工艺的加热方式的分类及代号见表 1-2，加热方式包括可控气氛加热、真空加热、盐浴加热、感应加热等。退火工艺及代号见表 1-3，退火工艺包括去应力退火、均匀化退火、再结晶退火等。淬火冷却介质和冷却方法及代号见表 1-4，淬火冷却介质包括空气、油、水、盐水等，冷却方法包括分级淬火、形

变淬火、气冷淬火等。

表 1-2　加热方式及代号（参照 GB/T 12603—2005）

加热方式	可控气氛（气体）	真空	盐浴（液体）	感应	火焰	激光	电子束	等离子体	固体装箱	液态床	电接触
代号	01	02	03	04	05	06	07	08	09	10	11

表 1-3　退火工艺及代号（参照 GB/T 12603—2005）

退火工艺	去应力退火	均匀化退火	再结晶退火	石墨化退火	脱氢处理	球化退火	等温退火	完全退火	不完全退火
代号	St	H	R	G	D	Sp	I	F	P

表 1-4　淬火冷却介质和冷却方法及代号（参照 GB/T 12603—2005）

冷却介质和方法	空气	油	水	盐水	有机聚合物水溶液	热浴	加压淬火	双介质淬火	分级淬火	等温淬火	形变淬火	气冷淬火	冷处理
代号	A	O	W	B	Po	H	Pr	I	M	At	Af	G	C

　　热处理工艺代号采用基础分类代号和附加分类代号共同表示。基础分类代号用三位数字表示，附加分类代号采用两位数字和英文字头做后缀的方法。基础分类代号和附加分类代号之间用半字线连接。热处理工艺代号标记规定如图 1-1 所示，常用的热处理工艺代号如表 1-5 所示。例如，513-01，表示可控气氛加热淬火，其中第一位"5"表示热处理，第二位"1"表示整体热处理，第三位"3"表示淬火，后面的"01"表示加热方式为可控气氛加热。再例如，521-04，表示感应淬火和回火，其中第一位 5 表示热处理，第二位"2"表示表面热处理，第三位"1"表示表面淬火和回火，最后面的"04"表示加热方式为感应加热。又例如，535-08（B）表示离子渗硼，其中第一位"5"表示热处理，第二位"3"表示化学热处理，第三位"5"表示渗其他非金属，"08"表示加热方式为等离子体加热，括号里的 B 表示渗硼。

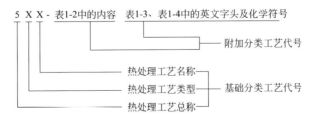

图 1-1　热处理工艺代号标记

表 1-5 常用热处理工艺代号（参照 GB/T 12603—2005）

工艺	代号	工艺	代号	工艺	代号
热处理	500	气冷淬火	513-G	流态床渗碳	531-10
整体热处理	510	淬火及冷处理	513-C	离子渗碳	531-08
可控气氛热处理	500-01	可控气氛加热淬火	513-01	碳氮共渗	532
真空热处理	500-02	真空加热淬火	513-02	渗氮	533
盐浴热处理	500-03	盐浴加热淬火	513-03	气体渗氮	533-01
感应热处理	500-04	感应加热淬火	513-04	液体渗氮	533-03
火焰热处理	500-05	流态床加热淬火	513-10	离子渗氮	533-08
激光热处理	500-06	盐浴加热分级淬火	513-10M	流态床渗氮	533-10
电子束热处理	500-07	盐浴加热盐浴分级淬火	513-10H+M	氮碳共渗	534
离子轰击热处理	500-08			渗其他非金属	535
流态床热处理	500-10	淬火和回火	514	渗硼	535(B)
退火	511	调质	515	气体渗硼	535-01(B)
去应力退火	511-St	稳定化处理	516	液体渗硼	535-03(B)
均匀化退火	511-H	固溶处理，水韧化处理	517	离子渗硼	535-08(B)
再结晶退火	511-R			固体渗硼	535-09(B)
石墨化退火	511-G	固溶处理+时效	518	渗硅	535(Si)
脱氢处理	511-D	表面热处理	520	渗硫	535(S)
球化退火	511-Sp	表面淬火和回火	521	渗金属	536
等温退火	511-I	感应淬火和回火	521-04	渗铝	536(Al)
完全退火	511-F	火焰淬火和回火	521-05	渗铬	536(Cr)
不完全退火	511-P	激光淬火和回火	521-06	渗锌	536(Zn)
正火	512	电子束淬火和回火	521-07	渗钒	536(V)
淬火	513	电接触淬火和回火	521-11	多元共渗	537
空冷淬火	513-A	物理气相沉积	522	硫氮共渗	537(S-N)
油冷淬火	513-O	化学气相沉积	523	氧氮共渗	537(O-N)
水冷淬火	513-W	等离子体增强化学气相沉积	524	铬硼共渗	537(Cr-B)
盐水淬火	513-B			钒硼共渗	537(V-B)
有机水溶液淬火	513-Po	离子注入	525	铬硅共渗	537(Cr-Si)
盐浴淬火	513-H	化学热处理	530	铬铝共渗	537(Cr-Al)
加压淬火	513-Pr	渗碳	531	硫氮碳共渗	537(S-N-C)
双介质淬火	513-I	可控气氛渗碳	531-01	氧氮碳共渗	537(O-N-C)
分级淬火	513-M	真空渗碳	531-02	铬铝硅共渗	537(Cr-Al-Si)
等温淬火	513-At	盐浴渗碳	531-03		
形变淬火	513-Af	固体渗碳	531-09		

1.2　热处理工艺、组织的优化设计

1.2.1　热处理工艺的优化设计

热处理工艺的优化设计是为满足特定的需求，包括产品的技术要求和经济要求。其中，产品的技术要求包括力学性能、物理性能、化学性能、加工工艺性能、几何尺寸及精度、表面质量等；经济要求包括材料、工艺成本和热处理所需时间等。

传统的热处理优化设计方法是：工艺人员根据积累和经验，包括工艺参数与性能之间关系的试验数据的积累和经验，通过个人预测，制定调整设备的工艺参数的方案，向操作人员下达工艺指令（通常是以工艺卡片的形式），进行预试验。若试验结果满足设计要求，则进行中试及大规模生产；若试验结果不满足要求，则需要继续调整工艺参数，直至满足设计要求为止。鉴于此，传统的热处理工艺参数优化设计方法通常需要多轮次的试验，存在着试验周期长、效率偏低、成本较高的问题。

为提高工艺优化设计的效率、改进工艺优化设计的效果，在信息时代，现阶段热处理工艺优化设计的发展趋势是基于热处理工业大数据，建立材料成分和状态、热处理工艺参数和性能之间的数学模型、物理模型等机理模型以及数字驱动模型，考虑工艺全流程，进行热处理工艺的优选，得到热处理工艺方案，包括材料的成分和状态、热处理工艺参数。对热处理工艺的最终评价，仍然需要通过小批量试验，进行产品性能测试和寿命试验等加以确定。相比于传统的热处理优化设计方法，基于大数据的新型热处理方式将大大缩短试验周期，提高效率，降低成本。

典型的热处理工艺优化流程图如图 1-2 所示。常见热处理工艺改进及优化措施如表 1-6 所示。

表 1-6　常见热处理工艺改进与优化措施

目的	主要措施
提高材料整体强度	优化淬火工艺,使材料内部含有更高含量的高强度基体相(如马氏体或贝氏体);采用淬火＋回火工艺,在材料内部析出弥散分布的第二相,即时效强化
提高表面强度、硬度、耐磨性	采用表面淬火等表面热处理;进行渗碳、渗氮、碳氮共渗、渗金属等化学热处理
防氧化、防脱碳	采用可控气氛热处理、真空热处理、流态床加热热处理或包装热处理等

续表

目的	主要措施
减少淬火变形开裂	优化淬火介质;低温加热;改进淬火方法;用表面淬火代替整体淬火
提高产品使用性能	采用形变热处理;磁场热处理;用多元共渗等化学热处理
强化工艺过程	快速加热;使用新渗剂、催渗剂;提高化学热处理温度及采用循环化学热处理;采用离子轰击化学热处理

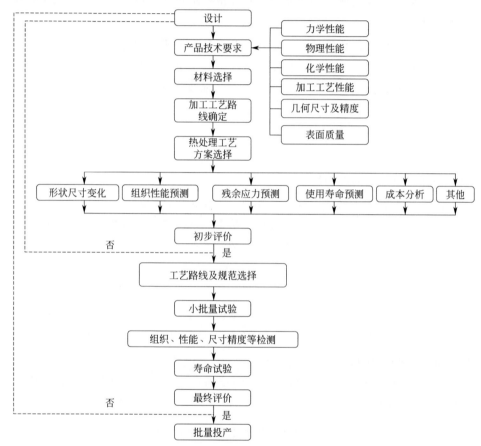

图 1-2　热处理工艺优化路线图[1]

1.2.2　热处理组织的优化设计

　　为使工件满足使用性能要求,需要工件具有特定的微观组织和结构状态。由于热处理可以通过促进原子扩散等方式改变材料的相组成和微观结构,因而是优化材料组织的重要方法。根据实际的工况需要,可以进行马氏体组织设计、贝氏体组织设计、沿晶断裂转化为穿晶断裂的组织设计等。下面举三个组织设计的例子予以说明。

① 马氏体组织设计。对于强度和硬度要求比较高的材料，一般情况下希望淬火后的基体完全是马氏体，不需要其他组织，这就需要根据材料本身的淬透性，选择合适的淬火介质和工件尺寸，一方面得到全马氏体组织，另一方面避免冷速过快导致零件变形和开裂。

② 贝氏体的组织设计。贝氏体组织通常通过等温淬火获得。可以根据 C 曲线（又称 TTT 曲线，温度-时间-转变曲线）选择不同的等温淬火温度和时间，来获得不同含量的贝氏体组织，包括上贝氏体组织和下贝氏体组织。由于上贝氏体组织粗大，综合力学性能较差，通常应用下贝氏体组织。

③ 沿晶断裂转化为穿晶断裂的组织设计。通过组织设计，将比较危险的沿晶断裂（应力腐蚀、氢脆和蠕变等均存在沿晶断裂）转化为穿晶断裂，可以采用多种方法来实现。如通过球化热处理来消除沿晶界分布的脆性相；加微量硼或稀土，减少杂质元素（S、P 等）在晶界的偏聚；通过碳氮共渗细化晶粒；通过锻后余热淬火产生锯齿形晶界[1]。

1.3　热处理工艺与前后工序之间的关系

热处理工艺主要用于调控工件的组织状态，通常作为中间工序或者最后一道工序。根据不同的需求，热处理工艺需和前后的工序相配合。相同的热处理工艺，放在不同的工序阶段进行，可能会造成所处理工件性能巨大的差别。因此合理安排热处理工艺的位置，协调好与前序和后序工序之间的关系，对于满足材料性能需求、节约能源、减少碳排放、节约时间和降低成本具有重要意义。下面举例说明热处理工艺与前后工序之间的关系。

① 锻后直接热处理。锻造件在锻造工序后直接进行热处理，不仅可以保证工件质量、改善切削等加工性能，而且对锻造余温的利用可达到节能、省时、降低成本的效果。

② 铸造毛坯退火热处理。铸造以后的毛坯，由于存在着成分偏析、组织不均匀、应力等缺陷，需要通过退火来消除成分偏析、均匀化组织及去除应力。例如，在铝铜板带材的生产过程中，热机械轧制工序前，对铸锭进行均匀化退火，不人工冷却快速送入轧机直接进行热轧。

③ 机械加工前毛坯的调质热处理。对于涉及后续机械加工的毛坯，为改善毛坯的加工工艺性（不能太软，也不能太硬），需要进行调质处理。要结合

机械加工刀具的使用寿命、机床的特性、生产效率等，综合考虑技术和经济要素来制定调质热处理工艺。

④ 高精度工件的稳定化热处理。对于高精度工件，控制变形回弹十分重要，除了采用拉弯矫直等手段外，还可以在加工后对工件进行稳定化热处理，消除残余应力，稳定内部组织，以保证工件在使用过程中保持所需精度。

⑤ 冷作硬化半成品省略热处理。对于冷作硬化的半成品，在精度和强度都比较高的情况下可以省略热处理，直接进入下一道工序。例如，以冷拔钢管取代调质钢管进入后续精加工并装配，可以起到节能、省材、降成本的效果。

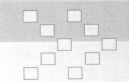

第 2 章

退 火

　　退火是热处理"四把火"中的第一把火，它被应用得最早，可以认为是人类对于金属热处理的开端。早期（夏商时期或更早），退火首先被应用于铜加工过程的中间热处理（铜在大变形加工过程中会发生硬化，为避免开裂，需经中间退火后，再进行加工），后来（商周时期）也被应用于"陨铁"（高铁镍合金）的热处理以制造刀具等物品，以及较大面积的"金箔"的加工以满足装饰等需要。

　　退火的主要目的是改善工件材料内部的组织结构状态（包括均匀化、稳定化、再结晶等），从而调控材料性能（包括强度、韧性等力学性能，导电、导热等物理性能，以及抗氧化、耐腐蚀等化学性能）。

　　退火的字面意思是"用火退去刚性"，也就是加热以后缓慢冷却，以降低材料的强度和硬度。"退"可以理解成材料的强度、硬度在缓慢冷却过程中慢慢消退之意。早期退火多用于降低材料强度和硬度，以便于后续进行锻造等加工处理，随着热处理技术的发展，退火的用途越来越广，可以用来调控材料的力学、物理和化学性能。

2.1　退火的基本概念

2.1.1　退火的定义

　　退火（Annealing）指的是将工件加热到适当温度，保持一定时间，然后缓慢冷却的热处理工艺（GB/T 7232—2012）。

　　退火最主要的特点是"冷却速度缓慢"，通常采用随炉自然冷却的方式。随炉自然冷却的工艺操作简单，但用时较长。

2.1.2 退火的分类

根据退火目的不同，退火可以分为再结晶退火、等温退火、球化退火等，具体如表 2-1 所示。按照退火温度不同，退火可以分为完全退火、不完全退火和等温退火等，具体如表 2-2 所示。按照退火方式不同，退火可以分为双联退火、连续退火等，具体如表 2-3 所示。

表 2-1　按照退火目的退火分类（参照 GB/T 7232—2012）

种类	英文	定义
均匀化退火	Homogenizing, Diffusion Annealing	以减少工件化学成分和组织的不均匀程度为主要目的，将其加热到高温并长时间保温，然后缓慢冷却的退火
再结晶退火	Recrystallization Annealing	将经冷塑性变形加工的工件加热到再结晶温度以上，保持适当时间，通过再结晶使冷变形过程中产生的缺陷基本消失，重新形成均匀的等轴晶粒，以消除形变强化效应和残余应力的退火
球化退火	Spheroidizing Annealing	为使工件中的碳化物球状化而进行的退火
预防白点退火	Hydrogen Relief Annealing	为防止工件在热形变加工后的冷却过程中因氢呈气态析出而形成发裂（白点），在形变加工完结后直接进行的退火。其目的是使氢扩散到工件之外
光亮退火	Bright Annealing	工件在热处理过程中基本不氧化，表面保持光亮的退火
稳定化退火	Stabilizing Annealing	为使工件中细微的显微组成物沉淀或球化的退火
去应力退火	Stress Relief Annealing	为去除工件由塑性变形加工、切削加工或焊接造成的内应力及铸件内存在的残余应力而进行的退火
晶粒粗化退火	Coarse-grained Annealing	将工件加热到比正常退火较高的温度，保持较长时间，使晶粒粗化以改善材料被切削加工性能的退火
可锻化退火	Malleablizing	使成分适宜的白口铸铁中的碳化物分解并形成团絮状石墨的退火
石墨化退火	Graphitizing Treatment	为使铸铁内莱氏体中的渗碳体或（和）游离渗碳体分解而进行的退火

表 2-2　按照退火温度的退火分类（参照 GB/T 7232—2012）

种类	英文	定义
完全退火	Full Annealing	将工件完全奥氏体化后缓慢冷却，获得接近平衡组织的退火
不完全退火	Partial Annealing	将工件加热到半奥氏体化后缓慢冷却的退火
等温退火	Isothermal Annealing	工件加热到高于 A_{c_3}（或 A_{c_1}）的温度，保持适当时间后，较快地冷却到珠光体转变温度区间的适当温度并等温保持，使奥氏体转变为珠光体类组织后在空气中冷却的退火
亚相变点退火	Subcritical Annealing	工件在低于 A_{c_1} 的温度进行的退火工艺的总称。其中包括亚相变点球化退火、再结晶退火、去应力退火等

表 2-3　按照其他分类依据的退火种类（参照 GB/T 7232—2012）

分类依据	种类	英文	定义
退火所处工艺位置	中间退火	Intermediate Annealing	为消除工件形变强化效应，改善塑性，便于实施后继工序而进行的工序间退火
退火的方式	双联退火	Duplex Annealing	中间不冷却至室温，前后接续的两次退火
退火的速度	快速退火	Rapid Annealing	采用高能束或其他能源将工件加热至比正常退火较高的温度并短暂保温的退火
退火方式	连续退火	Continuous Annealing	用连续作业炉实施的退火
退火方式	装箱退火	Pack Annealing	将工件装入有保护介质的密封容器中进行的退火
退火气氛	真空退火	Vacuum Annealing	在低于 1×10^5 Pa（通常是 $10^{-1} \sim 10^{-3}$ Pa）的环境中进行的退火
退火加热源	感应加热退火	Induction Annealing	利用感应涡流加热进行的退火
退火加热源	火焰退火	Flame Annealing	利用火焰加热进行的退火

2.2　退火的工艺流程及参数设置

退火工艺示意图如图 2-1 所示。退火工艺的三个关键参数：退火温度（图 2-1 中的 T_a）、退火时间（图 2-1 中的 t_a）和冷却速度（图 2-1 中的 dT/dt）。

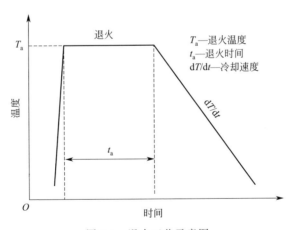

图 2-1　退火工艺示意图

由于退火的冷却速度缓慢，退火工艺最主要的参数是退火温度和退火时间。退火工艺流程的设计和参数选择，应以退火的目的为导向，基于材料组织结构和性能随温度和时间的变化规律进行设计。退火的时间比较长，材料内部的组织倾向于稳定态，接近于"平衡态"，因此，主要以相图为参考和设计依据。

退火经常和其他热处理工序配合使用，对于钢铁材料、铝合金和铜合金等有色金属材料均适用。

2.2.1 去应力退火

去应力退火的主要目的是消除工件材料内部的残余应力。当材料内部残余应力较大时，容易引起材料变形、开裂等失效，尤其对于一些形状和尺寸要求比较高的工件，必须进行去应力退火处理。去应力退火可用于预备热处理，如可消除锻造过程产生的内应力。去应力退火的加热温度范围很宽，需要根据材料成分、加工方法、内应力大小及其在工件中的分布来确定。材料的内应力越大，分布越均匀，退火温度要稍微高一些，但时间也更长一些。不同材料的去应力退火温度的选择如表 2-4 所示。

表 2-4 不同材料的去应力退火温度示例[2]

材料	去应力退火温度	原因或目的
热锻后的低碳钢	500℃左右	消除锻造过程产生的内应力
需要进行调质热处理的中碳钢	500～650℃	为避免变形，需要在切削加工或者调质前进行去应力退火
形状复杂且要求严格的模具	600～700℃	在淬火之前，粗加工与精加工之间，常进行去应力退火
经过索氏体化处理的弹簧钢丝（不经淬火回火处理）	250～350℃	为了防止制品因应力状态改变而产生变形
铸件	520～550℃	内部存在铸造应力，几何尺寸可能不稳定，还有可能发生开裂，因而在机械加工前也应进行去应力退火
经过冷加工变形后的钢材	500～650℃	没有组织的转变，通过再结晶消除内应力，稳定尺寸、防止变形和开裂
焊接件	620～650℃	消除焊接过程中在焊接区域附近产生的内应力
切削加工件	650～680℃	消除因为切削加工在工件表面产生的内应力

去应力退火在消除工件内部的残余应力的同时，也使材料内部的微观组织发生变化，相应地，其力学性能等也会发生改变。

去应力退火在金属材料的生产中应用十分广泛，其工艺的合理选择和优化对于节能降耗、降低碳排放具有重要意义，特别是在钢铁工业等产能和能耗巨大的生产线上。

2.2.2 再结晶退火

再结晶（Recrystallization）指经冷塑性变形的金属超过一定温度加热时，通过形核长大形成等轴无畸变新晶粒的过程[3]。再结晶温度作为冷热加工的分界线，一般地，在再结晶温度以上进行的加工被称为热加工，在再结晶温度以下进行的加工被称为冷加工。

在进行再结晶退火之前，需要对工件进行预先变形，以在工件中引入再结晶的形核中心，产生再结晶所需要的最小变形量为临界变形量（钢的临界变形量为 6%～10%）。随着变形量的增加，再结晶温度降低，到了一定值以后基本不变。

经验公式：$T_{r,min} = \alpha T_m(K)$。

式中，工业纯金属 $\alpha = 0.35 \sim 0.4$，高纯金属 $\alpha = 0.25 \sim 0.35$ 甚至更低；$T_{r,min}$ 为最小再结晶温度；T_m 为金属的熔点；K 为热力学温度单位。在使用的过程中，计算最小再结晶温度需要注意，这里的温度是热力学温度（K），而不是摄氏温度（℃）。常用金属的材料的再结晶温度如表 2-5 所示。

加入合金元素以后，材料的再结晶温度通常会显著升高。例如，在工业纯铜中加入质量分数为 0.04% 的 Li，Li 固溶于铜中，引起晶格畸变，阻碍再结晶过程中的位错的运动与重排，使得经过冷拔处理后的工业纯铜的再结晶温度从 400℃ 升高到 440℃[4]。在 99.99% 的高纯铝中加入质量分数为 0.1% 的 Cr 和 0.28% 的 La，可使得铝的起始再结晶温度提高约 30℃，复合加入质量分数为 0.09% 的 Zr、0.1% 的 Cr、0.14% 的 La，起始再结晶温度和终了再结晶温度分别提高约 30℃ 和 60℃[5]。在 Ag-Ce 合金中添加质量分数为 4%～8% 的 Cu，使其再结晶温度从 400～500℃ 提高到 600～700℃[6]。

表 2-5 常用金属材料的再结晶温度[7-14]

材料	熔点 T_m/℃	熔点 T_m/K	再结晶温度 T_r/℃	再结晶温度 T_r/K	T_r/T_m（以热力学温度计算）
铁	1538	1811	450[7]	723	0.40
一般钢材	约 1500	约 1773	650～700[8]	923～973	0.52～0.55
铜	1083	1356	200[7]	473	0.35
铜合金	约 1000	约 1273	600～700[8]	873～973	0.69～0.76
铝	660	933	150[7]	423	0.45
铝合金	约 600	约 873	350～400[8]	623～673	0.71～0.77
镁	650	923	150[7]	423	0.46

续表

材料	熔点 T_m/℃	熔点 T_m/K	再结晶温度 T_r/℃	再结晶温度 T_r/K	T_r/T_m(以热力学温度计算)
镁合金	约650	约923	约200[9,10]	约473	0.51
钛	1668	1941	520~600[11]	793~873	0.41~0.45
钛合金	约1700	约1923	750~850[12-14]	1023~1123	0.53~0.58
镍	1455	1728	600[7]	873	0.51
钼	2625	2898	900[7]	1173	0.40
钨	3410	3683	1200[7]	1473	0.40
锌	419	692	15[7]	288	0.42
银	960	1233	200[7]	473	0.38

合金元素对于金属材料的再结晶行为有重要影响，而且不同种类的合金元素和金属基体之间因相互作用的不同对再结晶行为影响迥异。例如，在B10白铜中加入稀土元素Y，可以影响再结晶晶粒的形核和长大，进而影响到晶粒尺寸，从而影响到硬度[15]。采用铸造法在7075铝合金中加入Sc和Zr元素，使得挤压后再结晶的比例从35%降低到22%，其中，细小的共格的Al_3（Sc，Zr）相强烈地钉扎位错和晶界，抑制位错重排形成亚晶界以及大角度晶界，进一步阻碍了再结晶的形核和生长[16]。在AZ31镁合金中加入少量Ca元素，降低了动态再结晶的临界应变，提高了动态再结晶的体积分数，因添加Ca元素在合金中形成的Al_2Ca相有助于促进动态再结晶晶粒的形成[17]。

2.2.3 均匀化退火

均匀化退火的主要目的是减少或消除化学成分偏析以及组织的不均匀性，其温度略低于固相线温度，加热时间通常较长。

均匀化退火比较常见的是用在铸造工序之后。铸造后，在材料内部会有大量的缩孔、疏松、成分偏析等铸造缺陷。在进行后续加工之前，首先要进行均匀化退火，以消除成分和组织的不均匀性，这一步对于保证加工后产品质量的稳定性十分重要。

下面以钢工件为例，说明均匀化退火的参数选择与设计：

① 退火温度。通常选择 A_{c_3} 或 A_{cm} 以上150~300℃，具体需要根据钢种的化学成分和偏析程度来确定合适的均匀化退火温度。若均匀化退火温度过高，则不仅能耗大、影响加热炉的寿命，而且使钢件的烧损过多；若均匀化退火温度过低，则扩散驱动力较小，扩散不充分，不能达到成分和组织均匀化的

目的。普通碳钢的均匀化退火温度一般选择 1100～1200℃，合金钢的均匀化退火温度一般选择 1200～1300℃。加热速度通常控制在 100～200℃/h[8]。

② 退火时间。通常采用经验公式进行估算。估算的一般方法：截面每 25mm 保温 30～60min，或者按照 1mm 保温 1.5～2.5min 来计算。若装炉量较大，则采用下式：

$$t = 8.5 + Q/4 ^{[8]} \tag{2-1}$$

式中，t 为保温时间，h；Q 为装炉量，t。

当保温时间过长时，会造成氧化，而且能耗高，保温时间一般不超过 15h。

③ 冷却速度。一般选择 50℃/h，高合金钢相对较慢，≤20～30℃/h。为节约热处理时间，当降低到一定温度时，即可出炉空冷。普通钢件可以降低到 600℃以下出炉，高合金钢或者高淬透性的钢最好降低到 350℃以下出炉，尽可能降低应力（避免硬度偏高）。对于容易氧化的工件，例如含有稀土的合金，则需要在更低的温度（如 100～200℃）出炉空冷，以避免氧化造成工件报废。

对于有色金属均匀化退火的参数设计，通常需要通过小批量实验来确定在最优的均匀化工艺。

对于铝合金，设计不同退火温度和退火时间的实验，可以通过观察其退火后的显微组织测量其粗晶粒层的厚度，测试其硬度、电导率等来确定退火工艺参数。如对 6005A 铝合金，在 570℃进行 9h 均匀化退火处理，可以得到充分均匀的合金组织[18]；对 AA8014 铝合金，在 575℃进行 20h 均匀化退火处理后，尺寸在 10μm 以下的第二相均匀分布、尺寸大于 10μm 的第二相明显减少，为最优均匀化退火工艺[19]；对 7050 铝合金，在 465℃进行 24h 均匀化退火处理后，合金的组织均匀，具有较好的耐腐蚀性能[20]。

对于铜合金，可以通过研究在不同的均匀化退火温度和时间下的合金的显微组织和性能，选择合适的均匀化退火工艺参数。例如，对于时效硬化型的 Cu-Ni-Si 合金，在 850～950℃保温 2～8h，通过观察均匀化退火前后的金相组织，测试硬度，观察拉伸断口形貌，最终发现在 900℃退火 4h 效果最佳[21]。

对于镁合金，可以通过具体的实验来确定合适的均匀化退火温度和退火时间，具体可通过观察其显微组织、测试其硬度等性能的均匀性来选择均匀化退火参数。例如，将 AZ10 镁合金在 360℃、400℃和 440℃分别保温 8h、12h、18h 和 24h，通过观察退火样品后的显微组织、测试其显微硬度及热压缩性能，最终选择出 440℃×18h 的热处理工艺，在该工艺条件下组织硬度的均匀性较好[22]。

2.2.4 完全退火

完全退火中的"完全"指的是发生完全重结晶。完全退火通常用于亚共析钢的热处理。首先，将亚共析钢加热到 A_{c_3} 以上 $30\sim50℃$，保温一段时间，使得组织"完全奥氏体化"；然后缓慢冷却，最终得到接近于平衡状态的微观组织。

① 退火温度。适用于中碳钢 [含碳量（碳的质量分数）$0.25\%\sim0.60\%$] 和合金结构钢，退火温度通常为 $A_{c_3}+(30\sim50)℃$。退火后，中碳钢的组织由铁素体和珠光体组成。退火可以消除组织缺陷和应力，以及热加工过程中出现的粗大组织。常见结构钢的退火温度和硬度如表 2-6 所示。

表 2-6　常见结构钢的退火温度和硬度[2]

钢号	退火温度/℃	退火硬度（HBW）
20Cr	860～890	≤179
20CrMnMo	850～870	≤217
35	850～880	≤187
35CrMo	830～850	≤229
40Cr	830～850	≤207
40CrNi	820～850	≤207
40CrNiMo	840～880	≤229
40MnB	820～860	≤207
45	800～840	≤197
45Mn2	810～840	≤217
65Mn	780～840	≤229
38CrMoAl	840～870	≤229

② 退火时间。完全退火的关键是使得工件的组织在加热温度下"完全奥氏体化"，而加热温度并没有高出 A_{c_3} 太多，粗大的铁素体或碳化物的溶解时间长，奥氏体成分的均匀化也比较缓慢，因而通常需要较长的时间。对于常用的结构钢、弹簧钢和模具钢的钢锭，加热速度通常取 $100\sim200℃/h$，其退火时间通常用式（2-1）计算。对于亚共析钢锻轧钢材，消除锻后组织和硬度的不均匀性所需的退火时间相对较短，通常用式（2-2）计算。

$$t=(3\sim4)+(0.4\sim0.5)Q^{[8]} \tag{2-2}$$

式中，Q 为装炉量，t。

③ 冷却速度。为了保证奥氏体在较小的过冷度下进行珠光体转变，以免硬度过高，冷却速度应较缓慢。合金元素含量越高，合金元素扩散所需要的时间越长，冷却速度需要更慢一些。对于一般碳钢，冷却速度一般不大于200℃/h；对于低合金钢，冷却速度一般不大于 100℃/h；对于高合金钢，冷却速度一般不大于 50℃/h[8]。

例如，40Cr 的完全退火工艺可以选择退火温度为 840℃，退火时间为 8h，然后用 80min 时间随炉冷却至 670℃，在 670℃保温 310min，随炉冷到 200℃后出炉空冷，其组织中铁素体和珠光体各占约 50%[23]。

完全退火除了用于亚共析钢之外，还可以用于铝合金等材料[24]。

2.2.5　不完全退火

不完全退火中的"不完全"指的是不完全重结晶，即部分重结晶。加热后组织部分奥氏体化，最终得到的组织发生部分重结晶。通常用于退火前组织状态已经"基本"达到要求的亚共析钢。

① 退火温度。对于亚共析钢，通常在 A_{c_1} 和 A_{c_3} 之间；对于过共析钢，温度通常在 A_{c_1} 和 $A_{c_{cm}}$ 之间。在两相区退火，组织部分奥氏体化，改变了珠光体组织，可消除热变形产生的内应力，同时降低材料硬度、提高塑性，改善加工工艺性能，但无法改变过剩的铁素体或二次渗碳体，常用于过共析钢。

② 退火时间。通常较短，如果实际应用中不需要完全重结晶，则采用不完全退火来代替完全退火。

不完全退火相对于完全退火而言，温度较低、时间较短，因此成本也较低。

例如，对于 304 奥氏体不锈钢进行不完全退火热处理，对于具有不同变形量的不锈钢，选用不同的不完全退火热处理工艺可以满足使用性能的要求。对于30%冷轧压下率，在 800～850℃保温 1min，抗拉强度 780MPa 左右，屈服强度440MPa 左右，伸长率为 48%左右；对于 50%冷轧压下率，在 850～900℃保温1min，抗拉强度 770MPa 左右，屈服强度在 425～450MPa，伸长率 51%左右；对于 70%冷轧压下率，在 800～900℃保温 1min，抗拉强度在 780～820MPa，屈服强度在 420～480MPa，伸长率在 51%左右[25]。虽然上述三种冷轧压下率及相应的热处理工艺均能够满足使用性能要求，但是在具体选择时需要综合考虑实际生产条件、工艺窗口宽度、产品表面质量、经济性等。

2.2.6 球化退火

球化退火中的"球化"指的是组织中碳化物的球化，即最终获得的组织中含有球状碳化物或获得球状珠光体。

球化退火通常用于含碳量高于0.5%的钢。这是由于含碳量较高的钢，硬度比较大，切削性能差，而相对于片状珠光体，球状珠光体的切削性能更好。当含碳量低于0.5%时，钢本身的硬度就不是很高，这时球化会造成"软化"，降低切削性能。

① 退火温度。球化退火仅为改变碳化物的形状，所以退火温度不需要太高，目前最常用的球化退火的退火温度是介于A_{c_1}和A_{c_3}之间，实际上是一种不完全退火。当球化温度低于A_{c_1}时，所需要的时间通常过长，可以利用形变加速球化过程。如普通碳钢在200~400℃进行塑性变形，然后在A_{c_1}以下温度退火可得到球状组织。

② 退火时间。保温时间越长，奥氏体中的碳浓度趋于均匀，会使片状珠光体出现，因此保温时间不宜过长，一般选择4h左右。

③ 冷却速度。普通球化退火的冷却速度一般小于20℃/h，退火冷却速度过快，可造成碳化物的直径减小，而且会出现片状组织。

根据退火温度和退火时间的不同，球化退火可以分为四种：第一种是一次球化退火，属于简单的不完全退火；第二种是低温球化退火，退火温度在A_{c_1}以下，主要用于正火后的球化；第三种是一次等温球化退火，先加热到较高温度（A_{c_1}以上）保温一段时间，再冷却到较低温度（A_{c_1}以下）保温一段时间，随后冷却到室温；第四种为循环球化退火，先加热到较高温度（A_{c_1}以上）保温，再冷却到较低温度（A_{c_1}以下）保温，如此循环数次，最后冷却到室温，主要用于粗片状碳化物的球化。

例如，对于GCr15轴承钢，采用热轧（锻）材作为原材料，其组织为索氏体或细片状珠光体或其混合，也可以有较细的碳化物网；球化退火温度选择"奥氏体＋渗碳体"两相区，即790℃左右，保温；经过保温和缓慢冷却以后，在奥氏体内部的片状渗碳体及在奥氏体晶界上较薄的网状渗碳体逐渐转变成球状渗碳体，从而得到球状珠光体组织[26]。对于中碳碳素结构钢S55C钢，球化退火温度选择740℃，球化退火时间5h，冷却过程中先以≤20℃/h的冷速缓冷至700℃保温5h，再以≤40℃/h的冷速缓冷至680℃保温5h后空冷，得到球状珠光体组织，球化率≥90%，硬度值165 HBW[27]。

2.3 退火的质量缺陷及控制

一般而言，退火热处理所产生的缺陷大都是由退火工艺参数选择不当引起的。例如，均匀化退火的温度过低或者时间过长，导致退火后的成分或者组织没有达到预期的均匀状态。还有就是退火前的组织准备不到位，造成无论如何调整退火工艺，也无法达到需要的微观组织结构和性能。常见的退火质量缺陷产生的原因及控制方法如表 2-7 所示。

退火的质量缺陷和控制十分重要。而在实际生产中，退火的质量缺陷可能不仅仅是由退火工序本身造成的，还和来料的状态有着密切的关系。因此，对于实际退火质量缺陷，需要结合原料和生产过程，以及热处理工艺过程来综合分析，才能实现对缺陷比较好的控制，最终得到具有稳定质量的产品。

例如，在 GCr15 轴承钢进行球化退火以后，材料的表层会出现片状珠光体组织（具有一定深度），其硬度与心部正常组织不同，会直接影响到后续的加工、热处理乃至产品质量。出现该缺陷的主要原因是原材料脱碳，冷速过快或加热温度过高[26]。为了控制该缺陷，需要对原材料脱碳程度进行判断，对冷却速度和加热温度进行控制。

再如，在冷轧带钢采用钟罩炉进行再结晶退火的过程中，容易出现黏结的现象，后续平整以后带钢表面有马蹄形状的印记，影响表面质量，严重时会造成撕裂和变形，导致报废，造成较大经济损失。其产生的原因比较复杂，主要包括三个方面：一是带钢本身，带钢的厚度、带卷的直径、含碳量等；二是工艺技术因素，包括冷轧压下率、板形、表面清洁度和粗糙度、卷曲张力等；三是退火的装炉操作、保温温度、升温速度等[28]。对带钢黏结缺陷的控制，需要逐一排查生产线实际情况，对带钢本身特点及进行热处理前带钢的状态进行分析，同时规范装炉操作，严格控制退火温度、升温速度等工艺参数。

表 2-7 常见的退火质量缺陷产生的原因及控制方法[8]

退火质量缺陷	产生原因	控制方法
过烧	加热温度过高,出现晶界氧化或局部熔化,造成工件报废	选择合适的加热温度
黑脆	断口呈现灰黑色,且工件脆性大,被称为"黑脆"。原因是退火温度过高,保温时间过长,或者钢中的含碳量过高、含锰量过低,或含有可以促进石墨化的杂质元素	选择适当的退火温度和保温时间,同时对合金成分进行控制,防止在退火过程中发生石墨化

续表

退火质量缺陷	产生原因	控制方法
粗大魏氏组织	加热温度过高	选择适当的加热温度。消除魏氏组织：采用稍高于 A_{c_3} 的加热温度，使得先共析相完全溶解，同时奥氏体的晶粒又不至于过于粗大，然后根据钢的化学成分选择适当的冷却速度。对于严重的魏氏组织，可以采用双重正火来消除
反常组织	当亚共析钢或者过共析钢退火时，在 A_{r_1} 点附近缓慢冷却或长期停留，结果在亚共析钢中出现非共析渗碳体，而在过共析钢中出现游离铁素体	进行重新退火消除
网状组织	由加热温度过高或者冷却速度过慢引起的，产生网状的铁素体或渗碳体，严重降低钢的力学性能	选择合适的加热温度或冷却速度
球化不均匀	球化退火前没有消除网状渗碳体，在球化退火过程中聚集	消除办法是进行正火和一次球化退火
硬度过高	退火的加热温度过高或者冷却速度过快，导致合金中出现索氏体、屈氏体甚至贝氏体、马氏体组织	重新进行退火

第3章

正 火

正火是热处理"四把火"中的第二把火，最早的应用是将金属材料加热后，从炉子中取出，直接在空气中冷却，也是现在经常应用的方法。该工艺由于采用空气冷却，具有工艺简单、成本低的特点。

3.1 正火的基本概念

正火（Normalizing）是工件加热奥氏体化后在空气中或其他介质中冷却获得以珠光体组织为主的热处理工艺（GB/T 7232—2012）。

正火（包括普通正火、二段正火及等温正火）是将钢件加热至 A_{c_3} 或 $A_{c_{cm}}$ 以上 50～80℃（或 30～50℃），保持适当时间后在静止或流动空气中冷却（二段正火冷至 A_{r_1} 附近缓冷；等温正火为快冷至珠光体转变区的温度等温以获得珠光体组织，然后空冷）的工艺。

简言之，正火是将材料或构件加热到某一温度，保温一段时间后出炉空冷。对于钢构件而言，加热温度为 A_{c_3} 以上 30～50℃。其主要特点是空冷，冷却速度介于淬火和退火之间；而且在空气中进行，与退火相比不占用生产设备，可以提高生产效率。通常，正火用于改善钢构件的韧性。正火热处理的种类、特点及应用如表 3-1 所示。

表 3-1 正火热处理的种类、特点及应用

正火种类	特点	应用
普通正火	工件加热奥氏体化后在空气中或其他介质中冷却获得以珠光体组织为主的热处理工艺	网状渗碳体的去除，低碳钢加工前的预处理，表面淬火前的预处理等
等温正火	工件加热奥氏体化后，采用强制吹风快冷到珠光体转变区的某一温度，并保温以获得珠光体型组织，然后在空气中冷却的正火。与普通正火相比，工件的组织和硬度更加均匀	渗碳钢的预备热处理，细化低碳合金钢中的带状组织，避免低碳合金钢在连续冷却过程中出现粒状贝氏体

续表

正火种类	特点	应用
二段正火	工件加热奥氏体化后，在静止的空气中冷却到 A_{r_1} 附近即转入炉中缓慢冷却的正火。该方法在较低温度区间内冷却速度比普通正火慢	形状复杂、容易变形开裂工件的退火
二次正火或多重正火	工件(主要是锻件)进行二次或二次以上的重复正火	消除铸锻件中存在的大量网状碳化物或带状组织，细化铸锻件的粗大晶粒或组织

3.2 正火的工艺流程及参数设置

3.2.1 正火的工艺流程

正火的工艺流程如图 3-1 所示，与均匀化退火相比，正火所需要的温度要低一些，时间也短，冷却速度更快。

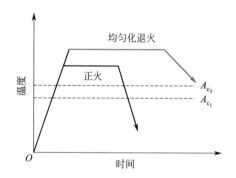

图 3-1 正火的工艺流程 (与均匀化退火比较)

正火工艺根据作用不同，可以选择作为预先热处理工艺、中间热处理工艺或最终热处理工艺。

① 作为预先热处理工艺。如对于大截面的构件，在淬火或者调质之前，进行正火可以消除魏氏组织和带状组织，获得细小而均匀的组织。对于共析钢，正火处理可以减少二次渗碳体的含量，避免形成连续网状组织，为球化退火作准备。例如，采用正火预处理可以改善 26CrMoV 调质钢棒材的冲击功[29]，对 Ti-V 微合金化 26CrMoV 钢热轧棒材分别经"880℃淬火＋645℃回火"和"925℃正火＋880℃淬火＋645℃回火"两种工艺进行热处理，两种热处理工艺试样的屈服及抗拉强度相近，未经正火预处理的样品的－20℃横向冲击功为 46～47J，而经正火预处理样品的－20℃横向冲击功为 79～86J，改善效果明显；对比观察发现，经正火预处理后钢的回火索氏体及铁素体组织更加均匀、细小。

② 作为中间热处理工艺。例如，低碳钢在退火后硬度太低（太软），不便于切削加工，为了改善构件的切削加工性能，可以采用正火的工艺替代退火的工艺，提高钢的硬度。

③ 作为最终热处理工艺。根据构件对性能的需求，最后一道工序采用正火，例如普通结构钢，可以采用正火工艺满足力学性能要求不太高的需求。正火可以细化钢中的奥氏体晶粒，使组织均匀化；改善钢板带材的力学性能。例如，采用爆炸焊接技术制备的 T2/1060 层状复合板（其中 T2 紫铜为覆板）经 300℃正火处理 12h、24h、36h、48h 后，T2/1060 爆炸焊接板焊接界面出现规则的、幅值/宽度分别约为 $35\mu m/200\mu m$ 的波形结合；正火处理 48h 后，两种元素在结合界面附近互相扩散明显，其扩散层的厚度、均匀程度有明显的提高；试样的显微硬度、抗拉强度明显下降（从 215 HV、255.7MPa 降为 170 HV、228.8MPa），而延展性有明显提升（屈服应变由 3.64%提高到为 22.4%）[30]。

3.2.2　正火的参数设置

正火采用空冷的方式来控制冷却速度，其主要参数是正火温度，正火温度通常选择某一临界温度以上 30～50℃。正火处理的种类繁多，生产上选择正火工艺时，应综合考虑构件的技术要求、生产中存在的问题、化学成分和生产条件、构件的厚度等。

例如，正火温度对 TIG 电弧增材制造 TC4 钛合金的组织和性能有重要的影响[31]，经正火处理后的试样组织由 α 相和 β 相组成；在 750～950℃范围内，随着正火温度的升高，针状初生 α 相变短变粗，并逐渐向网篮组织方向转变；在 950～1050℃温度范围内，随温度升高，部分初生 α 相聚合长大，并向"伪等轴晶"方向转变，在 1050℃形成了"伪等轴晶"初生 α 相＋细小针状初生 α 相＋细小针状初生 α 相之间的 α＋β 组织，针状初生 α 相随着温度的升高变短变细。最佳条件（850℃/2h/空冷）下 y 方向的抗拉强度为 900.4MPa、屈服强度 820.4MPa、断后伸长率 9.3%、断面收缩率 27.4%，z 方向的抗拉强度 890.1MPa、屈服强度 790.1MPa、断后伸长率 10.8%、断面收缩率 31.0%，其性能接近锻件标准要求；沉积态与正火处理态的硬度值变化不大；拉伸试样（y 和 z 方向）断口形貌均布满韧窝，属于塑性断裂。

正火温度对轧制高 Cr 马氏体耐热钢的组织性能也有显著影响[32]：900～970℃正火后，晶粒尺寸在 10μm 以下；1060～1200℃正火后，晶粒尺寸迅速增大，1060℃正火后，晶粒尺寸约为 33μm；经过 1060℃×2h 正火＋760℃×

3h 回火热处理后，室温和 600℃ 高温拉伸的屈服强度分别达到 535MPa 和 380MPa，综合力学性能优良；而 1060℃ 长时间正火对力学性能并无明显影响；1060℃×2h 正火＋760℃×3h 回火热处理后，样品具有晶粒细小的回火马氏体组织，晶界上 200～300nm $M_{23}C_6$ 相和晶内 5～50nm MX 型弥散析出相有效地阻碍位错运动，进而提高了材料的力学性能。

正火温度也是影响球墨铸铁抗拉强度和伸长率的重要因素之一[33]：在 930℃ 正火温度下，球墨铸铁中渗碳体产生分解；与铸态球墨铸铁相比，在正火温度 870℃ 条件下，其抗拉强度增加至 759MPa，而伸长率下降到 5.4%；当正火温度提高到 930℃ 时，其抗拉强度没有明显变化，为 744MPa，而伸长率上升至 9.5%；经过正火处理后的球墨铸铁基体中珠光体比例增加，且当温度由 870℃ 提高至 930℃ 时，球墨铸铁中珠光体含量进一步增多。

3.3 正火的质量缺陷及控制

常见的正火缺陷、产生原因及控制措施如表 3-2 所示。

将正火热处理工艺应用到具体的产品上时，其产生的缺陷需要结合产品的实际情况进行分析。例如，铁路钢轨（含碳量 0.65%～0.80%）在气压焊后进行正火处理，采用的气压焊的正火工艺起始温度为 400～500℃，终了温度为 850～920℃，产生晶粒粗大、两个热影响区（一个是未消除的焊接后的热影响区，另一个是新的正火后的热影响区）、硬度不均匀等缺陷。造成晶粒粗大的原因主要是正火温度不合适，包括起始温度偏高、终了温度偏低或偏高，厚大部分正火不透，等等；对于两个热影响区，其主要原因是正火温度偏低或正火加热摆动宽度小于焊接热影响区的宽度；对于硬度不均匀，其主要原因是正火空冷时焊头内外冷却速度的差异较大，造成组织不均匀[34]。针对上述缺陷，主要的控制措施是规范现场焊接的操作，对正火温度进行比较准确地控制。

表 3-2 常见正火的缺陷、产生原因及控制措施[1,8]

正火缺陷	产生的原因	控制措施
网状碳化物	过共析钢正火冷却速度不够快时,碳化物呈网状或断续网状分布在奥氏体晶界。这种缺陷多发生在截面尺寸较大的工件中	加快冷却速度,采用鼓风冷却、喷淋水冷等
粗大魏氏组织	在加热温度过高、奥氏体晶粒粗大、冷速又较快的中碳钢中常出现粗大魏氏组织,其铁素体呈片状按羽毛或三角形分布在原奥氏体晶粒内	可通过完全退火或重新正火使晶粒细化

正火缺陷	产生的原因	控制措施
带状组织	亚共析钢中的铁素体和珠光体呈带状交替分布。锻压或轧制时,枝晶偏析沿变形方向呈条状或带状分布。正火冷却过程中,由于冷却速度较慢,先在这些部位形成铁素体,碳被排挤到枝干形成珠光体	加快正火冷却速度,可减轻带状组织
零件产生较大内应力和变形	零件形状复杂,由于正火冷却速度较快,使零件产生较大的内应力和变形,甚至开裂	此时可以采用退火

第 4 章

淬　火

淬火是热处理"四把火"中的第三把火。我国古代的"宝剑",锋利无比、削铁如泥,应当归功于淬火技术的应用。从考古发掘的实物中推断,我国淬火技术早在战国时期已经开始发展。据《蒲元传》记载,蒲元"熔金造器特异常法。刀成,自言汉水钝弱,不任淬用。蜀江爽烈,乃命人于成都取之。"这表明在三国时期便有了对淬火介质的探索。

4.1　淬火的基本概念

根据 GB/T 7232—2012,淬火(Quench Hardening)指的是工件加热至奥氏体化后以适当方式冷却获得马氏体或(和)贝氏体组织的热处理工艺。最常见的淬火方式有水冷淬火、油冷淬火、空冷淬火等。

淬火冷却,简称淬冷(Quenching),指的是工件淬火周期中的冷却部分。

淬火热处理在金属材料的热处理中十分重要,一般用于提高材料(如工具、渗碳零件和其他高强度耐磨机器零件)的强度、硬度和耐磨性;淬火与回火结合获得良好的综合力学性能;改善材料的物理和化学特性,如提高永磁材料的磁性,通过消除第二相来改善不锈钢的耐蚀性等。淬火可以按照淬火组织、冷却方式、加热方式等进行分类,具体如表 4-1~表 4-4 所述。

表 4-1　淬火按照淬火后组织进行分类(参照 GB/T 7232—2012)

类别	基本概念及内涵
贝氏体等温淬火/等温淬火(Austempering)	将工件加热至奥氏体化后快冷到贝氏体转变温度区间等温保持,使奥氏体转变为贝氏体的淬火
马氏体分级淬火/分级淬火(Martempering)	将工件加热至奥氏体化后浸入温度稍高或稍低于 M_s 点的碱浴或盐浴中保持适当时间,在工件整体达到介质温度后取出空冷以获得马氏体的淬火

续表

类别	基本概念及内涵
索氏体化处理/派登脱处理（Patenting）	高强度钢丝或钢带制造中的一种特殊热处理方法。其工艺过程是将中碳钢或高碳钢奥氏体化后，在 A_{c_1} 以下适当温度（约500℃）的热浴中等温或空气中冷却以获得索氏体或以索氏体为主的组织，这种组织适于冷拔，冷拔后可获得优异的强韧性配合。索氏体化处理可分为铅浴索氏体化处理、盐浴索氏体化处理、风冷索氏体化处理和流态床索氏体化处理等多种

表 4-2　淬火按照冷却方式进行分类（参照 GB/T 7232—2012）

类别	基本概念及内涵
直接淬火（Direct Quenching）	工件渗碳后直接淬火冷却的工艺
两次淬火（Double Quenching）	工件渗碳冷却后，先在高于 A_{c_3} 的温度下奥氏体化并淬冷以细化心部组织，随即在略高于 A_{c_1} 的温度下奥氏体化以细化渗层组织的淬火
自冷淬火（Self Quench Hardening）	工件局部或表层快速加热奥氏体化后，加热区的热量自行向未加热区传导，从而使奥氏体化区迅速冷却的淬火
冷处理（Subzero Treatment, Cold Treatmet）	工件淬火冷却到室温后，继续在一般制冷设备或低温介质中冷却的工艺
深冷处理（Cryogenic Treatment）	工件淬火后继续在液氮或液氮蒸气中冷却的工艺
表面熔凝处理（Surface Melting Treatment）	用激光、电子束等快速加热，使工件表层熔化后通过自冷迅速凝固的工艺

表 4-3　淬火按照淬火的加热方式分类（参照 GB/T 7232—2012）

类别	基本概念及内涵
脉冲加热淬火（Impulse Hardening）	用高脉冲密度的脉冲能束使工件表层加热奥氏体化，热量随即在极短的时间内传入工件内部的自冷淬火
电子束淬火（Electron Beam Hardening）	以电子束作为能源，以极快的速度加热工件并自冷硬化的淬火
激光淬火（Laser Hardening, Laser Transformation Hardening）	以激光作为能源，以极快的速度加热工件并使其自冷硬化的淬火
火焰淬火（Flame Hardening）	利用氧-乙炔（或其他可燃气）火焰对工件表面加热并随之淬火冷却的工艺
感应淬火（Induction Hardening）	利用感应电流通过工件所产生的热量，使工件表层、局部或整体加热并快速冷却的淬火
接触电阻加热淬火（Contact Hardening）	借助电极（高导电材料的滚轮）与工件的接触电阻加热工件表层，并快速冷却（自冷）的淬火
电解液淬火（Electrolytic Hardening）	将工件欲淬硬的部位浸入电解液中接阴极，电解液槽接阳极，通电后由于阴极效应而将浸入部位加热奥氏体化，断电后被电解液冷却的淬火

表 4-4 淬火其他类别（参照 GB/T 7232—2012）

类别	基本概念及内涵
亚温淬火（Intercritical Hardening）	亚共析钢制工件在 $A_{c_1} \sim A_{c_3}$ 温度区间奥氏体化后淬火冷却，获得马氏体及铁素体组织的淬火
光亮淬火（Bright Quenching，Clean Hardening）	工件在可控气氛、惰性气体或真空中加热，并在适当介质中冷却，或盐浴加热在碱浴中冷却，以获得光亮或光洁金属表面的淬火
局部淬火（Selective Hardening，Localized Quench Hardening）	仅对工件需要硬化的局部进行的淬火
加压淬火/模压淬火（Press Hardening，Die Hardening）	工件加热奥氏体化后在特定夹具夹持下进行的淬火冷却，其目的在于减少淬火冷却畸变
形变淬火（Ausforming）	工件在 A_{r_3} 以上或 $A_{r_1} \sim A_{r_3}$ 之间热加工成形后立即淬火。常用的是锻造余热淬火
延迟淬火/预冷淬火（Delay Quenching）	将工件加热至奥氏体化后浸入淬火冷却介质前先在空气中停留适当时间（延迟时间）的淬火
定时淬火（Time Quenching）	工件在淬冷介质中按工艺规定时间停留的淬火

淬透性是淬火中一个十分重要概念，主要表征了钢淬火获得马氏体的能力，与淬透性有关的概念如表 4-5 所示。

表 4-5 与淬透性有关的概念及其内涵（参照 GB/T 7232—2012）

概念	内涵
透淬（Through Hardening）	工件从表面至心部全部硬化的淬火
淬硬性（Hardening Capacity）	以钢的理想条件下淬火所能达到的最高硬度来表征的材料特性
淬透性（Hardenability）	在规定条件下，决定钢材淬硬深度和硬度分布的特性
淬硬层（Quench Hardened Case，Quenched Case）	工件从奥氏体状态急冷的硬化层。一般以有效淬硬深度来定义
有效淬硬深度（Effective Hardening Depth）	从淬硬的工件表面量至规定硬度值（一般为 550 HV）处的垂直距离
临界直径（Critical Diameter）	钢制圆柱试样在某种介质中淬冷后，中心得到全部马氏体或 50% 马氏体组织的最大直径。以 d_c 表示
理想临界直径（Ideal Critical Diameter）	在淬火冷却烈度为无限大的理想淬冷介质中淬火冷却时，圆柱钢试样全部淬透的临界直径。用 d_{ic} 表示
端淬试验（Jominy Test，End Quenching Test）	用标准淬淬试样（$\phi 25mm \times 100mm$）奥氏体化后，在专用设备上对其下端喷水冷却，冷却后沿轴线方向测出硬度——距水冷端距离关系曲线的试验方法。它是测定钢的淬透性的主要方法
淬透性曲线（Hardenability Curve）	用钢试样进行端淬试验测得的硬度——距水冷端距离的关系曲线
淬透性带（Hardenability Band）	同一牌号的钢因化学成分或奥氏体晶粒度的波动引起的淬透性曲线变动的范围
U 形曲线（Hardness Profile）	工件淬火后，硬度从表面向心部随距离的变化

4.2 淬火的工艺流程及参数设置

淬火工艺的主要参数是淬火温度、淬火时间（也称为淬火保温时间）和冷却速度，如图 4-1 所示。其中淬火温度和淬火时间是"火候"，与冷却速度相结合，使工件具有相应的微观组织，进而具备对应的力学、物理及化学性能。其中，冷却速度的控制十分重要，主要通过淬火介质的选择来实现。

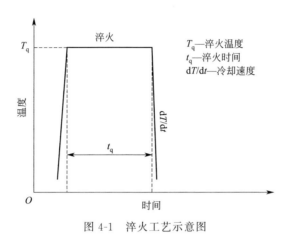

图 4-1 淬火工艺示意图

4.2.1 淬火介质

淬火介质指的是为实现淬火目的所用的介质。根据淬火介质的不同，可以将淬火分为：气冷淬火、风冷淬火、盐水淬火、有机聚合物水溶液淬火、喷液淬火、喷雾淬火、热浴淬火和双介质淬火等。其基本概念如表 4-6 所示。

表 4-6 淬火按照淬火介质分类（参照 GB/T 7232—2012）

类别	基本概念及内涵
气冷淬火（Gas Quenching）	在真空中加热和在高速循环的负压、常压或高压的中性和惰性气体中进行的淬火冷却
风冷淬火（Forced Air Hardening/Air Blast Hardening）	钢材或钢件奥氏体化后，用压缩空气作为冷却介质的淬火冷却
盐水淬火（Brine Hardening）	钢材或钢件奥氏体化后，以盐类的水溶液作为冷却介质的淬火冷却
有机聚合物水溶液淬火（Glycol Hardening/Polymer Solution Hardening）	以有机高分子聚合物的水溶液作为冷却介质的淬火冷却
喷液淬火（Spray Hardening）	用喷射液流作为冷却介质的淬火冷却

续表

类别	基本概念及内涵
喷雾淬火（Fog Hardening）	钢材或钢件奥氏体化后，工件在水和空气混合喷射的雾中进行的淬火冷却
热浴淬火（Hot Bath Hardening）	工件在熔盐、熔碱、熔融金属或高温油等热浴中进行淬火冷却。如盐浴淬火、铅浴淬火、碱浴淬火等
双介质淬火/双液淬火（Interrupted Quenching/Timed Quenching）	工件加热奥氏体化后，先浸入冷却能力强的介质，在组织即将发生马氏体转变时，立即转入冷却能力弱的介质中冷却

　　理想的冷却介质，需要既能够避免不需要的组织转变，又能够完成需要的组织转变，而且可以减小淬火应力。例如，对于钢材，当需要从奥氏体区域淬火得到全马氏体组织时，希望在珠光体及贝氏体转变区冷却速度很快，而在马氏体转变区冷却速度慢一些，在完成马氏体转变的同时，内应力也比较小。

　　按照物质的聚集状态，淬火介质可以分为固态、气态和液态三类。若淬火介质为固态，则涉及两固态物质的传热问题。若淬火介质为气态，则是气体介质加热的逆过程，气体将热量带走。最常用的淬火介质是液态介质。根据工件在淬火过程中是否发生物态变化，可将淬火介质分为有物态变化的和无物态变化的淬火介质。若工件的温度超过液态淬火介质的沸腾或分解（裂化）温度，该介质为有物态变化的淬火介质，比如，常用的水、油和盐水等。

4.2.2　淬火介质的冷却特性

　　为表示淬火介质的冷却特性，可以采用淬火烈度 H。例如，以水为参照，将其淬火烈度 H 定为1，淬火烈度大于1的物质比水的冷却能力强，淬火烈度小于1的物质比水的冷却能力弱。常见淬火介质的淬火烈度 H 值如表4-7所示。影响淬火介质淬火烈度的因素，主要有成分和运动状态，而成分又影响了淬火介质的使用温度。以硝酸盐浴为例，盐浴的主要成分及质量分数为 55% KNO_3 ＋45% $NaNO_2$ ＋少量水，熔点为137℃，其淬火烈度随含水量（水的质量分数）和搅拌速度而变化，具体如表4-8所示。从表4-8中可以看出，硝盐浴的温度越低，淬火烈度越大；含水量越大（在 0.7%～0.9% 的范围内），淬火烈度越大；搅拌速度越快，淬火烈度越大。对于流动的淬火介质而言，流速越快，淬火烈度越大[35]。

表 4-7 淬火烈度 H 值[8]

工件运动情况	不同淬火介质的 H 值			
	空气	油	水	盐水
不运动	0.02	0.25～0.30	0.90～1.0	
轻微运动		0.30～0.35	1.0～1.1	
适当运动		0.35～0.40	1.2～1.3	
较大运动		0.40～0.50	1.4～1.5	
强烈运动	0.05	0.50～0.80	1.6～2.0	
极强烈运动		0.80～1.0	4.0	5

表 4-8 硝盐浴的淬火烈度[36]

硝盐浴温度/℃	水的质量分数/%	搅拌模式	淬火烈度 H 值
170	0.75	慢速搅拌	0.39
200	0.75	慢速搅拌	0.33
180	0.70	慢速搅拌	0.32
180	0.85	慢速搅拌	0.45
170	0.80	快速搅拌	0.56
170	0.80	慢速搅拌	0.41

表征淬火介质冷却特性的参数除了淬火烈度 H 外，还有硬化能力 HP (Hardening Power)，两者之间呈正相关关系[35]。

常用的淬火介质有水及水溶液、油、水油混合液（乳化液）及有机物质的水溶液及乳化液。常用的淬火介质及其特点如表 4-9 所示。热处理淬火液的分类，可以参照国标 GB/T 7631.14—1998，包括热处理油、热处理水基液、热处理熔融盐、热处理气体、流化床及其他。热处理油的具体应用中，包括不同的温度，低于 80℃ 时为冷淬火，80～130℃ 为低热淬火，130～200℃ 为热淬火，200～310℃ 为高淬火。每一种淬火油又分为普通淬火油和快速淬火油。例如，热淬火的普通淬火油的代号为 L-UHE，快速淬火油为 L-UHF。其中，矿物油占了淬火剂市场很大的份额，不同供应商提供的不同牌号的淬火用油具有不同的淬火特性[37]。淬火介质的合理选择，对于工件变形开裂等淬火缺陷的控制十分重要[38]。

油淬是实际生产过程中十分常用且重要的冷却方式。淬火油通常需要具备良好的冷却特性、高的闪点和燃点、良好的热氧化安定性、低黏度、低水含量、良好的安全性等。常用的冷却用油及其特点如表 4-10 所示。

表 4-9　常用的淬火介质及其特点[8]

常用的淬火介质	特点
水	水是最常用的淬火介质,它具有来源丰富、成本低的特点,还具有良好的物理化学性能。水的汽化热在 0℃时为 2500kJ/kg,100℃时为 2257kJ/kg,水的热导率在 20℃时为 0.61W/(m·K)。水温对冷却特性的影响很大,随着水温的升高,水的冷却能力降低;水的冷却能力强,尤其是在 400~100℃的温度范围内;循环水的冷却能力大于静止水的冷却能力。水中含有杂质、油等会明显影响冷却性能。水多用于碳钢等淬透性较差的材料的淬火
碱或者盐的水溶液	水中溶入盐、碱后,可以提高冷却速度。如 10%的食盐水溶液在 400~650℃有很大的冷却速度,而且 10%的食盐水的冷却速度大于 1%的食盐水和纯水的冷却速度。碱水(NaOH)溶液作为淬火介质时,可以和已氧化的工件表面发生反应,淬火后工件表面呈现银白色,且具有较好的外观,缺点是对工件和设备腐蚀大,淬火时有气味,溅到皮肤上容易受伤。盐水在 200~300℃之间的冷却速度仍然很大,会产生较大的相变应力,造成零件的变形。根据零件对硬度的要求,一般盐水的温度通常控制在 20~40℃,当超过 60℃时,冷却能力急剧下降
油	油的冷却速度在 500~350℃较快,更低温度的冷却速度较慢,这种冷却特性是比较理想的。对于一般钢而言,在过冷奥氏体最不稳定的区域有最快的冷却速度,可以获得最大的淬硬层深度,而在马氏体转变区的冷却速度小,可以降低组织应力,防止淬火裂缝的发生。生产中常选用矿物油作为淬火介质。为了改善油的冷却性能,通常采用在工作时搅拌或者向淬火介质中加入部分添加剂的方法,添加物粘在工件表面,成为蒸汽泡的质点,改变了膜破裂的温度,提高了冷却能力,使油在较高的温度区仍然有很高的冷却特性
有机物质的水溶液及乳化液	水的冷却能力大,但冷却特性不理想;而油的冷却特性虽比较理想,但冷却能力又较低。如果在水中加入不溶于水而构成混合物的物质,如构成悬浮液(固态物质)或乳化物(未溶液滴),可以得到兼顾冷却能力和冷却特性的淬火介质。目前有机物水溶液是一种比较常用的淬火介质。例如美国应用的 15%聚乙烯醇,0.4%抗黏附剂,0.4%防泡剂的淬火介质。还有常用的聚乙二醇水溶液,并加入一定的防蚀剂,以防在淬火清理前停放的有限时间内发生腐蚀。乳化液的冷却能力介于水油之间,可以通过调配浓度来进行调节。在喷射淬火时,由于抑制了蒸汽膜的形成,可使冷却能力提高

表 4-10　淬火常用冷却用油及其特点[2]

冷却用油	特点
机械油	机械油流动快,传热效果好,当油温不超过 80℃时,随着温度的提高则冷却能力增强;但当油温超过 80℃后,冷却能力将明显下降。因此,在热处理过程中应严格控制淬火后的油温。目前常用的有 10 号机械油、20 号机械油、40 号机械油、50 号机械油等,10 号、20 号、40 号机械油适合于普通淬火,50 号机械油适合于分级淬火
普通淬火油	为了克服机械油冷却能力低、易氧化和老化的缺点,将石蜡基润滑油馏分精制后,加入催冷剂、抗氧化剂和表面活性剂等配成的淬火油,用作轴承钢和工具钢、要求冷却速度的大型调质件和渗碳件的淬火介质
光亮淬火油	工件在油中淬火后表面发黑,为了保证可控气氛加热后的工件无氧化脱碳,真正实现光亮淬火,采用净化处理方法,加入去掉灰分的物质、抗氧化剂和光亮剂。多用于中小截面的轴承钢、工具钢的淬火

续表

冷却用油	特点
真空淬火油	为保持真空处理后工件的光亮,所用的淬火油应在 $1\times10\sim5\times10^{4}$ Pa 真空度下正常工作,无蒸发现象,因此其必须具有如下特性:饱和蒸气压低,无污染,冷却能力强,工件光亮、热稳定性好,使用寿命长。采用该介质可使淬火后的零件表面光亮、硬度均匀、耐磨性好。因此用于要求变形小的轴承、工模具及结构钢等零件的淬火,缺点为成本高。目前国产真空油有 ZZ-1、ZZ-2 等几种型号
等温、分级淬火油	其工作温度在 100～250℃,有闪点高、挥发性小、安全可靠等特点。在高温下具有强的冷却性能,而在低温下具有缓慢的冷却效果。在 6℃ 以上有很好的流动性。通常等温和分级淬火使用硝盐和碱浴,存在清洗困难、污染环境等缺陷

4.2.3　淬火的参数设置

淬火的主工艺参数主要包括淬火温度、保温时间、冷却速度(由淬火介质控制);辅工艺参数包括淬火加热介质、淬火方式、淬火方法等。

(1) 淬火温度

淬火温度设置的主要依据是化学成分和相图,根据需要得到的淬火组织,从相图选择合适的温度。还需要考虑下列因素:①工件的尺寸与形状,例如,淬火工件尺寸越大、形状越复杂,淬火温度通常要选择更高一些;②硬度、变形量的具体要求;③奥氏体晶粒长大的倾向;④采用的加热介质和淬火方式;⑤冷却介质的选择等。

根据上述设计原则,我们选定的淬火温度通常是一个区间,具体选择哪个温度作为最佳淬火温度,需要根据淬火温度对所需性能的影响规律而定。例如,淬火温度对 12Cr14Ni2 不锈钢的组织和力学性能有重要的影响,热轧钢板经 900～1050℃ 保温 0.5h 淬火,随后进行 710℃、2h 回火处理。在 900～1050℃ 范围内随着淬火温度的升高,奥氏体晶粒尺寸逐渐增大,回火索氏体的组织也会发生粗化,对应的强度先减小后增大,而伸长率和冲击功则先增大后减小,根据综合力学性能,采用 950℃ 的淬火温度时综合力学性能优异[39]。再如,对于 40Cr13 塑料模具钢,硬度和耐蚀性能是最主要的考虑因素,选取一系列的淬火温度(960℃,1020℃,1080℃,1140℃)进行实验,最终选择 1020℃ 的淬火温度,此时淬火马氏体的组织较为细小,硬度最大,且具有较好的耐腐蚀性能[40]。对于铬钼马氏体耐磨钢,硬度和耐磨性是其最主要的性能,通过选取一系列淬火温度(800℃,900℃,920℃)进行实验,发现在 900℃ 进行淬火时,马氏体最细小,且具有细小的 Ti、V 碳化物,硬度最高,耐磨性最好,因此 900℃ 是最佳淬火温度[41]。对于超高强海工钢 EH690 而言,综合力学性能和屈强比是主要考虑的因素，选取一系列的淬火温度（780~920℃）进行工艺试验，试验结果表明随着淬火温度的降低，屈强比降低，当淬火温度为840℃时，屈强比较低，综合力学性能优越，因此为最优的淬火温度[42]。

（2）淬火保温时间

当淬火保温时间过短时，不能够得到满足性能要求的组织（例如钢的完全奥氏体化）；当保温时间过长时，能耗高、工艺时间长、成本高。因此，淬火保温时间应以刚好能够得到所需组织为宜。在给定材料的情况下，大截面零件的保温时间应适当延长。对于材料的淬火保温时间，在能够满足性能要求的前提下，保温时间越短，越有利于节约能源[43]。

上述原则为淬火保温时间设计的一般原则，具体淬火保温时间的选择需要通过工艺试验来确定。例如，对于35CrMo钢调质热处理工艺，淬火温度选择860℃，淬火保温时间选择30~180min，回火温度630℃，回火时间120min，结果表明样品的综合力学性能随着淬火保温时间的延长呈现先升高后降低的趋势，当保温时间为90min时，具有较优的力学性能[44]。对于Cu-Zn-Al形状记忆合金，淬火温度选择800℃，淬火保温时间选择5~30min进行试验。从试验结果可知，若考虑单向回复率最大，保温时间应选择20min，若考虑双向回复率最大，保温时间应选择15min[45]。

（3）冷却速度

淬火冷却速度选择的关键是工件的临界冷却速度。淬火冷却速度通常需要大于工件临界冷却速度，但是，冷却速度不能过大，因为过大会在工件中形成很大的应力，导致工件变形和开裂失效。

决定工件临界冷却速度的主要因素包括以下两个方面：

一方面，工件材料的化学成分。例如，钢的化学成分，包括含碳量和合金元素的种类及含量，决定了材料的淬透性。对于淬透性比较低的钢，淬火后不容易获得完的马氏体组织，因而需要选择淬火能力强的淬火介质（如水、盐水或碱水等）。当钢中含有能够提高淬透性的元素，如 B、Mn、Mo、Cr、Ni、Si 等，淬透性比较高，淬火后较容易获得完全的马氏体组织，因而可以选择淬火能力相对较弱的淬火介质（如油、某些聚合物的水溶液等）。

另一方面，工件大小及复杂程度。工件的截面积越大，越不容易淬透，因而要选择淬火能力强的介质。而对于形状不对称或者截面积变化特别大的工件，则要选择淬火能力较弱的介质，以保证较慢的冷却速度。

此外，在能够满足工件性能和质量要求的情况下，应尽量选择成本低、能耗少、对环境污染小的淬火介质来实现冷却速度的控制。

当涉及具体的材料时，淬火冷却速度工艺的制定，需要通过不同冷却速度的工艺试验来确定，而最终选择何种冷却速度要依据对材料性能的需求而定。例如，对于 L80-13Cr 厚壁钢管，淬火加热温度选择 990℃，淬火保温时间选择 160min，冷却速度选择两种，一种是风机空冷，另一种是循环水水冷，淬火后进行 705℃、3.5h 回火，与风机空冷相比，循环水水冷的样品强度更高、冲击功更高，因此循环水水冷的冷却速率更佳[46]。对于 ZG30Si2Mn3B 低合金耐磨钢，分别选用水冷、雾冷、空冷和炉冷四种冷却速度，水冷淬火后获得低碳马氏体组织，雾冷淬火后获得条状贝氏体组织，空冷淬火后获得粒状贝氏体组织，炉冷下获得珠光体＋过饱和铁素体组织，其中空冷后得到细小粒状贝氏体组织具有优良的耐磨性，耐磨性是相同条件下高锰钢的 3.772 倍[47]。对于 1Cr12Ni3Mo2VN 耐热钢（用于叶片），工艺试验固定淬火温度为 1040℃，选择四种不同的淬火冷却速度，分别为 200℃/min（油冷）、5℃/min（炉冷）、1℃/min（炉冷）、0.5℃/min（炉冷）；虽然四种冷却速度下均可以得到马氏体组织，但 200℃/min 冷却后回火得到的样品的冲击功 A_{KV_2} 为 156.5J，而其他三种冷却速度下 A_{KV_2} 为 40.5～16.5J；其原因是当淬火后冷却速度较缓慢时，在原奥氏体晶界上析出了大量的碳化物，使得淬火组织中残余奥氏体的稳定性下降[48]。对于 Q235 普通碳素钢，选择水、－60℃ 的干冰-酒精溶液、50％NaCl 的冰盐水三种冷却介质，获得三种不同的冷却速度。实验结果表明，在冰盐水中淬火，钢的淬透性较高，变形后原始奥氏体状态基本不变，在心部有极少量的铁素体析出[49]。

（4）淬火加热介质

淬火加热介质是影响淬火热处理效果的另一关键因素，属于比较重要的辅淬火热处理工艺参数。对于不同种类的热处理炉，需选用不同的加热介质，以满足工件的质量要求。对于一般电阻炉，常用的淬火加热介质是空气，当需要减少氧化时，可选用炭粉或涂料作为加热保护介质。对于网带炉，可将煤油、甲醇、苯等碳氢化合物作为加热介质，以保护工件表面。对于密闭性比较好的管式炉，可以通入特定的气体作为淬火加热介质，如氢氩混合气等还原性气体或氩气、氮气等中性气体，可以减少氧化，提高工件的表面质量。

对于零件表面氧化的问题，采用真空炉可以从根本上解决。密封的真空炉内的气体被机械泵和扩散泵或分子泵抽出，配合惰性气体保护，可以有效防止氧化脱碳。对于要求表面状态光亮、无氧化的重要和关键零件，可以首选真空炉处理。

（5）淬火方式

对于不同形状的工件，需要选用不同的淬火方式（零件浸入淬火介质的方式），才能达到比较好的淬火效果。工件的淬火方式选择，一方面能够使工件和淬火介质充分接触，另一方面要避免工件之间及工件与淬火槽之间的接触。工件形状越复杂，越需要严格控制淬火方式，以实现预期的淬火效果。

（6）淬火方法

为满足实际需要，使工件达到要求的性能，需要选择合适的淬火方法，既实现零件的淬火硬化、又不发生变形或开裂。在实际应用中，可以采用"先快后慢"的冷却方法，即将工件在其他组织转变区（高温区域）急冷以避免不必要的组织转变，同时又在容易产生应力的危险区（低温区域）慢冷以避免应力过大造成工件变形或开裂。常用的淬火方法及特点见表 4-11。

表 4-11　常用的淬火方法及特点[2]

方法	特点
单液淬火法（也称为普通淬火法）	将钢加热到淬火温度，保温后在单一淬火介质（水溶液、油、空气等）中一直冷却到室温的热处理方法。其优点是操作简单，适用于形状不复杂、无尖锐棱角、截面无突变的简单形状工件的淬火。该工艺既适用于淬透性差的低碳钢、中碳钢等零件的淬火，也可用于淬透性好的合金钢和高合金钢等零件的淬火
双液淬火法（又称断续淬火法）	将钢加热到奥氏体状态后首先淬入冷却能力较强的介质中，快速冷却到马氏体起始转变温度（M_s 点）以上温度（300℃左右），使其不发生组织转变，然后转入冷却能力较弱的淬火介质中继续冷却，使过冷奥氏体在缓慢冷却速度下转变为马氏体，以获得需要的组织和性能。通常双液介质有水-油、水-空气、油-空气、油-盐浴、盐浴-空气等，该类淬火工艺可明显减少工件的变形和开裂。例如，在水淬油冷的过程中，一定要控制好零件在水中的冷却时间，它对零件的淬火质量至关重要。双液淬火法尤其适用于高碳工具钢、大型低合金钢等零件的淬火处理
分级淬火法（也称分段淬火法）	将加热到奥氏体状态的零件淬入稍高或稍低于 M_s 点的熔盐浴槽内，使工件快速冷却到 M_s 点左右，停留一段时间，使零件的表面和心部达到介质的温度，但不发生马氏体相变，随后取出，在空气中或油中缓慢冷却，使过冷奥氏体逐渐转变为马氏体。一般在 150~260℃ 的硝盐浴、碱浴或盐浴中进行，此时马氏体的转变完全在空气中进行，分级淬火选择淬火介质 200℃ 左右时零件产生的热应力比采用双液淬火的小，恒温几分钟可使一部分奥氏体空冷形成马氏体。产生的组织应力小，防止了工件的开裂。需要注意的是，稍高于 M_s 点的分级淬火适用于尺寸较小的合金钢、碳钢和工具钢等零件；稍低于 M_s 点的分级淬火适用于尺寸较大和淬透性较差的钢种
等温淬火法	主要包括贝氏体等温淬火和马氏体等温淬火。将零件加热到奥氏体状态，然后以大于临界冷却速度淬入贝氏体转变区温度介质中，保温一段时间完成贝氏体转变（贝氏体等温淬火）；也可淬入 M_s 点稍上温度的热浴（盐浴或金属浴）中停留一段较长时间，使过冷奥氏体保温转变为马氏体组织（马氏体等温淬火）。通常该工艺用于形状复杂、要求变形小、具有较高硬度和冲击韧性的工具和模具，以及含碳量大于 0.6% 的碳钢制造的零件等

4.3　淬火的质量缺陷及控制

淬火后工件的质量缺陷主要包括畸变、开裂、硬度不足、软点、表面腐蚀麻点等。

（1）畸变

淬火畸变的类型包括体积变化和形状变化。体积变化产生的原因是淬火前后工件内部各种组织的比体积不同；形状变化产生的原因包括加热温度不均、加热后材料的屈服强度下降、冷却时形成的局部热应力或组织应力等。影响钢的畸变的因素如表 4-12 所示。除了表中提到的因素之外，还有装炉方式等因素，例如，稀疏装炉相对于密集装炉而言，加快了齿轮与淬火炉之间的热交换，减小了齿轮间热辐射对冷却过程的影响，冷却速度更快，而齿轮的底部先浸入淬火油，淬火油的温度比顶部浸入时低，产生畸变倾向更大[50]。

表 4-12　影响材料畸变的主要因素[1,8]

因素	具体影响情况
原材料的特点	①材料的成分。例如钢的含碳量，低碳钢的 M_s 点高，但低碳马氏体的比体积小、组织应力小，一般以热应力畸变为主；中碳钢 M_s 点温度较高，马氏体的比体积也较大，通常表现为以组织应力畸变为主；高碳钢马氏体的比体积大，但 M_s 点温度低，热应力畸变倾向大。在低碳钢中加入合金元素时，热应力畸变倾向大，在中碳钢中加入合金元素时，组织应力畸变倾向大。 ②淬透性。淬透性高的材料，组织应力畸变的倾向大；淬透性低的材料，热应力畸变倾向大。 ③M_s 点温度。M_s 点越高，组织应力引起的畸变倾向越大
淬火的热处理工艺	①淬火加热温度。淬火加热温度高，冷却速度快，热应力和组织应力畸变都有增大的趋势。 ②冷却的不均匀性。板、杆、轴类工件由于形状不对称或者淬入介质的方式不同，工件各个位置的冷却速度不一致，从而产生弯曲畸变。 ③冷却方式与冷却介质。M_s 点以上慢冷能够减少由热应力引起的畸变，M_s 点以下慢冷能减少由组织应力引起的畸变。水-油双介质淬火时，热应力畸变是主要的
工件外形尺寸	当工件不能淬透时，工件截面尺寸越大，淬硬层越浅，热应力起边倾向越大
组织转变和碳化物偏析	例如，等温淬火时，发生贝氏体转变，贝氏体的体积比马氏体小，从而造成组织应力畸变的倾向小。当析出的碳化物的含量较多时，平行于碳化物方向的孔腔胀大，而垂直于碳化物方向的孔腔缩小

对于材料热处理畸变缺陷而言，总体的原则是"预防为主，修正为辅"。

能预防的尽量预防，这样可以尽可能减少损失；对于无法预计的实际产生的畸变，应想办法进行修正。要减少畸变，需要根据产生畸变的原因，采用相应的有针对性的预防举措，以减少畸变，常用的减少材料发生畸变的预防措施如表4-13所示。

表 4-13　常用的减少材料发生畸变的预防措施[1,38]

措施	具体内容
详细掌握原材料的特点	进行淬火之前，需要对原材料的特点进行分析和判断。比如，原材料的成分，钢中的含碳量、合金元素的种类和含量、M_s 点等
选用合理的热处理工艺	在保证得到所需组织的前提下，适当地降低加热温度，可以减小热应力和组织应力畸变；采用缓慢预热，而不是快速加热的方式，可以减少在加热时产生的畸变；对于细长的、薄的工件，采用静止加热的方法；采用分级淬火或等温淬火；进行反向人为预变形，与淬火后的畸变相抵消；在捆扎或者吊挂工件时，选择合适的方式，减少可以引起畸变的外力
进行合理的形状或精度设计	在对工件进行设计时，满足应用要求的前提下，形状尽量对称，从而减少由加热不均匀引起的畸变；工件先进行淬火，然后再开槽；工艺孔的布局尽量对称；把形状复杂的构件分解成为几个简单件，先淬火，然后再组合起来；合理选材，如对于精度要求高的工具，可以选用热处理畸变较小的钢种
进行合理的锻造和预先热处理	对于由严重的碳化物偏析引起的畸变，可以通过预先锻造来改善碳化物的分布；对于残余应力较大的工件，可以通过预先热处理改善原始组织来减少淬火畸变

对于已经产生畸变的工件，可以采用矫正措施。如冷压矫直、热点矫直、趁热矫直、回火矫直、反击矫直、缩孔处理等。

对于具体的零件，要结合热处理的实际工况条件，分析其可能产生畸变的原因，并制定相应的预防措施。例如，对于 40Cr 类中碳钢齿轮，经过调质后再高频淬火，公法线变化不大，一般缩小 0~0.02mm，此时可以采用热处理前按照中上公差加工的方法，采用较低频率、适当增加感应线圈与工件之间的间隙，控制下限淬火温度也可减少畸变；对于 20CrMnTi 类渗碳钢齿轮，经过淬火后公法线都胀大，而且胀大量随齿轮模数、渗碳深度、几何形状、截面尺寸而变化，机械加工时应将这些因素考虑进去，合理控制公差，使得最终工件尺寸符合公差要求[51]。

（2）开裂

开裂是一种常见的淬火缺陷，会造成工件报废。淬火开裂的根本原因是淬火应力（组织应力和热应力之和）超过了材料的抗拉强度。因此，减少工件开裂的关键在于减少淬火应力。淬火裂纹包括由材料脆性引起的裂纹、由冷却引起的裂纹（断口的色泽红绣、透油或发紫）以及淬火前工件即存在裂纹（淬火后裂纹的两侧可见到有氧化、脱碳的现象，断口发黑）。工件开裂的原因及避免措施如表 4-14 所示。

对于具体的零件，淬火开裂的原因需要具体分析。例如，在 42CrMo 钢车轮感应淬火过程中，小外圆端面宽度 55mm 环槽靠近外圆侧根部圆角处、沿减重孔孔口处和大外圆台阶根部圆角处容易发生开裂，其原因包括淬火前对环槽和孔的加工方式不合理造成淬火时局部应力集中、淬火表面温度控制、淬火冷却介质（AQ251 水溶性有机淬火液）的浓度偏低、淬火后低温回火的温度过低导致残余淬火应力大等[52]。针对分析的原因，采用相应的措施以避免淬火开裂缺陷的再次发生。例如，将上述淬火冷却介质（AQ251 水溶性有机淬火液）的浓度控制在 20% 左右，在原来的淬火液中加入新液或者重新配制，定期检测淬火液的冷却特性，使得 300℃ 的冷却速度控制在 45℃/s 左右，减少由淬火冷却速度过快引起的开裂[52]。

表 4-14　工件淬火开裂的原因及避免措施[1,8,38]

原因类别	具体原因	避免措施
原材料问题	原材料淬透性差导致工件未淬透，在淬透部分和未淬透部分的界面交界处应力较大，容易产生裂纹；原材料的原始组织欠佳，内应力大；原材料有微裂纹（锻造或者过烧造成的）、夹杂物（偏析、带状、网状、堆集等）、碳化物偏析严重或未球化等；原材料有混料现象	合理选材，选择淬透性比较大的材料；对原材料的原始组织进行处理，如果内应力较大，则进行去应力退火处理，如果存在碳化物偏析严重，则采取正火处理或进行球化退火；避免选用含有微裂纹、夹杂物和碳化物偏析的材料
热处理工艺选择不当	淬火温度过高（组织过热、断口白亮、晶粒粗大）；冷却速度过快（冷却不当或冷却介质选择不当）是最常见的原因；加热温度过高；加热速度过快（尤其是大截面积高合金材料）；重复淬火（未经中间退火）；M_s 点以下快冷（如高速钢在分级淬火时未冷却至室温就急于清洗）；深冷处理时，材料低温脆断强度低，且急冷造成的应力大	严格控制淬火温度；选择冷却速度较慢的淬火介质；适当降低加热温度；降低加热速度或进行预加热处理；重复淬火时经中间退火工序；避免在 M_s 点以下快冷；深冷处理时尽可能降低冷却速度
工件的尺寸或结构不合适	如内径小的深孔工件（孔内外冷速差别大，内应力大）；工件存在尖角、孔、截面凸出及粗加工刀刃等	改进工件结构，设计时考虑选用相对均匀的截面，采用圆角而不是尖角进行过渡，尽量减少不通孔；对工件易开裂部位进行局部包扎

（3）硬度不足

硬度不足指的是工件淬火后硬度没有达到要求，其产生的主要原因是淬火后没有得到所需要的硬度较高的组织（如马氏体）。淬火硬度不足的原因及控制措施如表 4-15 所示。例如，20CrMo 钢渗碳淬火后，存在硬度不足的现象，经分析主要原因是碳浓度不合适，解决办法是需要通过严格控制炉内气氛的碳含量来控制渗碳过程中的碳浓度[53]。

表 4-15　淬火硬度不足的原因及控制措施[1,38]

原因类别	具体原因	避免措施
原材料问题	材料中的碳含量和合金元素含量不合适;工件材料淬透性差,不能淬硬	设计并检验原材料的成分,主要是碳含量和关键合金元素的含量;选用淬透性更好的材料
热处理工艺选择不当	淬火加热温度过高,残余奥氏体过量,或淬火温度过低,没有完全奥氏体化;冷却速度低,出现了非马氏体组织;等温时间过长,引起奥氏体的稳定化;表面脱碳或合金元素内氧化	确保选择合适的加热温度;选用适当的淬火介质以保证足够的冷却速度;严格控制分级淬火或者等温淬火的时间;采用可控气氛加热防止表面脱碳或合金元素内氧化
工件问题	工件尺寸过大,不能淬硬	将工件分割成几个部分,分别淬火,然后组装

（4）软点

　　淬火软点指的是淬火后工件中出现局部硬度偏低的点。软点通常出现在淬透性较差的碳钢或者低合金钢中。淬火软点产生的原因及控制措施如表 4-16 所示。例如，20 钢轴套在渗碳淬火中形成软点，主要原因是装炉时相互接触，无法渗碳，冷却时形成淬火软点，在实际生产中不想改变装炉量（会降低生产效率），采用了预氧化工艺和碳氮共渗淬火工艺，解决了淬火软点的问题[54]。某一批装甲车辆端联器出现淬火软点，经成分检验和微观组织分析，淬火软点产生的主要原因是材料成分中的碳元素分布不均匀，热处理前的锻坯内部存在带状组织，从而淬火后马氏体在材料组织中呈现不均匀分布的特点[55]，此时的解决办法就如表 4-16 第一条中所示，对原材料需要进行锻造和预先热处理，以均匀化碳含量和组织。某一批轴承滚子，盐浴淬火后出现软点，经过分析产生淬火软点的原因是在淬火过程中滚子滚动面之间互相接触[56]，解决办法是在滚子摆盘时应尽可能均匀摆放，在料盘中设计分割区等。某公司生产的输出轴出现淬火软点和软带的问题，经分析其主要原因是淬火装炉量、装炉方式、淬火冷却速度不足，解决办法是改变装炉方式和操作方法，将淬火介质由 2% 的 NaCl 的水溶液代替自来水[57]。

表 4-16　淬火软点产生的原因及控制措施[1,38]

原因类别	具体原因	避免措施
原材料问题	材料的原始组织不均匀,有严重的带状组织或碳化物偏析;工件表面有局部的锈斑、氧化皮或者其他附着物	对原材料进行锻造和预先热处理,均匀化成分和组织;在淬火前对工件表面进行清理、净化,如表面存在油污或切削液,可以将工件加热到一定温度让油污或切削液挥发

续表

原因类别	具体原因	避免措施
热处理工艺选择不当	淬火时工件表面产生气泡,降低气泡处的冷却速度,局部区域未得到马氏体组织	在淬火过程中控制水温和水中的杂质,防止气泡的产生,同时通过增强搅拌的方法,增加介质与工件的相对运动
装炉方式不合适	零件在装炉淬火时,零件之间相互接触,或者零件之间间隙过小,导致淬火不充分	可以改善装炉方式,合理设计料盘、夹具或吊具,尽量避免零件之间的接触;如果追求装炉量,则需要想办法改变淬火的冷却速度等工艺参数

（5）表面腐蚀麻点

表面腐蚀麻点指的是在工件表面出现密度较大的点状凹坑。它主要是由介质腐蚀造成的。淬火表面腐蚀麻点产生的原因及控制措施如表 4-17 所示。例如，板带材，包括钢板带材和铜铝合金板带材，在轧制后进行淬火，板带材表面会形成麻点，其原因比较复杂，有本身所含元素析出的原因，也有轧制过程中异物脱落压入板带材表面的原因，也有盐浴过程中发生腐蚀的原因。对于高精度板带材，这些麻点是要竭力避免的，此时需要结合生长线的具体情况进行分析，找到麻点的控制方法。

表 4-17 淬火表面腐蚀麻点产生的原因及控制措施[1,38]

产生原因	控制措施
原材料中的某些元素在淬火过程中发生氧化等形成析出相	控制钢种化学成分和处理温度
盐浴中硫酸盐的含量过高	调整盐浴中硫酸盐的浓度和含量
盐浴温度偏高,或工件未经预冷浸入硝酸盐,硝酸盐发生分解形成原子态氧与工件表面作用,形成点蚀或均匀腐蚀	选择合适的盐浴温度,将工件预冷处理后再浸入硝酸盐
高温盐浴时,工件局部加热,暴露在大气中的局部区域遭到腐蚀产生麻点	对非加热部位进行浸盐处理,在表面包覆一层盐壳,防止点蚀

（6）软带

淬火软带产生的主要原因包括原材料成分和组织不均匀、淬火时局部表面的冷却速度不够（与淬火介质的接触不均匀）等。具体工艺原因包括：原材料中碳元素呈带状分布，原始组织中含有不均匀的带状组织；喷水的角度小、加热区返水；工件旋转速度与移动速度不协调；喷水孔角度问题等。例如，某机械厂生产的高淬透性材质大轧辊在感应淬火时，在轧辊上端出现软带超宽问题，通过增加淬火长度可以缩小软带宽度，但又容易发生"脱肩"，经济损失更大。经分析尖角效应是产生轧辊脱肩、软带超宽的主要原因，解决方案是增加淬火保护套，将尖角效应转移到淬火保护套上[58]。

第 5 章

回　火

　　回火是热处理"四把火"中的最后一把火，之所以被称为回火，是由于在进行该步热处理之前，工件或材料已经经过一次淬火热处理。回火指的是将淬火后的工件或材料加热到某一温度，保温一定时间，然后冷却到室温，使不稳定组织转变为较稳定组织的热处理工艺。例如，钢在奥氏体区域保温后淬火得到马氏体，具有组织不稳定、内应力大、脆性大等缺点，需采用回火处理转变为稳定的组织、去除内应力、降低脆性，以满足应用需求。

　　回火热处理对于改善淬火工件的组织和性能有重要作用。具体包括去除或减小工件的淬火内应力；稳定组织并提高服役过程中的尺寸稳定性；适当降低硬度并提高塑韧性，实现优良的综合力学性能；改善加工性能等。

5.1　回火的基本概念

　　回火（Tempering）：工件淬硬后加热到 A_{c_1} 以下的某一温度，保温一定时间，然后冷却到室温的热处理工艺。

　　真空回火（Vacuum Tempering）：工件在真空炉中先抽到一定真空度，然后充惰性气体的回火。

　　加压回火（Press Tempering）：同时施加压力以校正淬火冷却畸变的回火。

　　自热回火/自回火（Self Tempering）：利用局部或者表面淬硬工件内部的余热使淬硬部分回火。

　　自发回火（Auto Tempering）：形成马氏体的快速冷却过程中因工件 M_s 点较高而自发地发生回火的现象。低碳钢在淬火冷却时就发生这一现象。

低温回火（Low Temperature Tempering/First Stage Tempering）：工件在 250℃ 以下进行的回火。

中温回火（Medium Temperature Tempering）：工件在 250～500℃ 进行的回火。

高温回火（High Temperature Tempering）：工件在 500℃ 以上进行的回火。

多次回火（Multiple Tempering）：工件淬硬后进行的两次或两次以上的回火。

二次硬化（Secondary Hardening）：一些高合金钢在一次或多次回火后硬度上升的现象。这种硬化现象是由碳化物弥散析出和（或）残余奥氏体转变为马氏体或者贝氏体所致。

耐回火性（Temper Resistance）：又称为回火稳定性工件回火时抵抗软化的能力。

调质（Quenching and High Temperature Tempering）：工件淬火后并高温回火的复合热处理工艺。

5.2　回火的工艺流程及参数设置

回火工艺经常和淬火工艺结合在一起使用，例如钢奥氏体化后，淬火，然后进行回火，可以选择不同的回火温度，例如低温回火、中温回火、高温回火，最终会得到不同的组织状态和力学性能，以满足不同应用场合的需求。

回火工艺参数主要包括回火温度、回火时间和冷却速度，如图 5-1 所示。

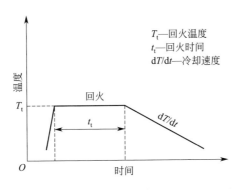

图 5-1　回火工艺示意图

① 回火温度。回火温度选择的主要依据是工件的性能要求以及工件在不同温度条件下回火时的组织转变。

按照加热温度高低可以将回火分为低温回火、中温回火和高温回火三种。回火后的冷却方式通常为空冷，具体如表 5-1 所示。

即便是在同样的回火区间，如同在低温回火、中温回火或者高温回火的区间，具体的温度的选择仍然需要通过工艺试验来确定。例如，42CrMo4 等高强钢，可用于高强螺栓，在 860℃保温 30min 后水淬，然后进行高温回火，选择系列回火温度（500℃、550℃、600℃、620℃、650℃）进行试验，回火时间为 60min，测试结果表明在 500～650℃的温度范围内，回火后均为回火索氏体，但碳化物由片状不均匀分布变为短棒状，抗拉强度不断降低，韧性不断提高，选择 620～650℃回火时，材料具有较低的应力腐蚀敏感性，因此选择的回火温度为 620～650℃，此时强韧性配合良好且应力腐蚀敏感性低[59]。对于 Q690q 桥梁钢，淬火后，主要为贝氏体组织，在 540～650℃回火后得到回火索氏体组织，随着回火温度升高，钢的强度下降，但塑韧性上升，620℃下该钢的综合力学性能最佳[60]。对于 NdCeFeB 双主相烧结磁体，烧结后进行一系列回火处理（回火温度分别为 440℃、470℃、500℃和 530℃），不同温度回火后磁体剩磁基本不变，但是矫顽力随着回火温度的升高而降低，在 440℃回火时矫顽力最高，为 1091kA/m[61]。

表 5-1　按加热温度高低分回火的种类[2]

类别	回火温度/℃	特点
低温回火	150～250	回火后使淬火马氏体转变为回火马氏体，既保证了工件的高硬度，又提高了塑性和韧性，同时降低了淬火应力。保持高硬度的刃具、量具、冷变形模具、滚动轴承、渗碳件、表面淬火件、碳氮共渗件和高强度钢等多采用该回火工艺
中温回火	350～500	回火后的组织为回火托氏体，硬度在 35～45 HRC，其目的是获得高弹性和足够的硬度，同时保持一定的韧性。多用于机械零件、各种标准件、弹簧以及某些热锻模具的回火。为了消除铬钢、铬锰钢、硅锰钢和铬镍钢的回火脆性，如 40Cr、45Mn2 等，在回火后应在油中或水中快冷
高温回火	500～650	回火后的组织为细致、均匀的回火索氏体，具有较低的硬度、强度和较高的塑性和韧性，综合力学性能较好。多用于受冲击、交变载荷的零件，用于制作各种重要结构件。广泛应用于汽车、拖拉机、机床等机械上的零件，如半轴、连杆、螺栓、曲轴、主轴和凸轮轴等轴类零件和各种齿轮等。另外，也可以为零件表面淬火、渗氮、碳氮共渗等预备热处理做组织上的准备

② 回火时间。回火时间取决于在所选定的退火温度下完成组织转变所需

要的时间，以及工件的大小和形状复杂程度。工件的截面积越大，形状越复杂，所需要的退火时间要相应的长一些。

不同的应用场合、不同的材料种类的工件，所需要的回火时间不同，回火时间需要通过具体工艺试验来确定。例如，对于 Q420qENH 耐候桥梁钢，经轧制后对钢板进行 500℃ 回火，回火时间分别选择 15min、30min、60min 和 90min，随着回火时间的延长，屈服强度先升后降、抗拉强度先降后升再降、断后伸长率先降后升、屈强比先升后稳，当回火时间为 60min 时，综合力学性能匹配最优，为最佳热处理时间[62]。对于核反应堆安全壳用 SA738Gr.B 低合金钢，壳体的连接通常采用埋弧焊，焊缝需要进行回火以降低内应力，固定回火温度为 608℃，选择系列回火时间（10h、24h、40h、48h），试验结果表明随着回火时间的延长，焊缝及重热区的组织由低碳贝氏体向回火索氏体转变，焊缝熔覆金属的强度和硬度下降、断后伸长率增加、低温（≤−50℃）冲击韧性有所下降，温度较高时（≥−30℃）冲击韧性有所上升，材料组织和性能在最初 10h 内变化较快，随后趋于缓慢，因此退火时间至少应大于 10h[63]。对于 07MnNiMoDR 钢板，钢板的厚度为 48mm，淬火温度 910℃，淬火时间 30min，水冷到 200℃ 以下出水，选择回火温度为 610℃，选择系列回火时间（50min、100min、150min），室温拉伸和夏比 V 型缺口试验结果表明，保温时间为 100min（约 2min/mm）时试样强度适中，冲击性能稳定[64]。

③ 冷却速度。回火过程中冷却速度的控制也十分重要，应根据工件材料的成分选择相应的冷却速度。冷却速度过快，容易造成硬度过高；冷却速度过慢，容易产生回火脆性。

由于材料的种类繁多，对于材料性能的需求因实际工况场合而定，回火冷却速度需要结合回火工件的实际性能需求而定。例如，对于大尺寸厚壁环形试验件（母材为 30Cr2Ni4MoV 钢），回火冷却速度对贝氏体焊缝的韧性有较大影响，该钢在 540~600℃ 范围内进行高温回火时，若回火冷却速度过慢（试验冷却速度采用了 20℃/h），焊缝金属的韧性发生了明显降低，韧性较低的试样断口出现分层形貌，其中后焊焊道到先焊焊道的热影响区是对冷却速度最敏感的区域，出现这种现象的原因可能是 C、O 等元素在晶界的偏聚[65]。对于 E550 钢焊接接头，选用炉冷和空冷两种回火冷却速度进行试验，采用较快回火冷却速度的焊接接头能够保证较好的低温冲击韧性[66]。

在选择回火工艺参数的过程中，还可以依据试验，总结出回火温度、回火时间和性能之间关系的经验公式，利用这些经验公式进行工艺选择。例如，以钢的淬火、回火和退火硬度作为基本参数，定义了回火度的概念，可以建立回火时间-温度-硬度动力学关系式[67]。但是，必须注意的是，由于总结经验公式所用的试验条件与工厂实际生产条件可能存在差异，对于所选择的工艺参数必须进行工艺试验进行验证后，再进行批量化生产。

5.3 回火的质量缺陷及控制

在对工件进行回火的过程中，如果工艺参数控制不当，在工件内部会造成质量缺陷，常见的回火质量缺陷产生的原因及控制方法见表 5-2。

表 5-2 常见的回火质量缺陷产生的原因及控制方法[1,8]

回火质量缺陷	产生原因	控制方法
回火硬度过高、过低或不均匀	主要由回火温度过低、过高或者炉温不均匀造成。硬度过高还可能是由回火时间过短造成的。硬度不均匀可能是由一次装炉量过多或者选用加热炉不当引起的	调整回火温度，控制回火工作区域温度的稳定性。采用气体介质进行回火时，加装气流循环装置，尽可能使炉温均匀
回火后工件发生变形	回火前工件应力不平衡，回火时应力松弛或者重新分布	采用多次矫直多次加热或者加压回火
网状裂纹	常在高速钢表面脱碳后出现。或者加热速度过快，表面先回火产生多向拉应力	选择合适的回火温度和加热时间
回火后脆性	所选回火温度不当，或者冷却速度不够，产生第二类回火脆性	选择合适的回火温度和冷却方式。消除办法：对第一类回火脆性，需要重新加热淬火，另选温度回火；对第二类回火脆性，重新加热回火然后加速冷却

对于钢工件，当回火温度升高时，在 $250 \sim 400 ℃$ 和 $450 \sim 600 ℃$ 两个温度区间的冲击韧性显著降低，这种脆化现象叫做回火脆性。常见结构钢的回火脆性范围如表 5-3 所示。

表 5-3 常见结构钢的回火脆性温度范围[2]

牌 号	第一类回火脆性/℃	第二类回火脆性/℃
20MnVB	$200 \sim 260$	约 520
40Cr	$300 \sim 370$	$450 \sim 650$
35CrMo	$250 \sim 400$	无明显脆性
20CrMnMo	$250 \sim 350$	—
30CrMnTi	—	$400 \sim 450$

续表

牌　号	第一类回火脆性/℃	第二类回火脆性/℃
20CrNi3A	250～350	450～550
12Cr2Ni4A	250～350	—
40CrNiMo	300～400	一般无脆性
38CrMoAlA	300～450	无脆性

回火脆性这一现象，早在 1883 年已被发现和认识，当时铁匠门发现某些钢经过 400～600℃回火后，必须经过水冷才能避免其出现脆性；第一次世界大战期间，德国的克鲁伯工厂利用镍铬钢制造大炮时发现这些钢高温时回火变脆[68]。

回火脆性可以分为两类：

① 低温回火脆性。即第一类回火脆性，在250～400℃回火时出现的脆性。该类脆性又被称为回火马氏体脆性（Tempered Martensite Embrittlement）。几乎所有工业用钢都有这类脆性。这类脆性的产生与回火后的冷却速度无关，即在产生脆性温度区回火，不论快冷或慢冷都会产生此类脆性。

一般认为，低温回火脆性的产生与在回火过程中碳化物的析出有关。淬火后，马氏体是不稳定的，其中的碳呈过饱和状态。低温回火时，碳不可避免地要析出，形成碳化物。而在此温度区间回火时，碳化物将在马氏体的界面处析出，降低了塑性。因此，这一类回火脆性无法完全消除。但是，可以采用避开此温度区间回火，或采用等温淬火替代淬火回火工艺，或加入 Si 等合金元素调控脆化温度区间等方法，以规避低温回火脆性对工件的不利影响。

② 高温回火脆性。即第二类回火脆性，在 450～650℃回火后缓慢冷却所产生的脆性。该类回火脆性在英文中常被称为 Temper Embrittlement。其具有可逆性，即将已产生此类回火脆性的钢，重新加热至 650℃以上温度，然后快冷，则脆性消失；若回火保温后缓冷，则脆性再次出现。故又称可逆回火脆性。这类回火脆性主要发生在含 Cr、Ni、Si、Mn 等合金元素的结构钢中。

高温回火脆性主要发生在含有某些合金元素的钢中，其产生的原因和合金元素有关。一般认为，高温回火脆性和 P、Sn、Sb 等杂质元素在晶界上的偏聚有关，而 Mn、Cr、Ni 等合金元素会加速这些杂质元素在晶界上的偏聚。回火后快速冷却可以抑制杂质元素的偏聚。因此，在高温回火脆性温度区间回火时，保温后应加快冷却速度，或者控制钢中相应杂质元素的含量，或者加入 W、Mo 等抑制相关杂质元素在晶界偏聚的合金元素，以防止此类回火脆性的发生。

5.4 回火的应用实例

5.4.1 高速钢的回火

高速钢的服役条件是高速切削，服役温度可达 600℃ 以上（刃部）。常用的低合金工具钢，如 9SiCr 钢，在 300℃ 以上工作时，硬度降低到了 60 HRC 以下。高速钢的含碳量高，通过合金化，使其在 600℃ 服役时硬度可保持在 60 HRC 以上，保证了切削性能和耐磨性，在机械制造工业中有广泛应用。

高速钢的主要成分特点是碳含量高（$W_C > 0.65\%$）、合金元素含量高，这样的成分特点辅之以相应的热处理工艺，才能具有高温高硬的特点。按照化学成分和性能特点，高速钢可以分为钨系高速钢（典型牌号为 W18Cr4V，简称 18-4-1）、钨钼系高速钢（典型牌号为 W6Mo5Cr4V2，简称 6-5-4-2）、一般含钴高速钢（典型牌号为 W18Cr4VCo5）、超硬高速钢（典型牌号为 W6Mo5Cr4V2Co5）。这些高速钢中的碳含量和合金元素含量均较高，淬火后应力很大，且含有较多的残余奥氏体。为去除淬火后的内应力，减少残余奥氏体的数量，得到稳定的组织，提高强度、硬度、耐磨性以及热硬性，需要多次回火，一般进行三次回火，回火温度选择 500～570℃。如图 5-2 所示。

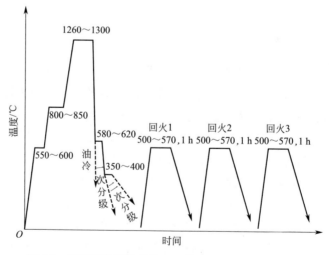

图 5-2 高速钢常用的热处理工艺（以 W18Cr4V 为例）

高速钢在回火过程中的组织转变，对于实现"高温高硬"的性能特点十分重要。高速钢的淬火组织为"马氏体＋碳化物＋残余奥氏体"，其中碳化物熔点高、比较稳定，在回火过程中不发生变化，只有亚稳态的马氏体和残余奥氏体在回火中发生变化。回火过程中的组织转变大致可以分为三个阶段。第一阶段，150～400℃时，碳化物自马氏体中析出并转变为渗碳体。第二阶段，400～500℃时，铬元素从马氏体中向外扩散，形成富铬的合金碳化物，起弥散强化的作用，钢的硬度升高。第三阶段，500～600℃时，马氏体中析出W、Mo、V 合金的碳化物，钢的硬度明显提高，此现象为二次硬化；同时残余奥氏体中的合金元素和碳含量下降，M_s 点升高，残余奥氏体转变为马氏体，也提高了钢的硬度，此现象为二次淬火。在第三阶段，钢的强度、硬度、塑性和韧性均有所提高。当回火温度为550～570℃时，钢的强度和硬度达到最大值。

高速钢的回火比较有特点，三次回火的主要目的是完成残余奥氏体的转变。经过淬火后，高速钢中含有大量的残余奥氏体，一次回火后，仍有约10％的残余奥氏体。二次回火后，残余奥氏体的含量可以降低到5％以下。但是，第二次回火时残余奥氏体转变为马氏体，产生了新的淬火应力。因此，需要第三次回火，以去除应力，并进一步降低残余奥氏体的含量。三次回火后，高速钢主要由回火马氏体和碳化物组成，仍含有少量残余奥氏体。回火马氏体的硬度本身就很高，加上碳化物的弥散强化作用，高速钢室温硬度可达 63～66HRC。

5.4.2　结构钢的回火

回火温度是决定工件回火后组织与性能的最重要的因素，工件的力学、物理、化学性能等技术要求，是选择回火温度的依据。对于结构钢而言，最主要考虑的是力学性能，在力学性能中，由于硬度检测简便易行，并且硬度与强度在一定范围内有着对应关系，故常根据工件的硬度要求选择回火温度，表5-4为常用结构钢在达到不同硬度时的回火温度。

表 5-4　常用结构钢达到不同硬度值时的回火温度基[2]

牌号	回火温度/℃								备注
	25～30HRC	30～35HRC	35～40HRC	40～45HRC	45～50HRC	50～55HRC	55～60HRC	≥60HRC	
12CrNi3				400	370	240		180～200	渗碳淬火后
20CrMnTi							240	180～200	渗碳淬火后

续表

牌号	回火温度/℃								备注
	25～ 30HRC	30～ 35HRC	35～ 40HRC	40～ 45HRC	45～ 50HRC	50～ 55HRC	55～ 60HRC	≥60HRC	
20MnVB								180～200	渗碳淬火后
30	350	300	200	<160				160～200	
35	520	460	420	350	290	<170			
35CrMnSi	560	520	460	400	350	200			
40Cr	580	510	470	420	340	200～240	<160		
40CrMo	620	580	500	400	300				
40CrMnMo		550	500	450	400	250			
40MnB	650	450	420	360～380	280～320	200～240	180～220		
45	550	520	450	380	320	300		180	

对于结构钢，一般确定回火温度的方法有两种：一种是根据从长期生产经验中总结出来的各种钢的回火温度-硬度关系曲线或图表（例如表5-4中的硬度与回火温度对应关系表）来确定；另一种是根据长期生产经验，结合钢的成分和性能要求进行调整。当钢中的含碳量、合金元素的种类及含量、淬火温度、冷却速度或力学性能要求发生变化时，回火温度都应做出相应的调整。例如，钢的成分不变，采用水淬和油淬两种冷却方式，为了使工件达到同一硬度水平，水淬所需的回火温度要更高一些。

第6章

表面热处理

前面重点介绍的热处理的"四把火"——退火、正火、淬火和回火，主要是整体热处理的范畴，其应用对象通常是整个工件。而工件在实际应用中，表层和内部承担着不同的角色，例如接触磨损、腐蚀、氧化等通常首先发生在材料表面，然后向内部扩展。类似我们冬天"穿衣服"有利于防寒保暖一样，对材料表面进行处理和防护有利于提高工件的服役特性。表面热处理是一种十分重要的材料表面处理与防护的方法。和整体热处理不同，表面热处理主要是针对工件表层进行一定深度的组织结构优化，并不影响材料内部的组织结构。表面热处理包括表面淬火与回火、物理气相沉积、化学气相沉积、离子注入、激光表面热处理等。

6.1 表面淬火

6.1.1 表面淬火的基本概念

表面淬火（Surface Hardening），指的是仅对工件表层进行的淬火。包括感应淬火、接触电阻加热淬火、火焰淬火、激光淬火、电子束淬火等。

表面淬火的目的是在工件表面一定深度范围内获得马氏体组织，而其心部仍然保持着表面淬火前的组织状态（调质或正火状态），以获得表层硬度高、耐磨性好，心部又有足够的塑性、韧性的工件。

经过表面淬火后，在工件或材料表面形成一定深度的淬硬层，工件表面的硬度和耐磨性得到显著提高，同时表层产生压应力，有利于提高工件的抗疲劳性能和寿命。例如，对于加强型 F51AE 铸钢钩舌，表面淬火虽然对疲劳极限的影响不明显，但能够显著改善表面硬度和抗疲劳性能。经过表面淬火热处理，加强型 F51AE 铸钢钩舌表面硬度提高 53.2%，S 面部位疲劳寿命可以提高 81.1%，冲击台部位疲劳寿命可以提高 145.7%[69]。

6.1.2 表面淬火的分类

按照供给能量的形式，表面淬火主要分为感应加热表面淬火、火焰表面淬火、接触电阻加热表面淬火、电解液加热表面淬火、激光加热表面淬火、电子束加热表面淬火等，其具体特点如表 6-1 所示。

表 6-1　表面淬火的分类及特点[8,70-76]

类别	特点
感应加热表面淬火	感应加热表面淬火是感应淬火的一种，感应淬火(Induction Hardening)是利用感应电流通过工件所产生的热量，使工件表层、局部或整体加热并快速冷却的淬火。感应加热表面淬火的加热源是交流电源，它是利用通入交流电的加热感应器在工件中产生一定频率的感应电流，感应电流的集肤效应使工件表面层被快速加热到奥氏体区后，立即喷水冷却，工件表层获得一定深度的淬硬层。电流频率越低，淬硬层越厚，用时越长；电流频率越高，淬硬层越浅，用时越短
火焰表面淬火	火焰表面淬火的加热源是火焰，它是将燃烧的火焰(如乙炔和氧气混合)喷射到零件表面，使零件迅速加热到淬火温度，然后立即用水向零件表面喷射。火焰表面淬火适用于单件或小批生产、表面要求硬而耐磨并能承受冲击载荷的大型中碳钢和中碳合金钢件，例如曲轴、齿轮和导轨等
接触电阻加热表面淬火	接触电阻加热表面淬火的加热方式是接触电阻的焦耳热效应，它是利用触头(铜滚轮或碳棒)和工件间的接触电阻加热工件表面，并依靠自身热传导来实现冷却淬火。这种方法的特点是设备简单、操作灵活、工件变形小、淬火后不需回火。接触电阻加热表面淬火能显著提高工件的耐磨性和抗擦伤能力，但淬硬层较薄(0.15~0.30mm)，金相组织及硬度的均匀性都较差，多用于机床铸铁导轨的表面淬火，也用于汽缸套、曲轴、工模具等的淬火
电解液加热表面淬火	电解液加热表面淬火的加热源来自电解液的电离，它是向电解液通入较高电压(150~300V)的直流电，因电离作用而发生导电现象，于负极放出氢，正极放出氧。氢气围绕负极周围形成气膜，电阻较大，电流通过时产生大量的热使负极加热。淬火时，将没入电解液的工件接负极，液槽接正极，当工件的没入部分接通电源时便被加热(5~10s 可达到淬火温度)。断电后在电解液中冷却，也可取出放入另设的淬火槽中冷却
激光加热表面淬火	激光加热表面淬火的加热源是激光，它是将高功率密度的激光束照射到工件表面，使表层快速加热到奥氏体区或熔化温度，依靠工件本身热传导迅速自冷而获得一定淬硬层或熔凝层。激光的可控性好，可以进行局部选择热处理，采用激光加热表面淬火，可以提高材料的疲劳寿命的等性能
电子束加热表面淬火	电子束加热表面淬火的加热源是电子束，它是利用电子束将金属材料加热至奥氏体转变温度以上，然后急骤冷却到马氏体转变温度以下，使其硬化的方法
等离子弧加热表面淬火	等离子弧加热表面淬火的加热源是等离子弧，等离子弧的能量仅次于激光和电子束。该方法利用等离子弧将金属材料加热至奥氏体转变温度以上，然后快速冷却到马氏体转变温度以下，使其硬化
层流等离子束加热表面淬火	层流等离子束加热表面淬火的加热源是层流等离子束，层流等离子束具有热效率高、温度梯度低、易控制、成本低、对工作环境无苛刻要求等特点[70]。该方法利用层流等离子体对工件表面进行加热，加热至奥氏体转变温度以上，然后快速冷却到马氏体转变温度以下，使其硬化

　　其中，感应加热表面淬火根据感应电源的频率的高低，可以分为高频、中频和工频淬火。通常，高频淬火的频率不低于 15kHz，适用于直径小于 100mm 的零件，淬火硬化层厚度约为 0.5～5mm；中频淬火的频率为 2～8kHz，适用于直径为 80～300mm 的零件，淬火硬化层厚度约为 6～10mm；工频淬火的频率为 50Hz 左右，适用于直径大于 1000mm 的零件，淬火硬化层厚度可达 20mm 以上。高频淬火又可以细分为超音频（15～35kHz）、高频（200～250kHz）和超高频（300～500kHz）。感应加热表面淬火工件质量的影响因素有预处理组织、感应线圈形状、感应加热参数（使用频率、阳极电流与栅极电流之比、旋转速率等）、淬火温度和冷却方式、回火工艺等。45 钢通常先进行调质（淬火＋高温回火）处理，得到回火索氏体组织，然后再进行表面淬火，表面获得高硬度和耐磨性的淬硬层，而心部保持回火索氏体组织良好的综合力学性能。不同形状的感应器，对于加热的均匀性影响不同，热形均匀性（矩形）＞热形均匀性（椭圆形）＞热形均匀性（圆形）[71]。感应加热频率直接影响到硬化层的深度，对于 45 钢齿轮，不同模数的齿轮所需要的感应加热频率不同。例如对于全齿齿轮淬火，模数为 1～5mm 时，可选用 250kHz 的加热频率；模数为 6～10mm 时，可选用 80kHz 的加热频率；感应加热的速度快，加热时间短，晶粒长大十分有限，因而感应加热淬火温度要高于普通淬火温度，45 钢齿轮的感应加热温度一般控制在 900～950℃[71]。

　　激光的能量比较高，可以在比较短的时间内快速加热工件或试样的表层，然后快速冷却。激光加热表面淬火可以通过控制激光的功率密度来控制加热能量。例如，对工业用 T2 纯铜进行激光加热表面淬火，采用 F1-50W 连续 CO_2 气体激光器，处理速度在 50mm/s 以内，经过不同激光表面淬火后，纯铜试样的疲劳寿命有不同程度的提高，当激光功率密度为 208kW/cm^2 时，试样的组织结构较为致密且产生了表面压应力，疲劳寿命最高[72]。

　　对于不同的加热源，由于加热的原理不一样，所要控制的表面淬火参数不同。例如，采用层流等离子束对钢轨钢进行表面淬火，工艺参数包括阳极口径、电弧电流、功率、扫描速度、工作气体气流量、喷嘴距离工件表面的距离等；通过系列工艺试验，可以建立表面淬火过程的仿真模型，用于快速选取试验最优参数，实现硬化区的可控制备，从而提高钢轨的服役寿命[73]。

　　对于表面淬火后零件，需要对其硬化层进行检测，金相组织检查是最基本的一项检查方法。服役条件不同的零件，对金相组织的级别要求和评定方法也不同。例如，对于某钢种，当在硬化层的金相组织中发现有粗大马氏体或较粗大马氏体时，评定为"过热、不合格"；当组织中为针状马氏体、较细针状马氏体、细针状马氏体、隐晶马氏体、细针状马氏体及含微量不均匀碳，评定为"合格"；当组织中出现较大量的不均匀碳、网格状屈氏体、少量铁素体、网格状未溶解铁素体时，评定为"加热温度稍低，不合格"[74]。

6.1.3 表面淬火的质量缺陷及控制

当表面淬火的工艺参数不合适时，可造成质量缺陷。常见表面淬火的质量缺陷及控制方法见表 6-2。

表 6-2 常见表面淬火的质量缺陷、产生原因及控制方法[1,74,75]

缺陷	产生原因	控制方法
裂纹	淬火裂纹产生的原因有原材料存在问题，形状问题如不同部分冷却不均匀，加热温度和冷却速度不均匀导致工件不同部位膨胀或收缩不均匀；表面淬火后回火裂纹产生的原因包括回火速度过快、发生二次淬火等	对原材料的成分和组织的均匀性进行检查和控制；对淬火工件形状进行优化设计，必要时对工件进行分解；对表面淬火加热频率、时间、感应器的移动速度等进行较为精确地控制和规范化；回火时防止回火速度过快
过热熔化、接触熔化	工件的薄壁、尖角、孔洞、端部等部位因电流过大温度过高；感应器的移动速度过快；感应器结构设计不合理等	对工件的薄壁、尖角处、孔洞、端部进行处理；控制感应器移动的速度；针对易过热部分对感应器结构进行合理设计
变形过大、表面灼伤畸变	零件形状异形复杂；预先热处理不合适；加热或冷却不均匀；淬火顺序不合理；工件与感应器短路等	对于形状复杂、异形的零件，或拆解，或根据零件形状设计感应器的形状；选择合适的预先热处理；通过控制感应器的频率、移动的速度等确保加热和冷却的均匀性；对淬火顺序进行合理的优化设计；对工件与感应器之间的距离进行合理控制
变形矫正不良	冷矫正后高频淬火产生变形；矫正方法不合适等	对于矫正后应力较大的工件应注意进行去应力处理再进行表面淬火；根据工件的具体变形情况，选用合适的矫正方法
硬度不均匀	加热或冷却不均匀；预先热处理不合适；零件形状异形复杂等	控制感应器移动速度、感应器频率等实现较为均匀的加热或冷却；对预先热处理后的工件状态进行检测，进行必要的处理后再进行表面淬火；对于异形复杂零件，采用设计感应器的结构、拆解零件等方法

续表

缺陷	产生原因	控制方法
硬化层深度不够	所选用的感应加热的频率不合理、加热时间不够、连续淬火时感应器移动速度过快、零件与感应器之间间隙过大或者用料过厚等[74]	选用合适的感应加热频率、加热时间、感应器的移动速度等表面淬火参数；控制零件与感应器之间的间隙以及感应器的用料
淬火软带	轴类零件连续淬火时，表面出现黑白相间的螺旋带或某一区域出现直线黑带，黑色区域存在未熔铁素体、托氏体等非马氏体组织。产生原因：喷水角度小、喷水孔角度不一致；加热区返水；工件旋转角度与感应器相对移动速度不协调，工件旋转一周感应器相对移动速度太大，以及工件在感应器内偏心旋转[75]	控制喷水角度；防止加热区返水；协调好工件的旋转角度与感应器的相对移动速度；防止工件在感应器内发生偏心旋转

　　针对具体的零件在表面感应淬火过程中产生的缺陷，需要结合零件的材料、形状、表面淬火时的实际工况条件进行分析，找出产生缺陷的原因，并据此提出改进和控制措施。例如，滚轮是钢卷运输线上的重要零件，滚动过程中要求耐磨，材料采用 42CrMo，调质处理后硬度为 250～280 HBW，表面需要进行淬火硬化，硬度 50～56 HRC，深度 3～4mm；当使用环形感应器进行连续自喷加热淬火时，出现了台阶面淬硬宽度在 16mm 内和圆柱面端面处硬度不足，个别零件端面处存在裂纹的问题，主要原因是采用圆形感应器时，在圆柱面尖角处的加热时间和终止位置不容易控制，加热时间短容易产生淬火不足，加热时间长易产生过热和淬火裂纹；控制措施包括控制感应加热起始淬火位置，严禁产生二次淬火区，控制非硬化区在 5～8mm 内，硬度≥32 HRC，操作时控制起步停留时间（双人操作，一边缓慢旋转零件，一边送电加热）；改进后滚轮 100%合格，提高了表面淬火合格率，节约了生产成本，提高了经济效益[76]。

6.2　物理气相沉积（PVD）

6.2.1　物理气相沉积的基本概念

　　物理气相沉积（Physical Vapor Deposition，PVD）：在真空加热条件下利用蒸发、等离子体、弧光放电、溅射等物理方法提供原子、离子，使之在工件表面沉积形成薄膜的工艺。其中包括蒸镀、溅射、沉积、磁控溅射以及各种离子束沉积方法等（GB/T 7232—2012）。

　　物理气相沉积是一种重要的表面热处理技术。物理气相沉积制备的镀层具有硬度高、摩擦系数小、耐磨性好、化学性能稳定、耐热、耐氧化等特点。

物理气相沉积具有以下优点：与电镀等其他表面处理技术相比，可以制备硬而耐磨的涂层，且具有更好的耐久性；适用于大部分无机涂层和部分有机涂层，适用面广；在真空下进行表面处理，更加环保；涂层表面光滑、质量好，易清洁；可以制备多种颜色的涂层，美观。

物理气相沉积按照处理方法，可以分为真空蒸发镀、溅射镀、离子镀三种。三种方法的特点、优点及不足如表6-3所示。

表 6-3　物理气相沉积的分类、优点及不足[77-83]

类别	特点	优点	不足
真空蒸发镀	蒸发成膜材料使其先气化或升华，随后沉积到工件表面形成薄膜。根据蒸镀材料熔点的不同，加热方式有电阻加热、电子束加热、激光加热等	设备、工艺及操作简单	气化粒子动能低，镀体与基体结合力较弱，镀层较疏松，因而耐冲击、耐磨损性能不高
溅射镀	真空下通过辉光放电来电离氩气，产生的氩离子在电场作用下加速轰击阴极，被溅射下来的粒子沉积到工件表面成膜	气化粒子动能大、适用材料广泛(包括基体材料和镀膜材料)、均镀能力好	沉积速度慢、设备昂贵
离子镀	真空下利用气体放电技术，将蒸发的原子部分电离成离子，与同时产生的大量高能中性粒子一起沉积到工件表面成膜	镀层质量高、附着力强、均镀能力好、沉积速度快	设备复杂、昂贵

PVD可在不锈钢、铜、锌合金等金属上制备不同颜色的镀层，而镀层的成分决定了镀层的颜色，例如，TiN为金色，CrN为银色，TiAlN为黑色。常见PVD镀层材料的颜色、硬度和最高使用温度如表6-4所示。

表 6-4　常见 PVD 镀层材料的颜色、硬度和最高使用温度

材料	颜色	硬度(HV)	最高使用温度/℃	备注
ZrCN	蓝灰色	2500	550	
TiN	金色	2300	500	成本低
TiAlN	紫色	3200	800	
AlTiN	黑色	3400	900	硬度高
TiAlCrN	亚光黑色	3500	1000	
TiCN	灰黑色	3000	400	硬度高
CrN	银色	2000	700	

6.2.2　物理气相沉积的工艺流程及参数设置

物理气相沉积的基本过程包括气相物质的产生、输送和沉积。气相物质的产生方法主要包括蒸发法和溅射法。气相物质的输送需要在真空中进行，以减少空气中气体的干扰，此过程中气体分子、原子、离子相互碰撞。在气相物质输送过程中，分子、原子和离子之间相互碰撞，会发生各种反应。气相物质的沉积，是一个凝聚过程，包括形核和生长等。

物理气相沉积作为一种表面热处理技术，和表面淬火热处理技术不同的是，其存在不同于所处理工件材料的另外一种材料（沉积源），将这种材料的原子或离子沉积到工件表面，在原来工件表面镀了一层膜（与原始材料相结合），该层薄膜对于工件的表面有改性和保护作用。因此，选择合适的沉积源，对于物理气相沉积的处理效果十分重要。

物理气相沉积的沉积源是单质、二元、三元或者多元材料，目前应用的以二元材料和三元材料居多。二元材料包括 TiN、CrN、AlN、ZrN、NbN、WC、Al_2O_3 等；三元材料包括 TiAlN、TiCrN 和 TiZrN 等[77]。具体选择何种材料作为沉积源需要结合工件的材质、表面状态和需要达到的处理效果。当选择不同成分的沉积源可能能够达到类似的保护效果时，需要考虑原材料成本、工艺过程的时间成本等因素进行进一步优选。

物理气相沉积的沉积温度也是一个重要参数。通常沉积温度低于熔点的 $20\%\sim30\%$，制备的镀层是非平衡的。例如，对于电子束物理气相沉积，衬底温度对薄膜的结构和性能有重要影响[78]。

对于等离子物理气相沉积，其靶材电流、基体偏压、气体分压等工艺参数，对于薄膜沉积过程中等离子体的状态十分重要，直接影响到薄膜的成分和结构。对等离子状态的表征，包括微波干涉法、Langmuir 探针法、汤姆逊散射法和发射光谱法等。建立起物理气相沉积的工艺参数、等离子体的状态、薄膜的结构和性能之间的关系，对于实现物理气相沉积表面热处理的有效控制至关重要[79]。例如，瑞士 Oerlikon Mecto 公司的等离子物理气相沉积（PS-PVD）设备可实现 100Pa 的工作压力，配备的 O3CP 等离子喷枪最大电流和功率分别可达到 3000A 和 180kW；其中喷涂功率、喷涂距离和送粉速率对涂层微观结构和性能有重要影响；其他参数还有等离子气体成分（如 Ar 35 SLPM/ He 60 SLPM）、试样的旋转速度（如 5r/min）、真空室气压（如 150Pa）、预热温度（如 850℃）等[80]。

对于航空发动机叶片材料，其服役时需要承受很高的温度，而叶片所能承受的温度对发动机的特性有关键影响。为了提高叶片的工作温度，除了发展新型合金提高材料本身的高温强度和新型冷却技术外，还可以在发动机叶片表面制备一层热障涂层，即给发动机叶片穿上一层"衣服"，其是提高发动机叶片承温特性行之有效的方法。物理气相沉积表面热处理技术是制备热障涂层的重要方法之一，常用的技术是电子束物理气相沉积技术。例如，采用电子束物理气相沉积的方法在镍基单晶高温合金的 Ni-Cr-Al-Y 黏结层上沉积 Y_2O_3 部分稳定的 ZrO_2 涂层，$900\sim1100℃$ 循环氧化实验表明物理气相沉积涂层的制备可以提高材料的抗氧化性能[81]。

上段中提到电子束物理气相沉积技术，是将电子束技术和物理气相沉积技术相结合，所产生的一门表面涂层制备技术。此外，还可以采用离子束辅助和等离子辅助，以提高表面处理的质量[82]。在物理气相沉积过程中，还可以引入外场，例如，当采用的沉积材料为铁磁性材料（如 Fe-Ni 合金）时，引入强磁场会影响薄膜的生长过程，因此对所处理的表面的特性有显著影响[83]。

6.2.3 物理气相沉积的缺陷及控制

经过物理气相沉积表面热处理后，材料的表面附上一层薄膜，有时薄膜会出现致密度低、覆盖不完整、与基体材料结合力小、厚度没有达到要求等缺陷。

这些缺陷产生的原因是多种多样的：原材料方面的原因，例如基体材料和沉积源材料的匹配不好，沉积源材料选择不合适；物理气相沉积的方法选择不合适；气相沉积过程参数，包括沉积材料供给的速度、基体温度、沉积真空度、沉积时间等选择不合适；基体材料本身存在缺陷，基体材料没有经过合适的预处理、应力较大等。

对于物理气相沉积缺陷的控制，需要结合缺陷的形貌特征和实际工艺情况，进行综合分析。从原材料的成分、组织和状态开始，到沉积原子、分子或离子的生成与供给，再到沉积过程工艺参数，进行全面的分析，并针对性地控制，最终制备出满足实际应用需求的薄膜涂层。

6.3 化学气相沉积（CVD）

6.3.1 化学气相沉积的基本概念

化学气相沉积（Chemical Vapor Deposition，CVD）：通过化学气相反应

在工件表面形成薄膜的工艺（GB/T 7232—2012）。和物理气相沉积不同的是，其在工件表面形成薄膜的过程是"化学反应"，而非"物理凝聚"。

化学气相沉积中沉积温度和沉积压强是十分重要的两个参数，是发生化学反应的必要条件。对于沉积过程，可以采用等离子或激光等辅助技术来加速。气相组成及其反应决定了沉积薄膜的成分，可以是金属、陶瓷或化合物等。

传统的热化学气相沉积方法的前驱体通常是无机的，可以通过调整 CVD 的参数来调整薄膜的尺寸、层数和质量。当前驱体为高纯的有机化合物气体时，可以实现金属有机化学气相沉积，例如 MoS_2 薄膜或涂层的制备。等离子体中含有大量高能的电子，这些电子可以为化学气相沉积提供所需激活能，改变体系的能量供应方式，使得原来在高温条件下发生的化学反应可以在较低的温度下进行[84]。

6.3.2　化学气相沉积的工艺流程和参数设置

化学气相沉积主要包括气相物质的生成、气相物质转移至沉积区域、在工件表面发生化学反应形成薄膜或涂层三个过程。

化学气相沉积时，首先通过反应生成气相物质。随后气相物质主要通过载流气体转移到沉积区域，进而在工件表面发生化学反应。其中，选择合适的沉积源前驱体，调控载流气体的种类、分压、流量，匹配沉积温度和压强是沉积薄膜质量控制的关键。

选择合适的前驱体有助于调控表面热处理的质量。例如，在工件表面镀一层石墨烯薄膜时，所采用的碳源可以是固态、液态或气态。固态碳源可以选择聚苯乙烯等，经过加热变成气相；液体碳源可以采用乙醇等，高温下裂解。然而，采用固态碳源和液态碳源时，反应室内的碳浓度难以得到精确控制。气态碳源可以采用甲烷、乙烷和乙烯等，而乙烷和乙烯在反应过程中键的裂解和重新排布比较困难，最常用的气态碳源是甲烷[84]。

载流气体的选择对于表面热处理的质量也很重要。载气可以选择 H_2、N_2 和 Ar、CO_2 等。选用何种载流气体需要根据所沉积的薄膜材料的成分而定。例如，沉积炭材料时，采用 Ar 和 N_2 作为载流气体的沉积率高于 H_2 作为载流气体的情况，但热解炭的沉积均匀性较低[85]。H_2 是比较常用的载流气体，有利于提高气体流场的稳定性；有利于反应物的扩散，沉积的 CH_4、C_2H_2、C_2H_4、和 C_6H_6 的浓度均匀性较好[85]；H_2 具有还原性，可以防止镀层或涂层的氧化。

控制载流气体的分压也十分重要。例如，在铜表面镀上一层石墨烯，当 H_2 分压较低时，石墨烯的边界不能被氢钝化，氢原子更容易吸附在 Cu 表面，导致活性炭不容易进入顶层碳原子以下，因此容易得到大面积单层的石墨烯；当 H_2 分压较高时，石墨烯的边界会被氢终止，碳原子会进入顶层石墨烯以下形成吸附层，导致产物通常为双层或者少层的相对面积较小的石墨烯[84]。

载流气体的流量是另一关键因素。当沉积温度比较高时，材料可能会发生氧化反应，这时载流气体起到了保护氧化的作用。例如，当表面沉积材料为硅氧薄膜，采用 CO_2 作为载流气体，气流量为 2mL/min 时，硅氧薄膜内的氧含量高于气流量为 1mL/min 时[86]。

沉积温度是化学气相沉积的重要参数，对于表面热处理后工件表面薄膜的质量有重要影响。根据材料动力学原理，反应温度越高，化学反应的速度越快。对于特定的材料而言，沉积速度越快，效率越高，但沉积的均匀性通常会差一些；沉积速度越慢，效率越低，但沉积的均匀性和薄膜的致密性通常会好一些。考虑到沉积效率与沉积均匀性、致密性之间的矛盾关系与平衡，通常存在一个比较合适的沉积温度（即不能太高也不能太低）。例如，当沉积材料为硅氧材料时，随着沉积温度的升高，硅氧薄膜内的氧含量不断降低[86]。又例如，在 AlN 多晶基板上沉积铜膜时，沉积温度选择 $400 \sim 900℃$，结果表明随着沉积温度的升高，表层铜膜的导电性先升高后降低，在 $800℃$ 时导电性最高，因而是最优的沉积温度[86]。当在碳纤维表面沉积氮化硅时，选用 $SiCl_4$-NH_3-H_2 的反应体系，沉积温度选择在 $750 \sim 1250℃$ 之间，$SiCl_4$、NH_3 和 H_2 的气流量分别为 40mL/min、80mL/min、200mL/min，结果表明涂层的最佳沉积温度为 $750 \sim 950℃$[87]。

沉积压强对化学气相沉积的化学反应有重要影响，是化学气相沉积中另一关键参数。通过调整沉积压强，可以调整化学反应的速率，进而影响到沉积速率。例如，在硅晶圆沉积金刚石薄膜，沉积体系为 CH_4-H_2-Ar，调整 Ar/H_2（0，25%，50%，75%，90%）以及总体压强 [40torr（$1torr \approx 133.32Pa$）和 5torr]，当气压为 40torr 时，Ar/H_2 需要达到 90%，才能保证金刚石薄膜的生长；当气压为 5torr 时，Ar/H_2 为 50%，即可保证金刚石薄膜的生长[88]。采用化学气相沉积的方法在 YG6 硬质合金表面制备 SiC 涂层，发现沉积压强对于 SiC 涂层的形貌有重要影响：压强较低时，SiC 涂层为胞状的纳米团聚物；随着压强的逐渐升高，纳米团聚物的尺寸逐渐变小；继续升高压强，SiC 涂层由胞状转变为片层状；进一步升高压强，片层状开始转变为须状。其中，片层状 SiC 的硬度最高，对应的压力为最佳沉积压强[89]。

除了载流气体的种类、含量、分压以及沉积温度和沉积压力之外，气相沉积的工艺参数还有很多，对于化学气相沉积表面热处理的效果都有一定的影响，而且多种参数之间是相互耦合的，需要根据表面状态的需求、工艺控制的精度、处理的时间、成本等综合考虑来确定和调整。

6.3.3　化学气相沉积的缺陷及控制

化学气相沉积的缺陷和物理气相沉积的缺陷类似，最终的质量缺陷出现在表面的薄膜或涂层上，主要包括表面的硬度等性能不达标、表层的组织及形貌不符合要求（孔洞、微裂纹、分层及夹杂物等）、薄膜的致密度不够、薄膜与基体的结合力不够强导致容易脱落等。

对于化学气相沉积所产生的缺陷的控制，主要从所处理工件的材质和表面状况、沉积薄膜的化学成分和结构、气相中各组分的比例、气相的转移和输运过程、化学反应和沉积的参数（包括温度和压强等）来进行分析和考虑。涂层的好的质量需要各种参数之间互相配合来实现。例如，采用化学气相沉积在石墨基体上沉积 ZnSe，所采用的气体体系为 Zn-H_2Se-H_2，所制备的 ZnSe 存在云雾、孔洞、微裂纹、夹杂、分层和胞状物等缺陷[90]。云雾为分布在 ZnSe 中的微观散射体，其中 Zn/Se 的摩尔比可能是关键因素；孔洞主要和沉积温度和沉积压力有关；沉积温度较低是产生微裂纹的主要原因；夹杂包括 ZnSe 粉末、Zn 团、杂质异物、Se 单质颗粒，与沉积室内的 Zn/Se 配比、沉积室基体表面的杂质、H_2Se 在 160℃ 的分解等有关；分层与沉积室内的 Zn/Se 配比失衡、沉积初期沉积温度较高有关；胞状物的产生与基体表面衬底的凸起或沉积中期的夹杂有关[90]。针对缺陷出现的具体原因，调整沉积过程的 Zn/Se 配比、沉积温度和沉积压力、基体的表面状态等，就可获得良好的化学沉积效果。

6.4　离子注入

6.4.1　离子注入的基本概念

离子注入（Ion Implanting）：将预先选择的元素原子电离，经电场加速，获得高能量后注入工件的表面改性工艺（GB/T 7232—2012）。

相对于其他表面热处理工艺，离子注入具有明显的特点和优点。当工件为金属时，离子注入后，在工件表面形成固溶体或非晶等亚稳态组织。该亚稳态组织的成分和组织特点与基体有显著的差别，但由于是在基体的基础上形成的，和基体的结合良好，表面改性效果明显。而且，离子注入中的电离、电场等条件便于精确控制和实现自动化。整个注入过程在真空下进行，表面洁净度高，可用于最终加工处理。离子注入的优点如表 6-5 所示。

表 6-5　离子注入工艺的特点[91-96]

特点	详细介绍
可实现注入元素含量的精确控制	离子注入的整个工艺过程在电子仪器的监督下进行，可以在很大范围内控制注入元素的含量
注入元素的均匀性好	可以通过扫描的方法控制注入元素的均匀性
可以有效控制注入元素的深度	在离子注入过程中，通过控制离子的能量控制元素的注入深度，设计比较灵活
可以选择元素进行注入	通过质量分离技术产生纯离子束（单一离子束），选出不同的元素进行注入
可实现在低温或中温下注入	由于高压电场的作用，可以在低温或中温下进行离子注入
无固溶度限制	注入的元素含量不受固溶度的限制

离子注入，可以改善工件的表面特性。例如，在钛的表面注入铜离子，可以提高表面的抗菌能力，并且没有细胞毒性，故钛表面的含铜量十分重要[91]。在钛表面进行微弧氧化和氮等离子体浸没处理，从而形成含氮 TiO_2 涂层，可以提高在可见光下的抗菌能力[92]。将 C 离子注入到 6H-SiC（0001）单晶半导体基体上，选择合适的降温速率可以使 C 原子在表面析出，从而直接在表面自组装成双层或多层石墨烯[93]。

离子注入方法的应用比较广泛。离子注入可以应用于金属切削工具、精密运动耦合部件、热挤压模具、精密喷嘴、手术器具等的表面处理，达到提高相关工件的耐磨性、耐蚀性和使用寿命的目的。

6.4.2　离子注入的工艺流程及参数设置

离子注入的工艺过程主要包括离子的产生、离子的加速和选择、离子与工件表面相互作用并进入工件。其中离子的产生主要通过离子源（例如铝离子源产生铝离子[94]），离子源通过加热分解源气体，成为带电离子；带电离子在电场下被加速，移出离子源腔体，并通过质量分析器（例如磁分析器，调控磁场强弱）进行筛选，被选中的离子进入加速管，获得注入所需的能量被选择的离子通过聚焦透镜和束流扫描装置到达工件表面并与工件表面发生相互作用，停留在工件表面。

离子注入工艺通过离子注入机来实现，离子注入机一般由离子源、加速器、离子质量分析器、离子束的约束与控制装置、靶室、真空系统六个部分组成。

离子注入工艺的参数主要包括注入的剂量和能量（以获得特定的注入浓度及分布）。例如，在纯锆表面注入钼离子（剂量选择 $1 \times 10^{16} \sim 5 \times 10^{17}$ ion/cm^2），注入时的最高温度为 160℃，加速电压为 40kV，结果表明离子的注入剂量越高，耐蚀性越差，具体表现在自然腐蚀电位的正移等[95]。在 Ge 中注入 He 离子时，注入束能量越大，离子射程越大、溅射产额越小、离表面越近，离子移位损伤程度（空位缺陷）变少[96]；随着离子注入剂量的增大，损伤区域增大且集中。

当注入的工件是晶体时，还需要考虑注入束的角度。例如，在 Ge 中注入 He 离子，300 keV 的 He 离子束以不同角度注入。随着注入束角度的增大，离子浓度峰值减小，与之相对应的离子投影射程也在减小。当注入束的角度较小（7°）时，有利于避免"沟道效应"，拖尾效应不明显，缺陷空位数处于较低水平[96]。同时，离子束的注入角度对于 Ge 空位数的峰值也有重要影响，随着注入束角度的增大，Ge 空位数峰值先减小后增大再减小，在 70°时损伤最为严重[96]。

离子注入后晶格可能发生破坏或损伤，这时需要退火处理以保持晶格的完整性。当离子注入工艺用于半导体或非半导体时，由于注入后的目的不同，其工艺参数差别较大。

离子注入应用于半导体材料，主要是在 Si、Ge 等基体中掺入杂质元素，以改变其能带结构，进而实现特定的光学、电学等物理功能。注入参数需要精确控制，以获得所需的掺杂量。

与在半导体材料中的应用相比，离子注入应用于非半导体材料时，注入离子的浓度很高，可达半导体材料的上千倍，但对纯度要求低。此时，离子束流的密度要很高，以提高注入效率。而且，离子注入机的结构可以更简化。

6.4.3　离子注入的质量缺陷及控制

离子注入作为一种表面热处理技术，若离子源或者工艺参数选择不当，会造成工件表面注入元素的浓度不够、注入元素的分布不合乎要求、表面晶格遭到破坏等缺陷。

表面注入元素的浓度不够的主要原因是离子束的能量和剂量不够，此时需要通过调整离子束的能量和剂量，有时候需要更换离子源，以实现更高浓度的离子注入。

注入元素分布不合乎要求的主要原因是离子束的角度控制不合适。此时需要调整离子束的角度以获得合理的分布。具体的角度，可以通过模拟和实际工艺实验来确定。

表面晶格遭到破坏是离子注入比较常见的缺陷，其是由高能的离子束和材料表面相互作用、离子的浓度过高等引起的。此时可以通过调整离子束的能量和剂量来控制，也可以进行后续的退火热处理使遭到破坏的晶格得到恢复。

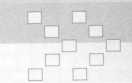

第7章

化学热处理

化学热处理是表面热处理的一种，是应用十分广泛的一项表面热处理技术，在整个表面热处理中占有相当大的比重。它是将工件在活性介质中进行加热、保温和冷却，使一种或者几种合金元素渗入工件表层，从而达到改变工件表面成分、组织和性能的目的。

提高工件表面的质量对于提高工件的使用寿命或者可靠性十分重要。工件在服役过程（拉伸、压缩、扭转、弯曲、啮合、磨损和腐蚀等）中，工件表面与外力直接接触，所承受的外力从表面到内部不断减少，所以失效或者破坏通常发生在工件表面或者从工件表面开始。表面改性有多种方法，包括物理气相沉积、化学气相沉积、激光沉积或者熔覆、电子束表面淬火、感应表面淬火、离子注入、激光表面合金化、热浸镀和化学热处理等。

化学热处理最大的特点是"渗"。化学热处理过程中渗入元素的选择，对于表面处理后的性能有重要影响。化学热处理对工件表面的作用主要有三个方面：一是改善强度、硬度、耐磨性、疲劳性能等力学性能，即"强化"；二是改善抗氧化和耐腐蚀等物理和化学性能，即"保护"；三是改善耐摩擦磨损性能，即"润滑"。

化学热处理按照渗入元素，主要包括渗碳、渗氮、碳氮共渗，渗硼与渗金属，多元共渗，稀土化学热处理等。本章主要从这几个方面分别进行介绍。

7.1 渗碳、渗氮、碳氮共渗

7.1.1 渗碳

7.1.1.1 渗碳类基本概念

渗碳（Carburizing/Carburization）：为提高工件表层的含碳量并在其中形

成一定的碳含量梯度，将工件在渗碳介质中加热、保温，使碳原子渗入的化学热处理工艺（GB/T 7232—2012）。常见的渗碳方式如表 7-1 所示，渗碳常用的基本概念如表 7-2 所示。

表 7-1　常见的渗碳方式（参照 GB/T 7232—2012）

渗碳方式	内涵
固体渗碳(Solid Carburizing)	将工件放在填充粒状渗碳剂的密封箱中进行渗碳的工艺
膏剂渗碳(Paste Carburizing)	工件表面以膏状渗碳剂涂覆进行渗碳的工艺
盐浴渗碳(Salt Bath Carburizing)	工件在熔融盐浴渗碳剂中进行渗碳的工艺
气体渗碳(Gas Carburizing)	工件在含碳气体中进行渗碳的工艺
滴注式渗碳(Drip Feed Carburizing)	将苯、醇、酮、煤油等液体渗碳剂直接滴入炉内裂解,进行气体渗碳的工艺
离子渗碳(Ion Carburizing)	在低于 1×10^5 Pa(通常是 $10\sim10^{-1}$ Pa)渗碳气氛中,利用工件(阴件)和阳极之间产生的辉光放电进行渗碳的工艺
流态床渗碳(Fluidized Bed Carburizing)	在含碳的流态床中进行渗碳的工艺
电解渗碳(Electrolytic Carburizing)	在作为阴极的工件和与之同置于盐浴中的石墨阳极之间接通电源进行渗碳的工艺
真空渗碳(Vacuum Carburizing)	在低于 1×10^5 Pa(通常是 $10\sim10^{-1}$ Pa)的条件下于渗碳气氛中进行渗碳的工艺
高温渗碳(High Temperature Carburizing)	在 950℃以上进行渗碳的工艺
局部渗碳(Localized Carburizing)	仅对工件某一部分或某些区域进行渗碳的工艺
穿透渗碳(Homogeneous Carburizing)	薄工件从表面至中心全部渗透渗碳的工艺
碳化物弥散强化渗碳(Carbide Dispersion Carburizing)	使渗碳表层获得细小分散碳化物以提高工件服役能力渗碳的工艺
薄层渗碳(Sheet Carburizing)	工件渗碳淬火后,表面总硬化深度或有效硬化层深度小于或等于 0.3mm 的渗碳
深层渗碳(Deep Carburizing)	工件在渗碳淬火后有效硬化层深度达到 3mm 以上的渗碳
复碳(Carbon Restoration)	工件因某种原因脱碳后,为恢复初始含碳量而进行的渗碳

表 7-2　渗碳常用的基本概念（参照 GB/T 7232—2012）

基本概念	内涵
碳势(Carbon Potential)	表征含碳气氛在一定温度下改变工件表面含碳量能力的参数,通常用氧探头监控,用低碳碳素钢箔片在含碳气氛中的平衡含碳量定量监测
露点(Dew Point)	指气氛中水蒸气开始凝结的温度。露点与气氛中的水汽含量成正比,气氛中的水汽含量越高,露点越高。进行气体渗碳时,可通过测定露点间接确定气氛的碳势
强渗期(Carburizing Period)	工件在高碳势渗碳气氛条件下进行渗碳,使其表面迅速达到高碳浓度的阶段

基本概念	内涵
扩散期（Diffusion Period）	指强渗结束后,特意降低气氛碳势使富碳表层向内扩散的碳量超过介质传递给工件表面的碳量,从而使渗层碳浓度梯度趋于平缓的阶段
渗碳层（Carburized Zone）	渗碳工件含碳量高于原材料的表层
碳含量分布（Carbon Profile）	碳在沿渗碳工件与表面垂直的方向上渗层中的分布
渗碳层深度（Carburized Depth）	由渗碳工件表面向内至碳含量为规定处（一般为 $w_C=0.4\%$）的垂直距离
渗碳淬火有效硬化层深度（Carburizing and Hardening Effective Case Depth）	由渗碳淬火后的工件表面测定到规定硬度（550 HV）处的垂直距离,以 Dc 表示。固定硬度时所用的试验力为 9.807N
碳活度（Carbon Activity）	与渗碳有关的碳活度通常是指碳在奥氏体中的活度。它与奥氏体中碳的浓度成正比,比值为活度系数。这个活度系数又是温度、奥氏体中溶入的合金元素品种及各自的浓度以及碳的浓度的函数。其物理意义是碳在奥氏体中的有效浓度
碳可用率（Carbon Availability）	在气氛碳势从 1% 降至 0.9% 时,$1m^3$（标准状态下）气体可传递到工件表面的碳量（以 g/m^3 表示）
碳传递系数（Carbon Transfer Coefficient）	单位时间（s）内气氛传递到工件表面单位面积的碳量（碳通量）与气氛碳势和工件表面含碳量（碳钢）之间的差值之比
空白渗碳（Blank Carburizing）	为预测工件渗碳后心部组织特征和可达到的力学性能,用试样在中性介质中进行的与原定渗碳淬火周期完全相同的热处理
碳化物形成元素（Carbide Forming Element）	钢铁中碳的化学亲和力比铁高的合金元素

7.1.1.2　基本原理

气体渗碳是最常用的渗碳方式,气体渗碳主要包括碳气氛的形成、碳气氛的吸附和分解、碳原子的吸收和扩散三个阶段。

（1）碳气氛的形成

对于气体渗碳,渗碳气氛依靠渗碳性气体,包括弱渗碳性气体（如 CO）和强渗碳性气体（如 CH_4、C_2H_6、C_3H_8）。要达到同样渗碳目标（碳浓度）,所需要的强渗碳性气体的浓度要低于弱渗碳性气体的浓度,而且,渗碳性气体的浓度过高,易形成炭黑。例如,渗碳的目标是钢表面的碳浓度达到 1.1%,若采用弱渗碳性气体 CO,则需要 95%;若采用强渗碳性气体 CH_4,只需要 1.5% 即可。

采用滴注式气体渗碳时,滴入炉内的有机液体发生裂解,形成渗碳气氛。例如采用甲醇加煤油,裂解后的气氛包括 CO、C_nH_{2n+2}（CH_4、C_2H_6、C_3H_8 等烷类）、C_nH_{2n}（C_2H_4、C_3H_6 等烯类）等增碳性气体,还原、脱碳

性气体 H_2；CO_2、H_2O、SO_2 等脱碳及氧化性气体。在这种渗碳方式下，可通过调节渗剂的滴入量来控制碳势。

连续渗碳炉渗碳时，渗碳气氛由吸热式气氛加富化气（如丙烷）形成。在这种渗碳气氛下，可通过调节富化气的通入量来控制碳势。

（2）碳气氛的吸附和分解

渗碳过程中的吸附主要是化学吸附，工件表面越洁净、工件表面的气氛气流越均匀，对于增碳气体的吸附效果越好，越有利于其分解。

（3）碳原子的吸收和扩散

在渗碳初期，工件表面应吸收较多的碳原子，使碳浓度接近饱和。在这种情况下，表面与内部之间的碳浓度差大，扩散速度快。这一阶段是影响渗碳层深度的关键因素。

对于不同成分的工件，采用相同的渗碳工艺，可以得到不同的渗碳层深度。Cr、Mo、V、Ti 等元素可以增加渗层深度，而 Ni 则降低渗层深度。例如，20CrMnTi 和 20CrMnMo 钢的渗碳速度比 20 钢快，在相同的渗碳时间内，渗层深度显著增加。

合金元素对渗碳层深度的影响取决于其对碳原子的扩散系数和渗层表面渗碳量的综合影响结果。

合金元素对于碳原子的扩散系数影响显著。强碳化物形成元素（Ti、Zr、Nb、V 等）和中等强度碳化物形成元素（W、Mo、Cr 等）会降低碳在工件中的扩散系数，弱碳化物形成元素（Mn、Fe 等）对碳在工件中的扩散系数几乎没有影响。非碳化物形成元素（Ni、Co、Cu、N、P、S 等）提高碳的扩散系数，Si 则降低碳的扩散系数，Al 对碳的扩散系数的影响则是扩散系数先提高后降低。

合金元素对于渗层表面含量也有重要影响。如 Cr、Ti、Mo、W 可以增加渗层表面含碳量，其中 Cr、Ti 显著增加；而 Si、Cu、Ni、Co 则降低表面含碳量，其中 Si、Cu 显著降低。

渗碳工艺目前在钢铁材料中的应用最多，但也应用于钛合金等有色金属材料。例如，在钛合金中，可以采用气体渗碳、激光渗碳以及离子渗碳方法在钛合金表面形成耐高温、摩擦系数低、有良好的生物相容性的 TiC 硬化层，提高表面的硬度和耐磨性[97]。钛合金中 Ti 与氧原子的结合比与碳原子的结合要容易，而且碳原子以间隙原子扩散到次表层比较困难，通常钛合金的渗碳在高温、低氧条件下进行。因此，与钢铁材料相比，钛合金渗碳所需要的工艺条件更加苛刻。

7.1.1.3 渗碳层的性能

工件表面的渗碳层的质量对表面性能有重要影响。渗碳层的技术要求包括：表面含碳量、渗碳层深度、渗碳层碳浓度梯度、有效硬化层深度、表面硬度、渗碳层的组织要求等。

（1）表面含碳量

对于钢铁材料而言，通常表面含碳量越高，硬度越大、耐磨性也越好。但是含碳量过高时，淬火后会出现大量的残余奥氏体，反而会降低表面硬度。对于渗碳钢件，表面硬度一般要求 56～64 HRC。因此，根据工件的服役条件不同，渗碳层的表面含碳量应该控制在一定的范围内，一般在 0.7％～1.05％ 的范围内，这是由于较低的含碳量将降低工件的硬度和耐磨性，而较高的含碳量会促进工件内形成较多的大块或网状碳化物，导致工件的脆性增加，疲劳强度降低。

（2）渗碳层深度

对于渗碳工件而言，渗碳层的深度控制也十分重要。一般地，渗层越深，工件的弯曲强度和抗弯曲疲劳性能提高，但是过深的渗层不利于工件的抗疲劳性能。一般地，对于服役条件为复杂应力状态的齿轮工件，要求渗碳层的深度为分度圆半径或者节圆齿厚的 10％～20％。

（3）渗碳层碳浓度梯度

渗碳层的碳浓度梯度也是影响工件的力学性能的重要因素。通常，渗碳层的碳浓度梯度越大，过渡区残余拉应力越大，工件容易发生断裂和渗层剥落的情况。而较低的碳浓度梯度有利于提高工件的弯曲强度和抗弯曲疲劳性能。一般规定过渡区为渗碳层总深度的 1/3～1/2。

（4）有效硬化层深度

有效硬化层深度主要靠渗碳层深度、钢的淬透性和淬火介质的冷却能力来保证。首先要保证渗碳层深度，其次要有足够的淬透性，淬火介质的冷却能力也要能够满足要求。从使用性能的角度考虑，有效硬化层深度比渗碳层深度更能够反映出工件渗碳层的实际质量。

7.1.1.4 常用渗碳钢及其热处理工艺

为了满足不同的服役条件及经济性要求，发展了种类众多的渗碳钢。常用渗碳钢可以按照主加元素、淬透性、强度以及使用要求来分类，如表 7-3 所示。

表 7-3 常用渗碳钢及其分类[98-100]

分类依据	类别	典型钢种(钢号)
按主加元素	锰钢	20Mn2、20MnV、20MnTiB、20MnVB
	铬钢	15Cr、20Cr、20CrMo、20CrV
	铬锰钢	15CrMn、20CrMn、20CrMnMo、20CrMnTi
	铬镍钢	12CrNi2、18Cr2Ni4W、20CrNi、20CrNiMo
	镍钢	20Ni4Mo
按淬透性	低淬透性渗碳钢(油淬临界直径≤15mm)	10、15Cr、20、20Cr、20CrV、20CrMo、20Mn、20Mn2、20MnV
	中淬透性渗碳钢(油淬临界直径 15～60mm)	12CrNi(2～4)、15CrMn、20CrMn、20CrMnMo、20CrMnTi、20CrNi、20CrNi3、20CrNiMo、20MnTiB、20MnVB、20SiMnVB
	高淬透性渗碳钢(油淬临界直径≥60mm)	14CrMnSiNi2Mo、18Cr2Ni4W、20Cr2Ni4
按强度	低强度渗碳钢(σ_b=500～800MPa)	15、15Cr、20、20Cr、20Mn、20Mn2
	中强度渗碳钢(σ_b=850～1100MPa)	12CrNi2、12CrNi3、20CrMn、20CrMnMo、20CrMnTi、20MnTiB
	高强度渗碳钢(σ_b>1200MPa)	12Cr2Ni4、18Cr2Ni4W、20Cr2Ni4、20Ni4Mo
按使用要求	保证淬透性结构钢	12Cr2Ni4H、20CrH、20CrMnTiH、20CrNi3H、20CrNiMoH、20MnMoBH、20MnTiBH、20MnVBH
	渗碳轴承钢	G20CrMo、G20CrNiMo、G20CrNi2Mo、G20Cr2Ni4、G10CrNi3Mo、G20Cr2Mn2Mo、G23Cr2Ni2Si1Mo、15Cr14Co12Mo5Ni(航空高温轴承钢)

不同类型的渗碳钢，服役条件不同，其渗碳热处理工艺也有所差异，主要工艺为"正火＋渗碳淬火后回火"。表 7-4 给出了常见渗碳钢的热处理工艺。

7.1.1.5 渗碳介质选择

渗碳介质在渗碳过程中起供给碳的作用，故要选择符合要求的渗碳介质。渗碳介质应具有的特性：活性高能够稳定有效地供给碳；成分中有害杂质和腐蚀性物质的含量低；对空气和环境污染小；对操作者健康损害小；盐浴应容易调整，在工件附着时容易清除；对于有机液体裂解渗碳剂，要求成分稳定且容易裂解。

根据聚集状态，渗碳介质可分为气体渗碳介质、液体渗碳介质和固体渗碳介质。

表 7-4　常见渗碳钢的热处理工艺[98]

钢号	正火		渗碳温度/℃	渗碳淬火后回火		
	加热温度/℃	硬度(HBS)		淬火温度/℃	回火温度/℃	回火后硬度(HRC)
10	910~945	≤121	920~940	890+780 两次水淬	160~200	62~65
12CrNi2	880~920+650~680 回火	207	900~920	770~800 油淬	180~200	≥58
12CrNi3	880~920+650~680 回火	≤229	900~920	810~830 油淬	150~180	≥58
12Cr2Ni4	890~940+650~680 回火	≤229	900~930	840~860+770~790 二次油淬	150~180	≥58
14CrMnSiNi2Mo	880~900+650~680 回火 670~700 退火	≤255	910~930	840~860 油淬+780~800 油淬+30~70 冷处理	150~200	62~65
15	900~940	≤179	920~940	760~800 水淬	160~200	58~63
15Cr	880~900 860~890 退火	≤179	900~930	860~890+780~820 两次水淬	170~190	≥56
15CrMn	880~900 850~870 退火	≤197 ≤179	920~940	780~820 油淬	160~200	≥56
16Ni3CrMo	890~910 815~835 退火	≤355 241	880~920 保护气氛下缓冷	815~835 油冷	180~200	61~64
18Cr2Ni4W	900~980+650~680 回火	≤269	900~920	840~860 油淬+780~800 油淬 650~670 回火+780~800 油淬 840~860 油淬	150~180	≥58
20	880~920	≤179	920~940	770~800 水淬	160~200	58~63
20Mn	880~900	≤187	910~930	770~800 水淬	160~200	58~64
20Mn2	870~900	≤187	910~930	780~800 水淬	150~180	58~64

续表

钢号	正火 加热温度/℃	硬度(HBS)	渗碳温度/℃	渗碳淬火后回火 淬火温度/℃	回火温度/℃	回火后硬度(HRC)
20MnVB	880~900	≤217	900~930	860~880+780~800 水淬	180~200	56~62
20MnTiB	950~970	≤207	920~930	830~840 油淬	180~200	56~62
20CrMn	870~900 / 850~870 退火	≤350 / ≤187	910~930	810~830 油淬	180~200	≥56
20CrMo	880~920 / 850 退火	≤217 / ≤207	920~940	810~830 油淬	160~200	58~64
20CrMnMo	880~930 / 850~870 退火	≤228 / ≤217	900~930	810~830 油淬	180~200	58~64
20CrMnTi	920~950 / 680~720 退火	≤207 / ≤217	920~940	830~870 油淬	180~200	58~64
20CrNi	900~920	≤197	900~930	810~820 油淬	180~200	58~64
20Cr2Ni3	860~890+670~690 回火 / 840~860 退火	≤229 / ≤217	900~930	640~670 回火+780~820 油淬	180~200	≥58
20Cr2Ni4	860~890+630~650 回火 / 810~870 退火	≤229 / ≤217	900~950	850~870 油淬+ 600~650 回火+780~800 油淬 / 810~830 油淬	150~180 / 150~180	≥58 / ≥58
20CrNiMo	900+670 回火	≤197	920~940	650~670 回火+820~840 油淬 / 780~820 油淬	150~180 / 180~200	≥58 / ≥58
20Ni4Mo	880+640 / 670 回火	≤269 / ≤239	930 缓冷	600 回火+780~840 油淬	150~180	≥56

　　气体渗碳介质包括甲烷、乙烷等气体。气体渗碳介质的供给方式包括：有机液体滴入式、吸热式可控气氛加富化气、氮基气氛加丙烷、直接通入天然气乙炔气、有机液体加空气直生式等。气体渗碳剂（如丙烷、丁烷、液氨等）压力应恒定，气流速度可调节，在强制循环条件下，混合炉气的成分应该均匀。常用的气体渗碳剂包括一氧化碳（CO）、甲烷（CH_4）、乙烷（C_2H_6）、丙烷（C_3H_8）、丁烷（C_4H_{10}）等。有机液体滴入式渗碳（或滴注式渗碳），滴入的液体渗碳剂裂解为渗碳气体。所用的液体包括灯用煤油 1 号（主要含有石蜡烃、烷烃和芳香烃的混合物）、1 号渗碳油（$W_{硫}$≤0.04％，$W_{芳香烃}$≤7％，少量阻聚剂）、苯（C_6H_6）、甲苯（$C_6H_5CH_3$）、甲醇（CH_3OH）、乙醇（C_2H_5OH）、异丙醇［$(CH_3)_2CHOH$］、丙酮（CH_3COCH_3）、乙酸乙酯（$CH_3COOC_2H_5$）等。滴入式渗碳剂也可以采用两种或三种有机液体组成，包括甲醇-乙酸乙酯、甲醇-丙酮、甲醇-煤油等。

　　液体渗碳是在熔融状态下的含碳盐浴中进行的。液体渗碳剂的熔点应较使用温度低 50～100℃，渗剂不易老化，便于捞渣，在使用范围内流动性好、黏度小、蒸发量少。常用液体渗碳介质如表 7-5 所示。

表 7-5　常用的液体渗碳介质[98]

类别		代表性成分
有毒含氰盐浴		4％～6％NaCN＋80％$BaCl_2$＋14％～16％Na_2CO_3
原材料无毒但反应产物有毒		40％～45％KCl＋35％～40％NaCl＋2％～8％Na_2CO_3＋6％～10％渗碳剂
无毒含氰盐浴	603 无毒液体渗碳剂	30％～50％NaCl＋40％～50％KCl＋7％～10％碳酸钠＋10％～14％603＋0.5％～1.0％$Na_2B_4O_7$。其中 603 是由 10％NaCl,10％KCl,80％木炭粉混合后加入适量的水,在 800～900℃下密封干馏,冷却后在球磨机内磨成 100 目以下的细粉
	日本无公害液体渗碳剂	24％NaCl＋37％KCl＋39％Na_2CO_3＋10％石墨粉
	碳化硅盐浴液体渗碳剂	78％～85％Na_2CO_3＋10％～15％NaCl＋6％～8％SiC

　　固体渗碳剂的持续性好，使用后应保持松散。而膏体渗碳剂应当具有涂刷方便、涂在工件上干燥后不开裂、热处理后容易清除等特点。常用的固体渗碳介质包括固体剂和膏剂，如表 7-6 所示。

　　渗碳处理前，需要将工件表面不允许渗碳的地方（如螺纹、软花键轴孔等）保护起来，也就是进行防渗处理。防渗处理的方法包括：留加工余量、钢套或轴环保护、镀铜保护、涂抹防渗碳涂料等。

　　目前，广泛使用的可控气氛渗碳和真空渗碳等渗碳方法，均存在碳排放较高的缺点，不利于环境保护。采用离子渗碳的方法，更有利于低碳排放。离子

表 7-6　常用的固体渗碳介质[98]

类别	成分
固体剂	20%～25%$BaCO_3$+3.5%～5%$CaCO_3$+余量木炭
	10%～15%$BaCO_3$+3.5%$CaCO_3$+余量煤的半焦炭
	3%～5%$BaCO_3$+余量木炭
	15%$BaCO_3$+5%Na_2CO_3+余量木炭
	3%～4%$BaCO_3$+0.3%～1.0%Na_2CO_3+余量木炭
	10%$BaCO_3$+3%Na_2CO_3+1%$CaCO_3$+余量木炭
	10%黄血盐+10%Na_2CO_3+余量木炭
	10%乙酸钠+30%～35%焦炭+55%～60%木炭+2%～3%重油
膏剂	64%炭粉(100目)+6%碳酸钠+6%乙酸钠+12%黄血盐+12%面粉
	30%炭粉+3%碳酸钠+2%乙酸钠+25%废润滑油+40%柴油
	55%炭粉+30%碳酸钠+15%草酸钠
	30%炭粉+30%碳酸钠+20%碳酸钡+20%黄血盐+外加20%桃胶水溶液

渗碳采用脉冲辉光放电原理，主要包括等离子体辉光放电和传质两个阶段。相对于传统的气体渗碳方式，离子渗碳可以更精确地控制表面碳含量、渗碳层深度以及碳浓度分布。

7.1.2　渗氮

渗氮和渗碳类似，不同的是渗入工件表面的是氮原子，而不是碳原子。因此，渗氮介质和渗碳介质不同，表面改性的效果也有所差别。

7.1.2.1　渗氮类基本概念

渗氮（Nitriding）：在一定温度下于一定介质中使氮原子渗入工件表层的化学热处理工艺（GB/T 7232—2012）。常见渗氮方式及内涵见表 7-7。与渗氮相关的基本概念见表 7-8。

表 7-7　常见的渗氮方式（参照 GB/T 7232—2012）

渗氮方式	内涵
液体渗氮(Liquid Nitriding)	在含渗氮剂的熔盐中进行渗氮
气体渗氮(Gas Nitriding)	在可提供活性氮原子的气体中进行渗氮
离子渗氮(Ion Nitriding)	在低于 $1×10^5$ Pa(通常是 $10～10^{-1}$ Pa)渗氮气氛中,利用工件(阴极和阳极之间产生的辉光放电进行渗氮
一段渗氮(Single Stage Nitriding)	在一定温度和一定氮势下进行渗氮
多段渗氮(Multiple Stage Nitriding)	在两个或者两个以上的温度和多种氮势条件下分别进行渗氮

表 7-8　与渗氮相关的基本概念（参照 GB/T 7232—2012）

基本概念	内涵
退氮（Denitriding）	为使渗氮件表层去除过多的氮而进行的工艺过程
氮化物（Nitride）	氮与金属元素形成的化合物。碳钢渗氮时常见的氮化物有 γ'-Fe_4N 等
氨分解率（Ammonia Dissociation Rate）	是指气体渗氮时,通入炉中的氨分解为氢和活性氮原子的程度,一般以百分比值来表示。在一定的渗氮温度下,氨分解率取决于供氨量。供氨越多,分解率越低,工件表面的氮含量愈高。供氨量固定时,温度愈高,分解率愈高。氨分解率是渗氮的重要工艺参数
氮势（Nitrogen Potential）	表征渗氮气氛在一定温度下向工件提供活性氮原子能力的参数。通常通过调整氨分解率进行监控,氨流量愈大,氨分解率愈低,气氛氮势愈高
渗氮层深度（Nitrided Case Depth）	渗氮层包括化合物层（白亮层）和扩散层,其深度从工件表面测至与基体组织有明显的分界处或规定的界限硬度值处的垂直距离,以 D_N 表示
复合氮化物（Complex Nitride）	两种或多种元素（通常是金属元素）与氮构成的化合物
氮化物形成元素（Nitride Forming Element）	钢中与氮的化学亲和力比铁高的合金元素
渗氮白亮层（Nitride Layer/White Layer）	渗氮工件表层以 ε-$Fe_{2\sim3}N$ 为主的白亮层,也叫化合物层
空白渗氮（Blank Nitriding）	在既不增氮又不脱氮的中性介质中进行的与渗氮热循环相同的试验。目的是了解按这种热循环渗氮后工件心部组织和力学性能是否能满足预定的要求

7.1.2.2　基本原理

与渗碳过程一样,渗氮的过程也包括含氮气氛的形成、渗氮气氛的吸附和分解、氮原子的吸收和扩散。

氨气是使用最多的渗氮介质,在渗氮温度下,氨气不稳定,分解为氢气和氮原子。

$$2NH_3 \Longleftrightarrow 3H_2 + 2[N] \tag{7-1}$$

当活性氮原子遇到铁原子时,则发生如下反应

$$Fe + [N] \Longleftrightarrow FeN \tag{7-2}$$

$$4Fe + [N] \Longleftrightarrow Fe_4N \tag{7-3}$$

$$(2\sim3)Fe + [N] \Longleftrightarrow Fe_{2\sim3}N \tag{7-4}$$

$$2Fe + [N] \Longleftrightarrow Fe_2N \tag{7-5}$$

活性氮原子与工件表面相互作用后，只有一部分被工件表面所吸收，剩余的部分则结合成 N_2，和 H_2 等共同从废气中排出。当工件的材料为钢时，活性氮原子首先溶解在 Fe 中形成固溶体，饱和以后则形成氮化物。随着活性氮原子在表面的聚集，工件表层形成氮原子的浓度梯度，氮原子在化学势的趋动下向工件内部扩散，从而形成渗氮层。由于氨气分解后还有活性氢原子，氮化过程伴随着氢的渗入，表层氮化区的脆性增大，但在缓冷的过程中大部分氢可以从氮化区逸出，最终影响不大。

7.1.2.3 渗氮层的性能

渗氮层具有很高的硬度和良好的耐磨性。例如，38CrMoAlA 钢的渗氮层硬度可达 950～1200HV，比渗碳淬火硬化层的硬度还要高。这是由于氮化物的晶格常数比基体 α-Fe 相大很多，当它与母相共格时，晶格畸变大，阻碍位错运动，提高硬度。为了得到与母相共格的氮化物，渗氮温度不宜过高，这是由于过高的温度会造成氮化物与母相脱离共格，从而降低硬度。而且，渗氮层具有红硬性，当在 500℃ 及以下应用时，可在较长时间内保持高硬度；当在 600℃ 应用时，仅能在短时间内保持高硬度。渗氮工件还具有良好的耐磨性，这是由于其摩擦系数低。

渗氮层可提高工件的疲劳强度，降低缺口敏感性。渗氮层本身强度高，而且氮化物的比容大，在工件表面形成了残余压应力。而且疲劳裂纹常出现在渗氮层与心部的交界处，缺口敏感性低。

渗氮层具有良好的耐腐蚀性。渗氮层中具有化学稳定好的 ε 相，在水、过热蒸汽以及碱性溶液中有良好的耐蚀性，但是在酸性溶液中不耐腐蚀。例如，38CrMoAl 经过渗氮处理后，其自然腐蚀电位由未渗氮时的 -726.24mV 正移至 -174.42mV[101]。

但是，渗氮层存在会降低工件的韧性，出现脆性大的问题，在渗氮的工件表面经常存在白亮层。

7.1.2.4 常用渗氮钢铁材料及其热处理工艺

常用渗氮钢铁材料及其分类如表 7-9 所示。其中应用最为广泛的渗氮钢是淬透性比较好的 38CrMoAl，经渗氮处理后，硬度和耐磨性较高，心部具有一定的强韧性，可用于主轴、螺杆、气缸筒等服役时要求表面耐磨的工件。当服役条件为表面硬度要求不高而心部韧性要求较高时，可选择 40Cr、40CrVA、42CrMo 等。当服役条件为重载循环弯曲或接触应力较大时，可选用 20CrMnNi3MoV、30Cr3Mo、38CrNiMoV 等。而曲轴、缸套等则可选用球墨铸铁或合金铸铁。

表 7-9 常用渗氮钢铁材料及其分类[98,102]

分类依据	分类	典型钢种（钢号）
碳及合金元素含量	低碳钢	08，08Al，10，15，20，20Mn，30，35
	中碳钢	40，45，50，55，60
	低碳合金钢	12CrNi3，12Cr2Ni4A，18Cr2Ni4WA，20Cr，20CrMnTi，25Cr2Ni4WA，25Cr2MoVA
	中碳合金钢	30CrMnSi，30Cr2Ni2WV，30Cr3WA，35CrMo，35CrNiMo，35CrNi3W，38CrNi3MoA，38Cr2MoAlA，40Cr，40CrNiMo，45CrNiMoV，50Cr，50CrV
按主要用途	工模具钢	Cr12，Cr12Mo，Cr12MoV，3Cr2W8V，4Cr5MoSiV，5Cr4NiMo，5CrMnMo，W18Cr4V，W9Mo3Cr4V，CrWMn，W6Mo5Cr4V2，W18Cr4VCo5
	不锈钢	1Cr13，2Cr13，3Cr13，4Cr13，1Cr18Ni9Ti
	耐热钢	15Cr11MoV，4Cr9Si2，13Cr12NiWMoVA
	超高强钢	4Cr14Ni14W2Mo，4Cr10Si2Mo，17Cr18Ni9，5Cr21Mn9Ni4N
	含钛渗氮专用钢	30CrTi2，30CrTi2Ni3Al
	球墨铸铁及合金铸铁	QT600-3，QT800-2，QT450-10

氨气是最常用的气体渗氮介质，根据钢种或者用途的不同，应选择相应的渗氮工艺，钢种包括结构钢、不锈钢及耐热钢、工模具钢、碳素钢、纯铁、铸铁等，渗氮工艺包括一段渗氮法、两段渗氮法和三段渗氮法。表 7-10 为常用渗氮钢铁材料的渗氮工艺。

激光气体渗氮是利用高能量密度的激光作用于处在氮气气氛中的工件表面并使其表面熔化，氮气与熔池金属发生强烈的冶金/化学反应，从而获得高硬度的氮化层，达到改善表面耐磨性的目的。例如，对于 Ti-6Al-4V 合金进行离子渗氮，渗氮气体可以选择纯氮气或者氮气氩气混合气体，采用纯氮气时，渗氮层表层硬度更高，但裂纹倾向大[103]。

7.1.2.5 常用渗氮方法

除了气体渗氮之外，还有离子渗氮、真空脉冲渗氮、固体渗氮、盐浴渗氮、流态床渗氮、电解气相催渗、高频催渗等方法。

离子渗氮指的是含氮气体被直流高压电场电离成离子，离子高速轰击工件阴极表面并被吸收，扩散形成渗氮层。相对于气体渗氮而言，离子渗氮的速度快、热效率高、用气少、设备维修费用低，近些年来经常与 PVD 离子镀等工艺相结合，进行表面改性，提高工件表面质量。离子渗氮又可以分为普通离子

表 7-10　常用渗氮钢铁材料的渗氮工艺[98]

钢种	钢号	序号	渗氮工艺				渗氮层深度/mm	表面硬度	备注
			阶段	温度/℃	时间/h	氨分解率/%			
合金结构钢	38CrMoAl	1	Ⅰ	510±5	17~20	15~35	0.2~0.3	>1000HV	
		2	Ⅰ	530±10	60	20~50	≥0.45	65~70HRC	套筒
		3	Ⅰ	540±10	10~14	30~50	0.15~0.30	≥88HRN₁₅	大齿圈
		4	Ⅰ	495±5	63	18~40	0.58~0.65	974~1026HV	螺杆
			Ⅱ	525±5	5	100			
		5	Ⅰ	515±5	25	18~25	0.50~0.70	>900HV	镗杆齿轮
			Ⅱ	555±5	35	50~60			
			Ⅲ	555±5	2	>80			
		6	Ⅰ	520±5	10	20~25	0.40~0.60	>1000HV	
			Ⅱ	570±5	16	40~60			
			Ⅲ	530±5	18	30~40			
			Ⅳ	530±5	2	>80			
		7	Ⅰ	525±5	25	25~35	0.50~0.70	≥80HRN₃₀	气缸套
			Ⅱ	540±5	30~35	35~50			
	12Cr2Ni3A	8	Ⅰ	495±5	53	18~40	0.69~0.72	503~599HV	齿轮
			Ⅱ	535±5	10	100			
	18Cr2Ni4WA	9	Ⅰ	485±5	30	25~35	0.20~0.30	>600HV	
		10	Ⅰ	490±5	35	18~45	0.43~0.47	690~724HV	曲轴
			Ⅱ	510±5	10	100			
	25Cr2MoV	11	Ⅰ	500±5	30	15~35	0.30~0.35	680~721HV	齿轮
		12	Ⅰ	490±5	77	15~22	0.30	681HV	
			Ⅱ	480±5	7	15~22			
	25CrNi4WA	13	Ⅰ	520±5	10	25~35	0.20~0.40	≥73HRA	组合件
			Ⅱ	550±5	10	45~65			
			Ⅲ	520±5	12	50~70			
	30CrMnSiA	14	Ⅰ	500±5	25~30	20~30	0.20~0.30	≥58HRC	
	35Cr3WA	15	Ⅰ	500±5	40	15~25	0.40~0.60	60~70HRC	曲轴
			Ⅱ	515±5	40	25~40			
	35CrMo	16	Ⅰ	525±5	60~70	50~60	0.60~0.70	560~680HV	
		17	Ⅰ	505±5	24	18~30	0.50~0.60	687HV	
			Ⅱ	515±5	26	30~50			

续表

钢种	钢号	序号	渗氮工艺				渗氮层深度/mm	表面硬度	备注
			阶段	温度/℃	时间/h	氨分解率/%			
合金结构钢	38Cr	18	Ⅰ	510±5	55	18～25	0.55～0.60	71～78HRA	齿轮轴
		19	Ⅰ	525±5	53	25～35	0.50～0.70	≥50HRC	
			Ⅱ	540±5	5	35～50			
	40Cr	20	Ⅰ	510±5	55	18～23	0.55～0.60	71～78HRA	齿轮
		21	Ⅰ	500±5	53	18～40	0.69～0.72	503～599HV	
			Ⅱ	530±5	5	100			
	40CrNiMo	22	Ⅰ	520±5	75	25～35	0.50～0.70	≥82HRN₁₅	曲轴
		23	Ⅰ	520±5	20	25～35	0.40～0.70	≥83HRN₁₅	
			Ⅱ	540±5	10～15	35～50			
	42CrMo	24	Ⅰ	525±5	48	15～20	0.60～0.80	53～58HRC	齿轮轴
		25	Ⅰ	520±5	63	18～40	0.39～0.42	493～599HV	
			Ⅱ	530±5	5	100			
	45CrNiMoVA	26	Ⅰ	520±5	10	25～35	0.20～0.60	≥73HRA	
			Ⅱ	550±5	10	45～65			
			Ⅲ	520±5	12	50～70			
	50CrVA	27	Ⅰ	425±5	25～30	5～15	0.15～0.30		
		28	Ⅰ	480±10	7～9	15～35	0.15～0.25		
不锈钢耐热钢	Cr18Si2Mo	1	Ⅰ	560～580	35	30～60	0.20～0.25	≥800	弹簧
	1Cr13	2	Ⅰ	520～530	40	30～45	0.20～0.26	≥700	
			Ⅱ	550～560	50	35～50			
	1Cr10Si2Mo	3	Ⅰ	590	35～37	30～70	0.20～0.30	1584HRN₃₀	
	1Cr18Ni9Ti	4	Ⅰ	550～560	4～6	30～50	0.05～0.07	≥950	
		5	Ⅰ	540～550	30	25～40	0.20～0.25	≥900	
			Ⅱ	560～570	45	35～60			
	15Cr11MoV	6	Ⅰ	530～540	20	30～45	0.25～0.29	≥650	
			Ⅱ	570～580	20	50～60			
	2Cr13	7	Ⅰ	500	48	20～25	0.12	1000	
			Ⅱ	560	48	35～55	0.26	900	
	25Cr18Ni18W2	8	Ⅰ	540～560	55	40～55	0.15～0.22	850～1000	
		9	Ⅰ	590～610	24	35～50	0.12～0.16	850～950	
	4Cr14Ni2W2	10	Ⅰ	540～560	55	40～55	0.18～0.25	900～1000	
		11	Ⅰ	560～580	55	45～60	0.20～0.30	800～900	
	4Cr14Ni14W2Mo	12	Ⅰ	510～520	35	15～25	0.05～0.052	≥650	
		13	Ⅰ	530～540	35	40～50	0.07～0.075	≥730	
		14	Ⅰ	550～560	35	45～55	0.08～0.085	≥850	
		15	Ⅰ	580～590	35	50～60	0.10～0.11	≥820	
		16	Ⅰ	630～640	35	50～80	0.11～0.12	≥80HRN₁₅	

续表

钢种	钢号	序号	渗氮工艺				渗氮层深度/mm	表面硬度	备注
			阶段	温度/℃	时间/h	氨分解率/%			
工具钢	Cr12MoV	1	I	490~500	15	15~25	0.15~0.20	≥750	模具
			II	520~530	30	35~50			
			III	540~550	2	100			
	CrWMn	2	I	520~550	4.5	—	0.45	—	刀具
	3Cr2W8V	3	I	480~490	20~22	15~25	0.20~0.35	≥600	模具
			II	520~530	20~24	30~50			
			III	600~620	2~3	100			
	38CrMoAlA	4	I	510~520	10	10~25	0.25~0.40	≥750	
			II	530~540	20	20~35			
			III	550	2	100			
	4Cr5W2SiV	5	I	550~570	55	20~45	0.45~0.55	700~750	
	W18Cr4V W6Mo5Cr4V2	6	I	505~525	15~32	20~40	0.10~0.025	1100~1300 HV$_{10}$	刀具
	9SiCr	7	I	520~550	4.5	—	0.35		
	T12	8	I	520~550	4.5	—	0.55		
碳素钢	10	1	I	590~610	6	45~70	—	—	抗腐蚀
		2	I	590~610	4	40~70	—	—	
	20	3	I	600~620	3	50~60	—	—	
	30	4	I	620~650	3	40~70	—	—	
	40、45、50、40Cr	5	I	590~610	2~3	35~55	—	—	
		6	II	640~660	0.75~1.5	45~65	—	—	
		7	III	690~710	0.25~0.5	55~75	—	—	
铁	电工纯铁	1	I	540~560	6	30~50	—	—	
		2	I	590~610	3~4	30~60	—	—	
	铸铁	3	I	550~570	55	20~45	0.45~0.55	700~750	模具

渗氮和循环离子渗氮，一般地，循环离子渗氮的效果要稍微好一些。例如，对于 3.5NiCrMoV 钢，分别采用普通离子渗氮工艺（520℃×7h）和循环离子渗氮工艺（490℃×20min＋540℃×20min 冷却至 490℃重复 7 次），循环离子渗氮的渗氮层深度和表面硬度均高于普通离子渗氮[104]。对 38CrMoAl 钢进行离子渗氮，通过控制离子渗氮的温度和氮氢比可以避免形成白亮层（由 γ'-Fe$_4$N 和 ε-Fe$_{2\sim3}$N 相中的一相或两相组成），仅形成渗氮扩散层，降低渗氮层的脆

性，提高韧性和耐磨性[105]。

　　真空脉冲渗氮所采用的是真空环境，但是并不需要太高的真空度，与气体渗氮相比所用的氨气大大减少，炉内排出的废气通入水中中和，并不排出点燃，对环境无污染。真空脉冲渗氮属于一种清洁热处理工艺。采用真空脉冲渗氮，可以降低工件表面脆性，获得更加均匀的渗氮层[106]。真空脉冲渗氮的渗氮压力对于表面层的组织、硬度及耐磨性有重要影响。例如，对于 TC4（Ti-6Al-4V）钛合金进行真空脉冲渗氮，渗氮压力过低时，表面氮化物含量少，且氮化物层较薄；随着渗氮压力增加，表面氮化物数量增多，且氮化物层不断增厚；渗氮压力增加到一定程度后，继续增加渗氮压力，表层组织变得疏松，表层硬度和耐磨性开始降低[107]。

　　固体渗氮指的是把工件和粒状渗剂放入铁箱并加热保温渗氮的工艺。渗剂由供氮剂、活化剂、催渗剂和填充剂组成。例如，固体渗氮剂的组成及质量分数为"35％尿素＋5％碳酸氢铵＋10％木炭＋50％石墨"，其中尿素为供氮剂、碳酸氢铵为活化剂、木炭为吸氧及催渗剂、石墨为填充剂[108]。对于钢铁材料，常用的渗氮温度为 520～600℃，渗氮时间为 2～16h。例如，对于 35CrMo 钢，采用的固体渗氮剂为"60％尿素＋2％固体粉末状 NH_4Cl＋38％粉末状无水 Na_2CO_3"，渗氮可以采用三种工艺，第一种工艺为"520℃×6h"，第二种工艺为"520℃×4h＋600℃×2h"，第三种工艺为"520℃×3h＋600℃×2h＋520℃×1h"，三种工艺均获得 0.3～0.4mm 的氮化层，但第三种工艺制备的样品最外层白亮层的硬度明显大于第一种工艺和第二种工艺，且第三种渗氮工艺处理后工件的耐蚀性最好[109]。

　　盐浴渗氮指的是在含氮熔盐中渗氮。熔盐包括在 50％$CaCl_2$＋30％$BaCl_2$＋20％$NaCl$ 盐浴中通氨，采用亚硝酸铵（NH_4NO_2），或采用亚硝酸铵＋氯化铵。常用的盐浴渗氮温度为 450～580℃。例如，对油气田常用的 P110 石油管套钢，在 490℃进行 4h 盐浴渗氮，渗氮剂盐浴中含有 CNO^-，分解产生活性氮原子，渗氮后工件表面依次为氧化物层、渗氮层和扩散层，经过盐浴渗氮处理后可以提高工件的耐硫腐蚀性能[110]。

　　流态化床渗氮指的是在流态床中通入渗氮气氛，或者采用脉冲流态化床渗氮，在保温期使供氨量降到加热时的 10％～20％。流态化床，简称流化床，是一种利用气体或液体通过颗粒状固体层而使固体颗粒处于悬浮运动状态，并进行气固相反应过程或液固相反应过程的反应器。常用的渗氮温度为 500～600℃，可以减少氨消耗，而且更节能。例如，对于 TiO_2 粉末可以进行流化床渗氮，得到的渗氮 $TiO_{2-x}N_x$，与固定床相比，在可见光区和紫外光区的光催化活性都有了明显的提高，且反应均匀、易于连续生产[111]。

电解气相离子催化渗氮工艺指的是将干燥氨先通过电解槽和冷凝器再进入炉罐，通过电解槽时将电解液中所含的离子状态的催化元素（Cl、F、H、O、C、Ti 等）带入渗氮炉中，通过净化工件表面（破坏钝化膜）、促进氨的分解或氮原子的渗入，或者阻碍高价氮化物转变为低价氮化物而保证工件表面高硬度等途径，达到加速渗氮过程的目的。例如采用含 Ti 的酸性电解液，其中海绵钛密度为 $5\sim10g/L$、工业纯硫酸的质量分数为 $30\%\sim50\%$、NaCl 密度为 $150\sim200g/L$、NaF 密度为 $30\sim50g/L$，常用的温度为 $500\sim600℃$。对 38CrMoAlA、3Cr2W8V、Cr12、40Cr、35 钢进行电解气相离子催化渗氮，实验结果表明可以将渗氮速度提高近 1 倍，大幅度提高了生产效率[112]。

高频渗氮是一种主要利用高频感应电流加热工件表层，将工件置于耐热陶瓷或石英玻璃容器中靠高频感应电流，容器中通氨或者在工件表面涂覆 N 化合物膏剂，从而完成渗氮过程的方法。常用的温度为 $520\sim560℃$。

7.1.3　碳氮共渗

7.1.3.1　碳氮共渗的基本概念　(GB/T 7232—2012)

碳氮共渗（Carbonitriding）：在奥氏体状态下同时将碳、氮渗入工件表层，并以渗碳为主的化学热处理工艺。

液体碳氮共渗（Liquid Cyaniding）：在一定温度下以含氰化物的熔盐为介质进行的碳氮共渗。

气体碳氮共渗（Gas Carbonitriding）：在含碳、氮的气体介质中进行的碳氮共渗。

离子碳氮共渗（Ion Carbonitriding）：在低于 1×10^5 Pa（通常是 $10\sim10^{-1}$ Pa）的含碳、氮气体中，利用工件（阴极）和阳极之间的辉光放电进行的碳氮共渗。

7.1.3.2　碳氮共渗的基本过程

碳氮共渗的基本过程包括渗碳氮气氛的形成、含碳氮气氛的吸附和分解、碳氮原子的吸收或扩散。在该过程中，活性碳原子和氮原子同时被工件表面吸收，逐渐饱和，并同时向内扩散，渗氮热处理一段时间后，在工件表面形成一定深度的渗层。需要指出的是，虽然活性碳原子和氮原子同时渗入，但它们不是互相阻碍，而是互相促进，碳氮共渗的速度快于单独渗氮的速度。

7.1.3.3 碳氮共渗的特点

与单独渗碳相比，碳氮共渗具有如下特点：

① 碳氮同时渗入加大了碳的扩散系数。在碳氮共渗时，氨气与渗碳气体中的 CH_4、CO 相互作用，生成活性高的氰氢酸，提高了气氛的碳势和氮势。同时，氮的渗入，扩大了 γ 相区，使得碳原子和氮原子在奥氏体中的饱和度增大，从而使得碳氮共渗的速度快于单独渗碳的速度。

② 氮的渗入降低了渗层金属的临界点。氮具有扩大 γ 相区的作用，使得 A_1 和 A_3 点降低；碳氮共渗可以在比较低的温度下进行，工件的温度较低，可直接淬火，且淬火畸变小。

③ 氮的渗入降低了临界淬火速度。可以选用更缓慢的淬火速度，减少了变形和开裂的倾向。即便是淬透性较差的工件，也可以淬透。

④ 氮的渗入降低了渗层的马氏体转变点 M_s 点。M_s 点的降低，使马氏体转变量减少，渗层中的残余奥氏体数量增多。

⑤ 共渗层比渗碳层的耐磨性、耐蚀性和疲劳强度更高，比渗氮层的抗压强度更高且表面脆性更低。因此，共渗层相对于渗碳层或者渗氮层有更优异的综合力学性能。

7.1.3.4 常用碳氮共渗钢铁材料及其热处理工艺

一般而言，碳氮共渗和渗碳对钢材的要求类似，渗碳钢都可以用于碳氮共渗。但是，在碳氮共渗时，合金元素容易发生内氧化以及形成碳氮化合物，渗层表面容易形成"黑色组织"，降低渗碳层以及工件的力学性能。因此，既具有一定的淬透性，又不含容易发生氧化的元素的钢种更适合于碳氮共渗。常用碳氮共渗钢及其热处理工艺如表 7-11 所示。

表 7-11 常用碳氮共渗钢及其热处理工艺[98]

钢号	碳氮共渗温度/℃	淬火		回火		表面硬度 (HRC)
		温度/℃	介质	温度/℃	介质	
10、15、20	830~850	770~790	水、油	180	空气	
12CrNi2A	830~860	直接	油	150~180	空气	≥58
12CrNi3A、12Cr2Ni4A	840~860	直接	油	150~180	空气	≥58
15CrMo	830~860	780~830	油或碱浴	180~200	空气	≥55
20Cr	830~850	780~820	油	180	空气	58~60
20Mn2B	880	850	油	180	空气	≥56
20CrMnTi	860~880	850	油	180	空气	58~64

续表

钢号	碳氮共渗温度/℃	淬火		回火		表面硬度（HRC）
		温度/℃	介质	温度/℃	介质	
20CrMnMo	830～860	780～830	油或碱浴	160～200	空气	≥60
20CrNiMo	820～840	直接	油	150～180	空气	≥58
20CrNi3A	820～860	直接	油	150～180	空气	≥58
20Cr2Ni4A	820～850	直接	油	150～180	空气	≥58
20Ni4Mo	820	直接	油	150～180	空气	≥56
24SiMnMoVA	840～860	820～840	油	160～180	空气	≥59
25MnTiB	840～860	800～830	碱浴	180～200	空气	≥60
30CrNi3A	810～830	直接	油	160～200	空气	≥58
40Cr	830～850	直接	油	140～200	空气	≥48

共渗温度直接影响到介质的活性、碳氮原子的形成及扩散速度，是影响渗层质量的关键参数。温度过高，碳的渗速加快，氮的渗速反而降低，且工件容易发生变形[113]。按照共渗温度的不同，碳氮共渗可以分为低温碳氮共渗、中温碳氮共渗和高温碳氮共渗。低温碳氮共渗的温度通常在 520～580℃，中温碳氮共渗的温度通常在 780～880℃，高温碳氮共渗的温度通常在 880～930℃。从表 7-11 可知，最常用的碳氮共渗是中温碳氮共渗，温度选择 820～880℃。

碳氮共渗的时间直接影响到共渗层的深度。例如，在滴注式渗碳炉中进行气体碳氮共渗，采用的渗剂为三乙醇胺和尿素按照 4∶1 的比例混合形成含碳氮混合物溶液，共渗温度选择 860℃，当共渗时间从 40min 增加到 175min 后，共渗层的深度从 0.2mm 增加到 0.5mm[114]。

在碳氮共渗以后进行热处理的目的是获得要求的硬度等力学性能，同时应当尽量减少畸变和开裂等缺陷。通常采用淬火＋回火工艺，淬火工艺的目的是将碳氮共渗层变成含碳、氮的马氏体，使得工件具有较高的强度和耐磨性；低温回火的目的是适当提高钢的韧性（心部为马氏体、贝氏体或珠光体组织）。碳氮共渗的温度低，不容易过热，很多可以直接淬火。常见的碳氮共渗的后续热处理工艺如表 7-12 所示。

表 7-12　常用的碳氮共渗的后续热处理工艺[98]

热处理工艺	适用范围
共渗温度直接水淬，低温回火	适用于中、低碳钢或低碳合金钢。适用于液体碳氮共渗或井式炉碳氮共渗，不适用于密封箱式炉或连续作业炉碳氮共渗

续表

热处理工艺	适用范围
共渗温度直接油淬,低温回火	适用于合金钢淬火,适合于进行各种炉型碳氮共渗后直接淬火
共渗温度直接分级淬火,低温回火	淬火油温度可以在 40～105℃ 的范围内,对要求热处理畸变小的零件,采用闪点高的油在较高油温下淬火,如畸变要求严格,则也可以用盐浴淬火
共渗温度直接气淬	对于尺寸细小工件,采用气淬,可以减小畸变,降低成本,对装炉要求比较高,使得在气淬时气流冷却均匀
一次加热淬火	当不适宜直接淬火或者共渗后需要机械加工时,淬火前的加热应在脱氧良好的盐浴炉或气氛保护的加热设备中进行
共渗温度直接淬火冷处理	对于含 Cr、Ni 较多的合金钢,如 12CrNi3A、20Cr2Ni4,以及 18Cr2Ni4WA 等,从共渗温度直接淬火冷处理(−70～−80℃)可以减少残余奥氏体,使表面硬度达到技术要求
共渗温度在空气中或冷却井中冷却,高温回火,重新加热淬火后低温回火	对于共渗后需要机械加工的工件,可以用高温回火来代替冷处理,减少残余奥氏体,高温回火时应注意防护(生铁屑或保护气氛),避免氧化

碳氮共渗后的回火热处理工艺。由于氮使得材料的回火稳定性提高,因此碳氮共渗后的工件的回火温度可以高一些。例如,齿轮在碳氮共渗后,选择回火温度为 180～200℃,可以在减少脆性的同时保证表面硬度;碳氮共渗后的紧固件的回火温度可以选择 260～430℃。

对于薄壁零件,在碳氮共渗淬火以后,容易发生严重变形,而且零件的硬度偏低。薄壁零件发生变形的影响因素与装炉方式和淬火转移速度有关。为保证变形零件的硬度满足要求,在碳氮共渗以后先矫正,使得零件能够放进芯模并快速淬火,可以减少零件的变形,并满足硬度要求[115]。

例如,对于材料为 12Cr2Ni4A 的轴承座内环进行碳氮共渗热处理,在滴注式井式渗碳炉中进行碳氮共渗,温度选择 830℃±10℃,保温 6～8h,丙酮流量为 50～100 滴/min,氨气流量为 2.0～3.0L/min,碳势 0.85%±0.05%;随后进行淬火,淬火温度为 810℃±10℃,保温 70～100min,采用压力淬火;之后进行冷处理(−60℃);冷处理后进行 160℃±10℃ 回火 2.5～3h,空冷[115]。对于材料为 12CrNi3A 钢的轴承座,碳氮共渗层的深度要求为 0.55～0.65mm,表面硬度为 82～85HRA,非碳氮共渗部分的表面硬度为 31～44.5HRC。根据上述技术要求,选择的碳氮共渗温度为 840℃,共渗后直接油淬,然后经冷处理(−60～−80℃)和 150℃ 低温回火处理[116]。

7.1.3.5 碳氮共渗的方法

碳氮共渗的方法包括气体碳氮共渗、液体碳氮共渗、固体碳氮共渗、离子碳氮共渗、低真空薄层碳氮共渗、膏剂碳氮共渗、石墨流态床高温碳氮共渗等。

气体碳氮共渗与气体渗碳所用的设备及工艺类似，所不同的是多了一套供氮装置，含供氮管道、流量计等。气体碳氮共渗介质同时包括供碳介质和供氮介质，常用煤油＋氨气、苯＋氨气、吸热式气氛＋丙烷＋氨气等。

液体碳氮共渗主要靠液体渗剂来实现，最初共渗介质常用 NaCN、KCN 等氰化物，具有共渗速度快、共渗质量好等显著优点，但是由于氰化盐有剧毒，因环保要求用量越来越少。根据渗剂是否有毒性，液体碳氮共渗的盐浴配方可以分为配方有毒、配方无毒而反应产物有毒、无毒共渗剂三类。配方有毒渗剂包括 30％ NaCN＋40％ Na_2CO_3＋30％ NaCl（熔点为 605℃），50％ NaCN＋30％ Na_2CO_3＋20％ NaCl（熔点为 510℃），25％ NaCN＋15％～20％ Na_2CO_3＋55％～60％ NaCl（熔点为 580～610℃），12％～15％ NaCN＋55％～60％ Na_2CO_3＋28％～31％ NaCl 等；配方无毒而反应产物有毒的渗剂有 40％ $(NH_2)_2CO$＋25％ KCl＋35％ Na_2CO_3 等；无毒渗剂有 70％～76％ Na_2CO_3＋9％～12％ NaCl＋6％～9％ NH_4Cl＋9％～10％ SiC 等[98]。

固体碳氮共渗主要采用固体共渗剂，常用的固体共渗剂包括：60％～80％木炭＋20％～40％亚铁氰化钾，或 40％～60％木炭＋20％～25％亚铁氰化钾＋20％～40％骨碳，或 40％～50％木炭＋15％～20％亚铁氰化钾＋20％～30％骨碳＋15％～20％碳酸盐；入炉温度通常为 840～880℃[98]。

离子碳氮共渗是在低于 $1×10^5$ Pa（通常是 10～10^{-1} Pa）的含碳、氮气体中，利用工件（阴极）和阳极之间的辉光放电进行的碳氮共渗。其原理和离子渗碳相似，不同的是气体中含有含氮气体。离子碳氮共渗的温度常用 780～880℃。共渗温度高，渗入速度快，但在扩散过程中工件表面的氮容易逸出。因此，为防止氮逸出，在工件从高温降至 600℃（在该温度下氮呈稳定状态）的过程中，确保工件一直在含氮的等离子环境中，淬火时才停止辉光放电，采用强渗＋扩散的方式进行。

低真空薄层碳氮共渗是在低真空条件下采用脉冲式碳氮共渗。渗剂可以选择甲醇和苯胺的混合液。所谓脉冲式碳氮共渗，指的是间歇性供给渗剂。首先，将工件加热到共渗温度，不断供给渗剂使炉压升至上限，停止供给。抽真空，待炉压达到下限时，继续供给渗剂。采用这种方法，可以得到很薄，但硬度很高的共渗层，且试剂消耗少，不到常规方法的 1/3，具有高效、低能耗的特点。

膏剂碳氮共渗所采用的渗剂为膏剂或涂料。可以选择木炭为供碳剂，黄血盐为供氮剂，加入黏结剂，制成膏剂。首先，将膏剂浸涂在工件表面，晾干或烘干。然后加热到共渗温度（常用 850～950℃），保温一段时间（如 2h）。这种方法适合于单件或小批量生产。采用该方法制备的渗层效果与气体碳氮共渗效果相似。

石墨流态床高温碳氮共渗中碳源由石墨来提供，氮源由氨气提供，同时气体中加入少量催渗剂。例如，氨气流量为 20L/min，空气流量为 10L/min，催渗剂选用 2%～3% 的 Na_2CO_3（或 $BaCO_3$）和 NH_4Cl（余量为石墨）。采用该方法碳氮共渗后，表面硬度、耐磨性等优于渗碳件。

7.1.3.6　碳氮共渗的质量缺陷及控制

碳氮共渗后的工件，会出现渗层不均匀、渗层厚度不够、网状或堆积碳化物、渗层残余奥氏体过多、心部铁素体过多、黑色组织（点状或网状）、黑色孔洞、畸变、屈氏体网、疏松、网状化合物、表面壳状化合物等缺陷。这些质量缺陷的产生原因、危害及防止措施如表 7-13 所示。

表 7-13　常见碳氮共渗的质量缺陷及预防措施[98]

质量缺陷	产生原因	危害	防止措施
渗层不均	炉温不均；工件表面不清洁、局部有炭黑或结焦；排气不充分；气体炉内循环不顺畅	表面硬度不均匀，经过后续的淬火和回火热处理，容易发生变形和开裂	控制好炉温；对碳氮共渗前的工件表面质量进行检测；控制好排气，注意气体炉内循环顺畅
渗层厚度不够	炉温偏低；共渗时间不足；渗剂供给量不足；炉气碳势低；排气不通畅	硬度、强度以及抗疲劳性能较低，不满足要求	控制炉温；选择合适的共渗时间；保证渗剂的供给；确保炉内合适的碳势；检查排气气路，确保顺畅
网状或堆积碳化物	炉气碳势过高；冷处理温度过低	表面应力大、表面脆性大、容易开裂	控制炉气碳势，避免过高；选择并控制冷处理温度，避免过低
渗层中残余奥氏体过多	炉气碳势过高；冷处理温度过高	表面硬度不够，容易变形和开裂	控制炉气碳势；选择并控制冷处理温度，避免过高
心部铁素体过多	冷处理温度过低；或一次加热温度远低于心部的临界温度	心部硬度不够，强度偏低，心部不能承受大的载荷	选择合适的冷处理温度（提高）；适当提高淬火温度

续表

质量缺陷	产生原因	危害	防止措施
黑色组织	合金元素发生内氧化,淬透性下降,氧化物质点作为相变核心点,过冷奥氏体发生分解生成屈氏体、贝氏体等;碳氮共渗前排气不充分;共渗期间氨气流量控制不合适[116]	降低表面硬度、耐磨性和疲劳强度	采取措施防止合金元素的内氧化,减少炉内氧化性气氛(O_2、CO_2、H_2O 等);改善炉子密封性,在碳氮共渗前充分排气;控制共渗期间的氨气流量;提高碳势气氛。注意,黑色组织通常不能通过退火、正火等热处理消除[116]
黑色孔洞	氮介质的供给量过高;共渗温度过低	降低表面硬度及耐磨性	适当减少渗氮介质的供给,降低共渗层中的氮含量;适当提高共渗温度
畸变	热应力。随渗层深度和碳氮浓度的增加变形更严重	需要增加矫正工序,延长工艺时间、提高成本;畸变严重时导致工件报废	选择合适的装料方法。对于形状复杂的工件,设计合适的吊具、料盘等,避免工件加热和冷却不均;重新加热的工件应低于淬火加热温度;采用热油淬火
屈氏体网	合金元素发生内氧化,淬透性降低;碳氮共渗时形成的碳氮化物降低了奥氏体的稳定性,容易形成屈氏体;碳氮化物和氧化物起自发形核的作用,促进了奥氏体分解为屈氏体;共渗温度偏低;炉气不足或活性差	降低表面的硬度、强度和抗疲劳性能	减少炉内的氧化性气氛,检查炉子的密封性,处理前排气充分;控制淬火冷却速度;适当提高共渗温度;保证炉气和活性
疏松	晶界氧化产生氧化物;共渗温度低,氨供给量过大	显著降低表面硬度和耐磨性	选择合适的共渗温度;调整氨的供给量(不能过大)
网状化合物	升温阶段供氨量太低,晶界富碳,形成了碳化物质点;在高温时增加了供氨量,以碳化物质点为核心,沿晶界形成了碳氮化物网	工件表面脆性增加,降低了弯曲疲劳强度,淬火时容易形成表面裂纹	控制通氨量,避免升温阶段供氨量过低,而高温时过高
表面壳状化合物	共渗温度偏低,供氨量高;碳氮浓度过高	脆性大、容易剥落,大大降低了工件的承载能力	提高共渗温度;控制供氨量;控制碳氮浓度

7.2 渗硼与渗金属

7.2.1 渗硼

7.2.1.1 渗硼的基本概念

渗硼（Boriding）：将硼渗入工件表层的化学热处理工艺。其中包括用粉末或颗粒状的渗硼介质进行的固体渗硼，用熔融渗硼介质进行的液体渗硼，在电解的熔融渗硼介质中进行的电解渗硼，用气体渗硼介质进行的气体渗硼。

离子渗硼（Ion Boriding）：在低于 1×10^5 Pa（通常是 $10 \sim 10^{-1}$ Pa）的渗硼气体介质中，利用工件（阴极）和阳极之间的辉光放电进行的渗硼。

硼化物层（Boride Layer）：渗硼过程中在工件表面形成的硼的化合物层。

7.2.1.2 渗硼层的形成机理

渗硼层指的是硼浸入铁及非铁金属表面形成化合物层（由一个或多个金属间化合物组成）。在渗硼层过程中，首先硼从供硼剂中向工件表面转移，然后硼化物在工件表面形成并生长。

渗硼过程中，在一定的温度下，供硼剂首先分解出活性硼原子，活性硼原子直接或者通过气相化合物转移到工件材料表面。

当活性硼原子和工件表面原子接触后，首先形成硼化物核心，然后开始长大，由于活性硼原子通常沿着特定方向扩散，硼化物通常沿着一定的方向择优生长，例如沿着硼化物的 [002] 晶向。在硼化物的生长过程中，表层的硼化物晶核密度是渗硼层生长的控制因素。渗硼层的生长动力学过程通常服从抛物线规律[117]。随着渗硼时间的增加，硼化物的形核数量迅速增加，且核心稳定后不断生长，直到在表面形成一层连续的致密的硼化物层。渗硼层的化学组成，即生成何种硼化物不仅和渗硼剂的渗硼能力有关，还和工件材料有关。

渗硼层的生长取决于渗硼的条件（如渗硼剂、渗硼温度和渗硼时间）和工件材料。对于给定的工件材料，其渗硼层的厚度由渗硼条件来决定。提高渗硼温度、渗硼时间[118]，或者渗硼剂渗硼的能力均可以增加渗硼层的厚度。由于渗硼层的生长是扩散控制的。工件材料成分及渗硼条件通过影响扩散过程来影响渗硼层的生长。例如，过共析钢中的碳含量较高，渗硼时，硼原子进入奥氏体中，形成硼化物，降低了碳在奥氏体中的溶解度，使得渗碳体在硼化物前沿析出，阻碍了硼的扩散，从而减小了硼化物渗层深度。

7.2.1.3 渗硼工件的性能

当工件的服役条件对心部强度要求不高，只需要表面耐磨时，渗硼以后可以直接使用，当工件的服役条件除了要求表面耐磨外，还要求心部强度较高时，需要进行适当的热处理（如淬火回火），提高基体的力学性能。

（1）渗硼工件的硬度

渗硼工件的硬度和工件基体的材料有关，其主要由硼化物的类型和相对含量来决定。以钢铁材料为例，FeB 化合物的硬度为 $1890\sim2340HV$，Fe_2B 化合物的硬度为 $1296\sim1680HV$；含有不同合金元素的钢渗硼后的硬度也不同；例如纯铁渗硼后显微硬度为 $1800\sim2290HV$，CrWMn 钢为 $2450\sim2630HV$，Cr12Mo 钢为 $2630\sim2830HV$，W12Cr4V2 钢为 $2630\sim3045HV$，W18Cr4V 钢为 $2630\sim3435HV$[98]。

（2）渗硼工件的耐磨性

渗硼工件具有很好的耐磨性。以 Cr12V1 钢为例，相对于淬火并低温回火后的工件，渗硼（$30\%\ B_4C+70\%Na_2B_4O_7$ 混合物，$1000℃\times5h$）工件的耐磨性显著提高，表现为同等条件下的磨损率降低 50% 以上[98]。

（3）渗硼工件的抗拉强度

由于渗硼层仅在工件的表面出现，渗硼工件的抗拉强度通常和渗硼前没有显著差异或者比渗硼前略微提高一点。

（4）渗硼工件的疲劳强度

渗硼后工件的疲劳强度和硼化物层相的种类和相的厚度有关。通常，具有一定厚度的单相渗硼层（Fe_2B）的工件的疲劳强度更高一些。

（5）渗硼工件的脆性

渗硼层硬度高，但是脆性也大。硼铁化合物本身作为金属间化合物，硬而脆。在受力与温度变化的情况下，硼化物层与基体之间存在残余应力，导致渗硼层的脆性增大，渗层容易发生开裂或剥落，限制了渗硼的应用范围。

为了减少或者控制渗硼层的脆性，可以采用减少 B_4C 的用量、控制 KBF_4 的分解速度、选用合适的钢材、多元共渗等方法。

（6）渗硼工件的抗腐蚀性

工件渗硼以后，其耐腐蚀性与腐蚀介质有关。通常在磷酸、硫酸、盐酸等溶液中更耐蚀，而在海水和硝酸中不耐蚀。

（7）渗硼工件的抗高温氧化性

渗硼可在一定程度上提高工件的抗高温氧化性。渗硼层的抗高温氧化性与渗层密度和厚度密切相关，渗层越致密，越厚，抗氧化性越好。

7.2.1.4　常用渗硼材料及其热处理工艺

可以进行渗硼的钢铁材料比较广泛，见表 7-14。

表 7-14　常用渗硼材料的分类及牌号[98]

材料类别	牌号
普通碳素结构钢	Q195，Q215，Q235，等等
优质碳素结构钢及合金结构钢	10，15Cr，15CrMo，20，20Mn2，20CrV，20CrNiMo，20CrMnTi，20CrMnMo，30CrMo，35，35Mn2，40，40CrV，45，65Mn，等等
铬轴承钢	GCr6，GCr9，GCr15，等等
碳素工具钢	T7，T8，T10，T12，等等
合金工具钢	9CrWMn，CrWMn，5CrNiMo，Cr12MoV，3Cr2W8V，等等
不锈钢	2Cr13，3Cr13，Cr14Mo，1Cr18Ni9Ti，等等
灰铸铁	HT250，HT300，HT400，等等
球墨铸铁	QT400-18A，QT500-TA，QT700-2A，等等

渗硼按照温度可以分为低温渗硼（常用 $600 \sim 750℃$）、中温渗硼（常用 $800 \sim 850℃$）和高温渗硼（常用 $900 \sim 980℃$）。渗硼温度的选择应考虑钢的奥氏体晶粒是否粗化以及渗硼后的热处理工艺等。常用钢铁材料的渗硼工艺见表 7-15。

除了钢铁材料外，钛合金等有色金属材料也可以进行渗硼处理。例如，对于 Ti-6Al-2Zr-1Mo-1V 合金，在 $920 \sim 1120℃$ 渗硼，采用固态渗硼方法，渗硼剂配方为 35％ B_4C＋64％ SiC＋1％ Al；实验结果表明在 $1000 \sim 1080℃$ 渗硼 8h 以上，可以得到厚而致密的硼化物层（TiB_2 和 TiB），而且渗硼层随着渗硼温度和时间的增加而增加[117]。

表 7-15　常用钢铁材料的渗硼工艺[98]

钢号	渗剂配方(质量分数)	渗硼温度/℃	渗硼时间/h	渗硼层组织	渗硼层厚度/μm
20	72％B-Fe＋5％KBF_4＋3％$(NH_2)_2CO$＋20％木炭	850	3	—	～150
20	5％B-Fe＋7％Na_2SiF_6＋8％木炭＋SiC(余量)	920	5	—	145

钢号	渗剂配方(质量分数)	渗硼温度/℃	渗硼时间/h	渗硼层组织	渗硼层厚度/μm
45	5%B-Fe+7%Na_2SiF_6+8%木炭+SiC(余量)	920	5	—	164
45	72%B-Fe+5%KBF_4+3%$(NH_2)_2CO$+20%木炭	850	3	—	~120
45	7%B-Fe+6%KBF_4+2%NH_4HCO_3+20%木炭+SiC(余量)	850	4	双相	140
45	5%B-Fe+7%KBF_4+8%木炭+2%活性炭+SiC(余量)	900	5	单相	95
45	10%B-Fe+7%KBF_4+8%木炭+2%活性炭+SiC(余量)	900	5	单相	95
45	1%B_4C+7%KBF_4+8%木炭+2%活性炭+SiC(余量)	900	5	单相	90
45	2%B_4C+5%KBF_4+10%Mn-Fe+SiC(余量)	850	4	单相	110
45	40%B-Fe+8%KBF_4+4%NH_4Cl+3%NaF+2%$(NH_2)_2CO$+SiC(余量)	680	6	—	30~100
Cr12MoV	30% B-Fe + 7% KBF_4 + 5% NH_4HCO_3 + Al_2O_3(余量)	900	4	单相	60~80
Cr12MoV	7%KBF_4+SiC(余量)	960	4	单相	90-110
Cr12MoV	30% B-Fe + 5% KBF_4 + 1% $(NH_2)_2CS$ + Al_2O_3(余量)	600	6	—	10
CrWMn	5%B-Fe+7%Na_2SiF_6+8%木炭+SiC(余量)	920	5	—	101
GCr15	72%B-Fe+5%KBF_4+3%$(NH_2)_2CO$+20%木炭	850	3	—	~110
GCr15	5% KBF_4+3%$(NH_2)_2CS$+27%木炭+65%B-Fe	750	3	—	40
Q235	5%B_4C+10%KBF_4+SiC(余量)	850	4	双相	160~170
Q235	2%B_4C+10%KBF_4+SiC(余量)	850	4	单相	110~120
Q235	5%B_4C+5%KBF_4+SiC(余量)	850	4	单相	160~170
T8	5%B-Fe+7%Na_2SiF_6+8%木炭+SiC(余量)	920	5	—	125

7.2.1.5 渗硼的方法

渗硼的方法包括固体渗硼、液体渗硼、气体渗硼、离子渗硼、真空渗硼、电解渗硼、感应加热渗硼等。

（1）固体渗硼

固体渗硼是采用含硼的固体渗剂，在温度的作用下，实现工件表面渗硼的过程。固体渗硼具有渗剂配制容易、渗硼后表面无试剂残留、适合于各种形状的工件、可实现局部渗硼、所需设备简单等优点。根据渗剂的特点，固体渗硼可以分为粉末法、粒状法和膏剂法等。

渗硼层的深度和质量的影响因素主要有渗剂成分、温度和时间。在渗硼温度和时间相同的条件下，渗剂的活性越强，渗层的深度越大，且 FeB 相的比例越高；渗剂的活性越差，渗层深度越浅，且 FeB 相少，甚至没有 FeB 相。

固体渗硼剂一般由供硼剂、催渗剂和填充剂组成，三种材料的成分及配比决定了渗剂的活性。若供硼剂是化合物，需选用还原剂与之配合，用以产生活性原子。若渗硼剂是粒状或膏状的，需要加入黏结剂。常用的供硼剂包括非晶质硼（B）、碳化硼（B_4C）、无水硼砂（$Na_2B_4O_7$）、硼酐（B_2O_3）、硼酸（HBO_3）、硼铁（B-Fe，含硼量为 $17\% \sim 19\%$）等。催渗剂包括氟化钠（NaF）、氟化钙（GaF）、氟硼酸钾（KBF_4）、氟硼酸钠（$NaBF_4$）、氟硅酸钠（Na_2SiF_6）、氟铝酸钠（Na_3AlF_6）、碳酸氢铵（NH_4HCO_3）、碳酸钠（Na_2CO_3）等。填充剂包括碳化硅（SiC）、氧化铝（Al_2O_3）、活性炭（C）、木炭（C）等。还原剂包括硅（Si）、钛（Ti）、铝（Al）、锂（Li）、钙（Ca）、镁（Mg）、镧（La）等。黏结剂包括呋喃树脂、硼胶或 30% 松香＋70% 酒精＋$3\% \sim 4\%$ 硝化纤维等。

在渗硼之前，需要对工件进行预处理，一般常用汽油、酒精来去除油污，如果工件表面有锈迹也应提前清洗干净。对于工件不需要渗硼的部分，需要进行防渗处理，常用防渗方法有电镀铜和电镀铬，镀层厚度通常为几十微米，也可以采用刷涂或者喷涂的方法，刷涂或喷涂用的材料有 $60\% \sim 10\%$ 酚醛塑料有机溶液＋$40\% \sim 90\%$ 三氧化二铝，或者石墨＋耐火泥＋石蜡＋凡士林。

固体粉末的渗硼工艺包括装箱、加热和冷却开箱三个步骤。其中，装箱时，工件与工件及箱壁之间应留有空隙，以免影响渗层质量。间隙主要由工件的具体尺寸和形状决定，一般为 $10 \sim 20$mm。靠近箱盖一侧，由于散热快，渗剂要厚一些，通常大于 20mm。加热可采用一般的热处理加热炉（箱式炉、井式炉等），固体渗硼一般在 $600 \sim 700$℃装炉，随炉升温。渗硼的保温时间根据工件的成分、渗剂成分，以及要求的硼化物渗层的厚度而定。冷却和开箱时，一般采用出炉后不开箱空冷到室温，也可以风冷，冷却到室温开箱。

需要注意的是，渗硼层在未淬火之前，基体硬度低，硼化物经碰撞后容易脱落。因此，在开箱、清理以及运送工件的过程中应注意轻拿轻放，以免碰伤。

（2）液体渗硼

液体渗硼是将工件放置于熔融的含硼盐浴中进行的渗硼方法。液体渗硼与固体渗硼最大的区别是渗剂的形态和特性不同。固体渗剂的导热性差，因此需要更长的时间，且需要装箱处理，劳动量大。相比较而言，液体渗剂导热性好，加热更均匀，扩散性好，而且工件从液体中取出后方便直接淬火。然而，液体渗剂（如含硼盐浴）会残留在工件表面形成盐渍，需要进一步清洗，而且盐浴对坩埚的耐蚀性要求高。

液体渗硼的盐浴由供硼剂、还原剂和添加剂三部分组成。供硼剂包括硼砂（$Na_2B_4O_7 \cdot 10H_2O$）、碳化硼（B_4C）、三氧化二硼（B_2O_3）等。还原剂包括碳化硅（SiC）、铝粉（Al）、硅钙合金（Si-Ca 合金）等。添加剂用于改善盐浴的流动性，常用的有碳酸钠（Na_2CO_3）、碳酸钾（K_2CO_3）、氯化钠（NaCl）、氯化钾（KCl）、氟化钠（NaF）、氟铝酸钠（$NaAlF_6$）、氟硼酸钠（$NaBF_4$）等，添加剂的含量通常不超过 10%，过量会降低盐浴的渗硼能力。

液体渗硼的操作步骤包括熔盐的配置、装炉、冷却和清洗。熔盐的配制首先要计算配比，硼砂中的水在硼砂熔融后挥发，故需要按照无水计算。将硼砂熔融后，依次加入还原剂和活化剂等，采用搅拌使之混合均匀。装炉时，应在工件之间留有间隙，常采用吊挂的方式，间隙以 10～15mm 为宜。冷却时，可将工件快速转移到高温中性盐浴（如约 700℃）中冷却，以去除工件表面的硼砂，随后取出空冷。最后，将工件表面清洗干净，如沟槽中的硼砂等需要清除。

例如，对 TA2 纯钛进行熔盐渗硼，熔盐选择 $Na_2B_4O_7$＋Mg（粉）＋KCl，温度为 850～950℃，时间为 10～30h，在纯钛表面形成梯度金属间化合物，外表层为均匀的 TiB_2，内表层为晶须状的 TiB，渗硼层的深度随着温度升高和时间延长而增加，表层的显微硬度有明显增加[118,119]。

（3）气体渗硼

气体渗硼的气氛由渗硼剂（例如 BCl_3 和 B_2H_6）以及载流和稀释气体（如 H_2）组成，加热温度通常较高（如 950℃）。

在渗硼温度下，以 BCl_3 为渗硼剂时，可能会发生两种反应。第一种反应

是 BCl_3 在工件表面发生热分解，生成活性硼原子和氯气。活性硼原子沉积到工件表面，而氯气和氢气反应产生氯化氢气体。

$$2BCl_3 \longrightarrow 2[B] + 3Cl_2 \tag{7-6}$$

$$H_2 + Cl_2 \longrightarrow 2HCl \tag{7-7}$$

另一种反应是 BCl_3 与氢气发生置换反应，形成氯化氢和活性硼原子，即

$$BCl_3 + 3H_2 \longrightarrow 6HCl + 2[B] \tag{7-8}$$

上述两种可能的反应均生成了氯化氢气体，对工件表面有侵蚀作用。为减少侵蚀，既要将废气通入水中形成盐酸和硼酸，还要限制渗硼时间（通常不超过 15h）。

当以乙硼烷为渗剂时，乙硼烷发生分解，形成活性硼原子和氢气。

$$B_2H_6 \Longleftrightarrow 2[B] + 3H_2 \tag{7-9}$$

例如，对镍硅合金进行气体渗硼，在 N_2-H_2-BCl_3 气氛下，渗硼温度为 910℃，渗硼时间为 2h，渗硼后，外层区域含有 Ni_2B 和 Ni_3B 的混合物，内层除了含有硼化镍外，还含有 Ni_2Si、Ni_3Si 和 Ni 的硼化物。镍化硅层的存在降低了硬度和弹性模量，增加了脆性（约 40%）[120]。

需要说明的是，含硼的气体都有剧毒和爆炸的危险，对于气体渗硼炉的密封要求很高，设备一次性投资大，存在安全、环保的问题。

（4）离子渗硼

离子渗硼主要采用离子轰击的方式，比包括电解法在内的其他方法的渗速更快，因此渗硼温度可以更低一些。

较早的离子渗硼以 B_2H_6 和 BCl_3 作为渗硼介质，但是由于 BCl_3 的腐蚀性较强，而且 B_2H_6 有毒容易爆炸，限制了该方法的实际应用。相对而言，膏剂离子渗硼具有更高的实用性。这里的渗硼膏剂由供硼剂（如 B_4C、$Na_2B_4O_7$、B-Fe 等）、活化剂 [KBF_4、Na_3AlF_6、NH_4Cl 等]、填充剂（SiC、CaF_2、ZrO_2 等）按照一定的比例混合，再加入黏结剂（纤维素、明胶、水玻璃等）调制。渗硼膏剂涂覆在工件表面，一般涂覆 2～3mm 厚，自然干燥或烘干（100～200℃）后装入离子渗硼炉中，通入 N_2、H_2 或 Ar 进行辉光放电，从而实现离子渗硼。例如，采用成分为 60%～80% B-Fe、6%～15% Na_3AlF_6、5%～10% NaF、2%～5% $(N_6H_2)_2CS$（均为质量分数）的渗硼剂，相对于电阻炉膏剂渗硼，膏剂离子渗硼在相同的温度和时间内，渗硼层的厚度更大（例如在 800℃，4h 的渗硼工艺下，膏剂离子渗硼的渗硼层厚度为 120μm，比电阻炉膏剂离子渗硼层厚度的 54μm 多了一倍多），而且要达到相同的渗硼层

厚度，所需要的温度更低、时间更短[98]。此外，也可以采用有机化合物进行离子渗硼。

（5）真空渗硼

真空渗硼相对于普通渗硼而言，渗速更快，而且渗层质量更好。真空渗硼又包括真空气相渗硼和真空固相渗硼两种。

真空气相渗硼可以采用冷壁式电阻真空炉，渗剂选择三氯化硼和氢气（体积比为 1∶15），气体流量与炉子尺寸和装炉量有关，如选择 40L/h。真空度控制在 $2.6 \times 10^4 Pa$ 左右，在该压力以下，压力越高，渗层厚度越大。

真空气相渗硼可以采用非结晶硼粉、含硼砂和碳化物的粉末等为渗硼剂。

（6）电解渗硼

电解渗硼是对熔融的硼砂盐浴进行电解，硼被置换出来后在作为阴极的工件表面沉积并被吸收。在熔融的硼砂中，发生热分解和电离作用过程，如下式所示：

$$Na_2B_4O_7 \longrightarrow Na_2O + 2B_2O_3 \tag{7-10}$$

$$Na_2B_4O_7 \longrightarrow 2Na^+ + B_4O_7^{2-} \tag{7-11}$$

在电解过程中，阴极表面的反应是：

$$Na^+ + e^- \longrightarrow Na \tag{7-12}$$

$$6Na + B_2O_3 \longrightarrow 3Na_2O + 2B \tag{7-13}$$

电解渗硼按照温度可以分为高温电解渗硼（800～1000℃，常用 900～950℃）和低温电解渗硼（550～770℃）两种。高温电解渗硼时间一般为 2～6h，渗层为 100～400μm，电解渗硼的速度比液体渗硼快。

电解渗硼可以通过电压和电流来控制渗硼层深度和渗硼的速度。但是，电解渗硼也有设备复杂、需要在真空或者保护气氛下进行、对坩埚的腐蚀十分严重的缺点。为了防止电解熔盐对坩埚进行腐蚀，可采用已经凝固的硼砂壳来熔化 $Na_2B_4O_7$，电极在内部加热，坩埚从外部冷却，对铁坩埚做阴极保护等措施。

（7）感应加热渗硼

感应加热可以发挥化学催渗和物理催渗的作用，提高渗硼质量，缩短渗硼时间。

感应加热的渗硼剂可以选择 4％B_4C＋20％KBF_4＋0.5％NH_4Cl＋0.5％$NiCl_3$＋75％SiC＋黏结剂（松香、酒精）或者 4％B_4C＋20％KBF_4＋0.5％NH_4Cl＋0.5％$NiCl_3$＋65％SiC＋5％Al 粉＋4％$Na_2B_4O_7$＋黏结剂（松香、

酒精)[98]。其中，B_4C 和 KBF_4 为供硼剂，铝粉、$NiCl_3$、NH_4Cl 以及松香、酒精等黏结剂的加入，对于保持渗硼气氛的压强、物理催渗和化学催渗有重要作用。

感应加热可以实现反复加热、冷却。在温度为 1200℃ 以下，保温 3s 以内，晶粒不至于长大。例如，感应加热到 1000～1100℃，反复加热冷却，累计 10min，可以获得 60μm 以上的锯齿状硼化物层[98]。

7.2.2　渗金属

7.2.2.1　渗金属的基本概念

渗金属 (Diffusion Metallizaing)：工件在含有被渗金属元素的渗剂中加热到适当温度并保温，使这些元素渗入表层的化学热处理工艺。其中包括渗铝、渗铬、渗锌、渗钛、渗钒、渗钨、渗锰、渗锑、渗铍和渗镍等。

离子渗金属 (Ion Infiltration of Metal)：工件在含有被渗金属的等离子场中加热到较高温度，金属原子以较高速率在表面沉积并向内部扩散的工艺。

按照渗剂的聚集状态，渗金属的方法包括固体法、液体法和气体法。

7.2.2.2　固体渗金属法

粉末包装是最常用的固体渗金属法，指的是将工件埋在由渗剂、催渗剂和烧结防止剂共同组成的粉末中，加热扩散后得到渗层。该方法的优点是操作简单、环境污染小、渗层结合强度高、对设备要求较低；但是也有明显的缺点，包括产量低、劳动条件差、渗层的厚度均匀性不容易控制、工艺时间长等。

例如，渗铬可以采用高温渗铬，渗剂选择含 Cr65% 的 Cr-Fe 粉（质量分数为 40%～60%）＋NH_4Cl（质量分数为 2%～3%）＋Al_2O_3（余量）[8]。在 1050℃ 的渗铬温度下，氯化铵分解形成的 HCl 与 Cr-Fe 粉相互作用形成 $CrCl_2$。$CrCl_2$ 分解形成活性 [Cr] 原子渗入工件表面。而 Cl 与 H 又形成 HCl，可以继续和 Cr-Fe 粉反应形成 $CrCl_2$。也可以选择低温渗铬，采用的渗剂为铬粉、氯化铬、氯化铵、石英砂等混合组成；其中铬粉和氯化铬为渗剂，氯化铵为催渗剂。氯化铵的主要作用是形成保护性气氛，和试样表面残留的氧化物反应、清洁表面，和渗剂发生反应形成活化原子；以 20 钢和 45 钢为研究对象，在 580～650℃ 保温 3～5h，可以获得厚度为 2～8μm 的渗铬层，渗层的质量和基体碳含量、预处理条件、保温时间等参数有关[121]。

7.2.2.3　液体渗金属法

液体渗金属法可以分为盐浴法和热浸法两种。

盐浴法是在熔融的硼砂浴中加入被渗金属粉末，工件在盐浴中被加热的同时进行渗金属。在盐浴加热过程中，液体中的金属原子与工件表面发生一系列物理、化学反应，形成渗层。盐浴加热过程中，液体的对流使得金属原子在工件表面分布较均匀，因此可以获得较为均匀的渗层。该技术的优点是在复杂的工件表面也可以获得均匀致密的涂层，操作方法简单，反应温度可以稍微低一些；但是存在熔盐中残盐难以清洗等缺点[122]。

热浸法是液体渗金属法的另外一种方法。其典型例子是渗铝，首先将工件在铝液（700～800℃）中浸泡，在工件表面包覆一层铝，然后，在较高温度下进行扩散处理，得到渗铝层。例如，在 Q235 钢表面热浸渗铝，工艺流程为表面机械处理、除油、除锈、助渗、热浸渗、后处理、扩散退火；经过预处理的 Q235 试样在 740℃浸渗液中浸渗 3min 后，以 0.01m/s 的速度提出，挂在冷却架上冷却，随后用 5% 的 HNO_3 溶液在 50℃处理试样 3min，除去表面熔盐残留物，随后在 850℃扩散退火 5h；在铝液中加入一定量的 Al-5Ti-B-RE 晶粒细化剂，可以细化表面层中 $FeAl_3$ 针状物，渗铝钢的抗高温氧化性能随着晶粒细化剂含量的增加先升高后降低，当细化剂含量（质量分数）为 0.3% 时，抗高温氧化性能最好[123]。

7.2.2.4 气体渗金属法

气体渗金属法包括直接气体渗金属、间接气体渗金属和气固快速渗金属等。

直接气体渗金属法常采用所渗金属的卤化物气体为渗源，卤化物气体在一定温度下分解出活性金属原子，渗入工件表面。例如，采用氯化亚铬气体渗铬时，氯化亚铬气体分解出活性铬原子，渗入工件表面后获得渗铬层。

间接渗金属法所用的渗源不是含有被渗金属的气体，被渗金属以固态或液态等形式存在。如固态或液态的卤化物在高温下加热变成气体，卤化物气体再分解并释放出活性原子，与工件表面发生反应，形成渗层。

气固快速渗金属法指的是在气体渗金属的同时加热工件表面，可以加快所渗金属元素的扩散，所需要的时间短。加热工件表面的方法可以选择电接触加热或感应加热。

7.3 多元共渗

多元共渗是指将多种元素，包括金属元素和非金属元素，同时渗入工件表层的一种化学热处理技术。它与单元渗的区别在于，在渗的过程中以及渗层中存在多种元素之间的相互作用。进行多元共渗的初衷是希望发挥多种元素之间的协同作用，达到"1+1>2"的效果。常用的共渗元素包括 Al、Ti、V 等金属元素，以及 C、N、B、S 等非金属元素。在设计共渗配方时，通常采用一种元素为主，其他元素为辅的方法。常用的多元共渗工艺如表 7-16 所示。

表 7-16　常用的多元共渗工艺[124]

工艺	性能特点及应用
Al-Cr 共渗	主要用于提高合金的热稳定性、耐蚀性,提高工件抵抗冲蚀磨损和磨料磨损的能力
Al-B 共渗	主要用于提高金属和合金的热稳定性和耐磨性
Al-Ti 共渗	主要用于提高热稳定性、耐蚀性和耐磨性。但 Al-Ti 共渗对提高碳钢的抗氧化性并不比单独渗 Al 好
Al-V 共渗	较单独渗铝有更高的热稳定性
Al-Cr-Si 共渗	主要用于提高热稳定性和抗腐蚀、抗冲蚀磨损能力
Al-Ti-Si,Al-Zr-Si 共渗	用于提高热稳定性和某些腐蚀介质中的耐蚀性
Cr-Si 共渗	提高耐磨(包括冲蚀磨损)、耐蚀(气蚀、电化学腐蚀)能力
Cr-Ti 共渗	提高抗氧化、耐腐蚀、耐磨、耐气蚀性、热稳定性。抗高温氧化性和耐磨性均高于渗铬层
Cr-V 共渗后再渗 N	渗层抗高温氧化、磨损性比渗铬或铬钒共渗好

7.4　稀土化学热处理

7.4.1　稀土化学热处理定义和目的

稀土化学热处理指的是将工件放在含有稀土的介质中加热，使得稀土及相应元素渗入工件表层，改变工件表面的化学成分、组织和性能的热处理工艺。

稀土化学热处理对工件性能的作用，包括提高表面的强度、硬度和耐磨性，降低工件表面的摩擦系数，提高工件表面的抗氧化和耐腐蚀性等。

7.4.2　稀土共渗层的形成过程

稀土共渗层的形成过程符合化学热处理的基本过程，主要包括以下 5 个过程：

① 稀土共渗剂发生化学反应，释放出活性原子；

② 稀土等活性原子在工件表面扩散；

③ 稀土等活性原子在工件表面被吸附；

④ 稀土等活性原子从工件表面向内部扩散；

⑤ 稀土等活性原子与工件表层的原子发生反应，形成化合物。

这五个过程之间相互关联、相互制约（或促进），最终在工件表面形成渗层。

7.4.3 稀土渗剂

稀土化学热处理的渗剂由供渗剂、活化剂和填充剂等组成。根据渗剂的不同，稀土化学热处理可分为单渗稀土、碳稀土共渗、钒稀土共渗等。其中供稀土剂常用稀土卤化物、稀土块或稀土粉。提供其他元素的渗剂与单渗其他元素相同。常用的稀土化学热处理渗剂列于表 7-17 中。

表 7-17 常用的稀土化学热处理渗剂[1]

类别	供渗剂	活化剂	填充剂 （稀释剂）	供稀土剂	其他
单渗稀土		NH_4Cl 或 KCl	Al_2O_3	混合 RECl 或稀土金属块（粉）	
碳稀土共渗(气)	煤油或天然气		甲醇	RECl 或环烷酸稀土、羧酸稀土	
氮稀土共渗(气)	氨气		甲醇	RECl	
碳氮稀土共渗(气)	渗碳剂＋氨气或含碳氮有机化合物		甲醇	RECl	
硼稀土共渗(气)	B_4C 或硼铁	KBF_4 或 NH_4Cl	SiC	RECl 或 REO 或稀土精矿粉	膏剂尚需加入黏结剂
硼铝稀土多元共渗(膏剂)	B_4C $Al_2O_3＋Al$	氟化物	SiC	RECl	黏结剂可用有机树脂
钒稀土共渗(盐浴)	V_2O_5	Al	硼砂(基盐)	混合稀土金属	
稀土多元共渗(气)	甲酰胺＋硫脲＋硼酐		甲醇	RECl	

7.4.4 稀土渗剂的配制方法

7.4.4.1 固体渗剂的配制

稀土固体渗剂主要是粉末状的，粉体的粒度不宜过细，不然太活泼，容易发生氧化甚至自燃。固体渗剂的配制过程主要包括：称量、混合、破碎、加入黏结剂、过筛、烘干、封装和保存。

需要注意的是，稀土元素的化学性质十分活泼，稀土渗剂容易发生氧化或潮解，不宜在空气中暴露过久，需妥善存放。

7.4.4.2 液体渗剂的配制

稀土液体渗剂主要选择容易分解成活性物质且产物无害的试剂。当稀土与其他元素共渗时，常用的方法是将稀土物质溶于共渗元素的有机溶剂中。例如，稀土碳共渗时可以将稀土元素溶于甲醇中。

7.4.5 稀土化学热处理应用实例

在化学热处理过程中加入稀土可减少工艺时间，增加渗层的厚度，改善微观结构，提高材料表面的力学性能，稀土元素的主要作用是催渗[125]。稀土化学热处理的部分应用实例如表 7-18 所示。

表 7-18 稀土化学热处理的应用实例[126-132]

材料	工艺	效果
20CrMnTi[126]	稀土渗碳。将主要含 La 的稀土盐及其氧化物溶解在由煤油和甲醇组成的渗碳剂中，渗碳温度为 880℃，时间为 0.5~8h，油淬	稀土的加入增加了碳势、碳通量和渗层的厚度。与普通渗碳相比，稀土渗碳热处理后的样品表面层具有超细马氏体、更低含量的残余奥氏体和大量分散的柱状碳化物沉淀颗粒，进而使得表层 1.5mm 内显微硬度增加
20 钢[127]	稀土渗碳。渗碳剂为含 Ce_2O_3 的煤油，15mL 甲醇＋15mL 丙酮＋8g Ce_2O_3＋3kg 煤油。滴渗速率加速阶段为 50~70 滴/min，扩散阶段为 30~40 滴/min。渗碳压力为 14~20mbar(1mbar＝100Pa)。渗碳温度为 850℃和 910℃，时间为 1~4h。水淬或油淬	钢成分中的稀土和渗碳剂中的稀土均有利于加速碳的扩散过程，但在渗碳剂中的稀土更为有效。渗碳过程中，稀土氧化物加速了渗碳介质和样品的界面反应。对于 20 钢而言，最合适的稀土含量(质量分数)约为 0.032%
21NiCrMo2[128]	稀土渗碳。采用含稀土的渗碳膏剂，渗碳膏由细木炭、钡和钙的碳酸盐、亚铁氰化钾和淬火油(添加以确保混合物必要的稠度和黏度)的均匀混合物组成。加入 10%的 Ce，或者 10%的含有 55.26%的 Pr＋Nd＋B。渗碳膏覆盖样品。渗碳温度为 900~950℃，时间为 30min，水淬	稀土的添加影响介质的界面反应，稳定膏剂的化学活性，优化了金属基体中的传质，提高了硬度。含有 0.7% Pr＋1.57% Nd＋3.2% B 的渗碳膏剂比含有 10%的 Ce 的渗碳效果好(从渗碳动力学和微硬度上看)

续表

材料	工艺	效果
20Cr2Ni4A[129]	稀土渗碳。试验设备采用 RJJ-155-9 井式渗碳炉,富化介质采用航空煤油,稀释介质采用甲醇(CH_3OH),催渗介质选用复合稀土催渗剂,将甲醇和催渗剂按照不同比例溶解于航空煤油中。强渗期第一阶段的温度为 920℃,碳势为 1.2%,在形成较高的碳浓度梯度和一定的渗层深度后,碳势调整为 1.05%。为避免产生炭黑,在进入扩散期后,进一步将渗碳温度调整为 900℃,碳势设定为 0.85%。650℃—680℃—650℃ 三阶段回火,随后油淬+低温回火	与常规渗碳相比,当渗碳层深为 2.0mm± 0.2mm 时,常规渗碳所需的工艺时间为 20h,而稀土渗碳所需的工艺时间仅仅为 15.5h,稀土渗碳可提升效率 20% 以上;稀土渗碳可细化组织,也可使渗层获得较为平缓的硬度梯度和碳浓度梯度分布;变形满足齿轮加工技术要求。稀土渗碳可用于承受复杂应力服役条件下的重载齿轮表面强化工艺。稀土渗碳工艺适用于承受大载荷、高频次冲击及复杂应力状态的齿轮表面强化工艺
中碳钢 0.39C-0.25Si- 0.76Mn-0.005P- 0.007S-1.07Cr- 0.095Ni- 0.18Mo(%)[130]	稀土渗氮。稀土元素添加在合金中,含量(质量分数)为 0.03%。在氮化热处理前预先调质处理,获得 25~30HRC 的整体硬度。采用 AICHELIN 气体渗氮炉,渗氮介质为氨气,渗氮温度为 520℃,时间为 36h(前 11h 氨分解率为 32%,后 25h 氨分解率为 47%),炉冷到 150℃后空冷	稀土处理对渗氮过程具有明显的催渗作用,并提高表面硬度和改善渗层脉状组织。加稀土后:①表面硬度由 570HV0.3 提高到 630HV0.3;②提高了近表层的显微硬度,但随着距表面距离越来越远,这种差异越来越小;③硬化层深由 0.37mm 提高到 0.46mm
38CrMoAl[131]	稀土离子多元共渗。渗氮温度为 510~ 540℃,氨气流量为 1.6~2.0L/min,时间为 9~27h,最佳渗氮温度 540℃,氨气流量 2.0L/min,保温时间 9h	38CrMoAl 钢试样的最大硬度为 1221HV,渗层厚度为 355μm。喷丸预处理、稀土催渗对等离子多元共渗有促进作用,两者复合工艺的多元共渗作用效果大于单一稀土催渗和等离子多元共渗工艺。喷丸和稀土的复合处理可以显著增强渗层厚度和渗入元素含量,有利于材料表面性能的提升
Cr12MoV[132]	稀土钒共渗。盐浴渗剂组成为 $Na_2B_4O_7$(70%)+NaF(5%)+V_2O_5(10%)+La_2O(5%)+ Al(10%)。共渗温度 900~ 1000℃,时间 6h,出炉油淬后 220℃回火 2h	稀土钒共渗处理可在工件表层制备高硬度钒碳化合物层;随着渗钒温度升高,渗钒时间延长,工件外径和内径尺寸变化均很明显。增加工件表层的粗糙度,增大工件表层钒碳化物渗层与基体间界面结合力,提高工件耐磨性并延长其使用寿命

7.5 复合热处理

复合热处理是为了充分发挥不同种类化学热处理方法所获得的渗层的特点,对工件施加两种以上的化学热处理工艺,或者是施加化学热处理工艺与其他热处理工艺，以达到单一热处理无法达到的优良性能。

　　复合热处理包括不同热处理工艺的复合，也包括热处理工艺与其他工艺的复合。复合热处理的种类很多，实际应用的效果也十分显著。例如，常用的调质热处理就是淬火和高温回火的复合。形变热处理是塑性变形与热处理的复合。在进行复合热处理设计时，要考虑好：

　　① 哪几种工艺复合。

　　② 复合的先后顺序。

　　③ 复合后的预处理及后处理工艺等。

　　需要指出的是，热处理设计的基本原则是在满足工件性能等要求的前提下，尽可能降低成本并提高生产效率。因此，复合热处理工艺应尽量简化。

　　现有复合热处理工艺的分类及具体热处理工艺如表 7-19 所示。复合热处理的应用实例见表 7-20。

表 7-19　现有复合热处理工艺分类[133]

类别	具体热处理工艺
多种热处理工艺的复合	渗氮等化学热处理后的淬火(常规淬火、感应淬火、激光淬火等)；几种化学热处理的复合，如渗碳、碳氮共渗、渗氮、渗硫、渗硼、渗金属的复合；淬火回火后的化学热处理等
镀覆与热处理的复合	整体或表面硬化+表面功能性涂(镀)覆层(电镀、喷涂及有机树脂涂层等)复合；采用纳米化技术的复合热处理
压力加工与热处理的复合(形变热处理)	形变在相变前(形变淬火、形变等温淬火等)；形变在相变后(回火马氏体形变、调质形变、珠光体形变等)；形变在相变过程中进行(诱发马氏体形变、等温形变淬火、过饱和固溶体形变时效等)。以及塑性变形工艺与化学热处理工艺的复合
整体或表面热处理与表面形变强化(辊压、喷丸等)的复合	淬火回火与辊压的复合，正火与喷丸的复合，喷丸与退火的复合等

表 7-20　复合热处理应用实例[134-137]

材质	复合热处理技术	应用效果
7075 铝合金[134]	固溶+深冷 12h+时效复合热处理工艺	与 T6 处理(固溶处理为 465℃、5h，时效处理为 165℃、5h)相比，固溶+深冷 12h+时效复合热处理工艺对 7075 铝合金组织与性能提高作用明显，在其伸长率基本保持不变的基础上，抗拉强度与硬度分别提升了 18.6% 与 20.4%；深冷过程中温度剧烈变化带来的应力细化了合金的晶粒，同时降低了 Al 基体的固溶度，促进原子析出形成更多 GP 区，为时效过程中析出相的孕育提供了更多驱动力，增加了合金的析出相强化效果，进一步提升合金的抗拉强度和硬度

续表

材质	复合热处理技术	应用效果
20CrMnMo 钢[135]	渗碳＋等温＋淬火复合处理	重载齿轮常用 20CrMnMo 等低碳合金结构钢制造,通过渗碳淬火热处理来满足其使用性能要求。复合热处理工艺省略了多次加热和冷却的过程,将渗碳、等温和淬火结合在一起,不仅缩短了工艺时间,降低了热处理能耗,优化了工艺节能,并有效控制重载齿轮渗碳热处理的各项技术指标
40Cr 钢[136]	离子渗氮＋高频淬火	与氮化、高频淬火相比,复合热处理后的蜗杆表面硬度在离子氮化基础上可提高 4～6HRC,硬化层深度增加 0.8mm。改善了氮化层的氮浓度和硬度梯度。而且由于强化层的存在,改变了表层沿一定深度的内应力分布
45 钢[137]	离子渗氮＋激光淬火	45 钢离子渗氮后经激光表面处理,硬度明显上升,硬化层有很好的耐磨性和强韧性。硬度和耐磨性的提升除了和淬火后形成超细马氏体外,还与弥散析出物和晶格畸变增加有关

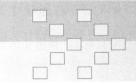

第8章

典型钢铁材料的热处理工艺

钢铁材料是应用最广泛的金属材料，在航空航天、建筑、能源等国民经济的各个行业有重要的应用。常用的钢铁材料包括工程构件用钢、机器零件用钢、工具钢、特殊性能钢和铸铁等。热处理对于钢铁材料性能的提升与优化有重要作用，本章重点介绍这几种常用钢铁材料的典型热处理工艺。

8.1 工程构件用钢的热处理

工程构件用钢指用于建造压力容器、船舶（如大型舰船）、桥梁（如港珠澳大桥）、进行地质石油钻探，铺设输油输气管线（如西气东输管道）等工程的结构钢。在实际应用中，包括钢板、钢带、钢管、型钢、线材钢、螺纹钢等。

工程构件用钢成分的基本设计原则是低碳，一般含碳量（质量分数）不超过 0.25%，这是由于工程构件用钢大多要经焊接施工，含碳量高将显著降低钢材的焊接性能。按照成分，常用的工程构件用钢包括碳钢、低合金钢。

热处理对于工程构件用钢性能（包括力学性能和加工工艺性能）的提升十分重要。例如，应用于核岛承压容器构件的 16MND5 钢属于 Mn-Ni-Mo 低合金高强度钢，Mn、Ni、Mo 合金元素的加入提高了钢的淬透性，而且高温性能和抗低温回火脆性较好，韧脆转变温度（金属由延性断裂完全转变为脆性断裂时的温度）较低。16MND5 钢的焊接接头会引入高的残余应力，通过焊后热处理可有效降低焊接残余应力，从而减少应力腐蚀。研究表明[138] 焊后热处理使焊接态的残余应力峰值从约 420MPa 降低至约 210MPa，焊缝中心组织由"贝氏体＋少量自回火马氏体"转变为"回火贝氏体＋回火马氏体"，而且，热处理后的焊缝区晶粒明显长大。

8.1.1　石油化工管道用钢的热处理

8.1.1.1　石化化工管道用钢的服役条件与性能要求

石油化工装置中管道的服役条件多为高温、高压以及腐蚀（管道内部输送的介质均具有一定的腐蚀性），因此一般要求管材具有高强度、良好的韧性、优异的抗腐蚀性。石油化工管道可分为平式油管道、加厚油管道、钻管等。对于石油管道，实际应用环境中的油井深度及地质结构，对管道的强度和耐蚀性提出了相应的要求。在石油天然气的运输中，管道钢材承受气体压力，随着运输距离的增加，气体的压力越大，对强度的要求越高。例如，某些有吸引力的气田处于远离终端消费市场的地区，需要对天然气进行长距离输送，这些管线对于钢材强度要求很高。管道在铺设的过程中，转换方向时需要弯曲，因此需要好的冷弯性能。

石油化工管道早期采用无缝管制造，后期采用热轧板卷制造，直缝电阻焊（ERW）套管替代了无缝管，具有尺寸精度高、抗挤压性能强、韧性高、射孔不开裂等优点，得到了广泛应用。因此，对于需要焊接的石油化工管道，要求钢材具有良好的焊接性。

石油天然气管线在服役过程中，受到人为因素、应力作用、腐蚀等的影响而失效。其失效形式包括开裂、腐蚀、穿孔等。其中，腐蚀是最常见的失效形式，包括外腐蚀和内腐蚀两种。外腐蚀主要由土壤腐蚀、防腐绝缘涂层失效和外防腐失效等所引起；内腐蚀主要受石油或天然气中的硫化物等作用引起。严重腐蚀导致防腐绝缘涂层失效、管壁减薄、管线穿孔，甚至发生管线开裂[139]。石油天然气管线一旦失效，会造成巨大的经济损失。因此，需要从选材和热处理工艺上保证石油化工管道用钢优异的使用性能，以满足长期输送油气的实际应用需求。

8.1.1.2　石油化工管道用钢的选材

石油化工管道包括工艺管道和石油套管等。工艺管道主要用于输送原油、汽油、柴油等产品，常用 15CrMo、13CrMo44 等低合金耐热钢制成。若输送介质有应力腐蚀，常用 20 钢。石油套管中，N80 级油井管用量最大，可以采用中碳铁素体-珠光体非调质钢，如 34Mn6、36Mn2、42MnMo7 等。这些钢材经过适当的热处理后，力学性能等可满足石油套管的服役条件。

对于长距离高压天然气输送管线，需要用超高强度管线钢，以保证长距离（如≥3000km）运输的安全性。

8.1.1.3 石油化工管道用钢的热处理工艺实例

目前广泛采用连铸圆管坯生产工艺管道，比较成熟的工艺管道的机械加工和热处理工艺流程为：连铸→连铸圆坯→直接轧管或连铸空心圆坯→轧管→淬火加热→内外壁强制冷却淬火→回火→热矫直→冷床冷却→硬度检测→电磁超声波探伤→管端磁粉探伤→修磨→检验。

由上述热处理工艺流程可知，圆管工艺管道的主要热处理为淬火加高温回火，即调质热处理。热处理的主要目的是提高管道的强度、韧性和耐蚀性。淬火加热温度常选择 900～950℃，冷却采用水冷。高温回火的温度常用 650～750℃，回火时间依钢管的尺寸而定。另外，需要注意：需要一道热矫直的工序，热矫直通常在高温回火冷却时进行，矫直温度常选择 400～500℃。

石油化工管道在焊接以后，在焊缝区会存在残余应力，且焊缝区的组织与其他区域不同，使得焊缝区域成为管道的薄弱环节。当管道采用厚度不大的碳钢制作时，焊缝处的残余应力较小，一般不需要热处理。当管道中所输送的介质有严重应力腐蚀倾向时，则需进行焊后热处理，以消除应力并提升焊缝处的性能。当管道采用低合金耐热钢制作时，焊接后在焊缝区会形成容易发生冷裂的组织，在焊缝过热区可能产生再热裂纹，有时也会出现明显的回火脆性，需要进行热处理来改善组织。

焊后热处理温度，即回火温度的选择，应在不降低母材和接头力学性能和不引入畸变开裂等新缺陷的基础上，尽可能降低残余应力并改善焊缝的组织，需要考虑工件中合金元素的种类和含量对回火温度影响并避开回火脆性区、裂纹倾向敏感区等危险温度区间。焊后的热处理温度应低于回火温度，表 8-1 为工艺管道焊后的热处理温度。石油化工管道中产生冷裂纹的重要原因之一是在焊缝中存在较高含量的氢。当管壁较薄且应力较小时，可以采用焊前预热、焊后热处理的方法避免裂纹的产生。焊前预热温度常选择 100～150℃。焊后热处理温度常选择 250～300℃，时间为 1h 左右，这可以使焊缝中的氢充分逸出。最后，进行 600～800℃的高温回火。

表 8-1 常用工艺管道的焊后热处理[140]

钢种	焊后热处理要求	
	壁厚 δ/mm	温度/℃
碳钢，如 10 钢、20 钢	≥30	600～650
Mn 钢，如 16Mn 钢	≥20	600～650
Mn-V 钢	≥20	560～590

续表

钢种	焊后热处理要求	
	壁厚 δ/mm	温度/℃
Cr-0.5Mo 钢	≥20	600～650
0.5Cr-0.5Mo 钢	≥20	650～700
1Cr-0.5Mo 钢	≥10	650～700
1Cr-0.5Mo-V 钢	≥6	700～750
1.5Cr-1Mo-V 钢	≥6	700～750
2.25Cr-1Mo 钢	≥6	700～750
5Cr-1Mo 钢,如 1Cr5Mo 钢	无特殊要求	700～750
9Cr-1Mo 钢	无特殊要求	750～780
2Cr-0.5Mo-WV 钢	无特殊要求	750～780
3Cr-1Mo-VTi 钢	无特殊要求	750～780
12Cr-1Mo-V 钢,如 Cr12MoV 钢	无特殊要求	750～780

8.1.2　压力容器用钢的热处理

8.1.2.1　压力容器的服役条件与性能要求

压力容器包括反应压力容器、换热压力容器、分离压力容器、储存压力容器等,具体如液化气罐、乙炔罐、氧气罐、锅炉、高压锅、气泵储气罐等,在石油、化工、机械等行业有重要而广泛的应用。

压力容器服役时具有较大的压力范围（0.1～100MPa）,较宽的工作温度范围（-200～500℃）,在温度、压力、腐蚀等环境因素共同作用下,压力容器常见的失效形式有脆性破坏、过量塑性变形、低周疲劳、应力腐蚀、氢腐蚀损坏等。

因此,要求压力容器用钢需具有:①高的强度、塑性和良好的韧性（包括低温韧性）;②宽温度范围内的稳定性;③良好的冷热加工性能和焊接性能;④耐蚀性和抗氢能力。

8.1.2.2　压力容器用钢的选材

常用压力容器用钢有碳钢、低合金钢、低温钢、耐热钢与抗氢钢、不锈钢铸件等,其牌号如表 8-2 所示。

表 8-2　常用压力容器用钢[140]

类别	钢种(钢号)
碳钢	20、35
低合金钢	1Cr5Mo、12Cr2Mol、12Cr1MoV、15CrMo、15MnV、16Mn、20MnMo、20MnMoNb、35CrMo、
低温钢	08MnNiCrMoVD、09Mn2VD、09MnNiD、10Ni3MoVD、16MnD、16MnMoD、20D、20MnMoD
耐热钢与抗氢钢	Cr5Mo、10CrMo9~10、12CrMo、12Cr1MoV、12Cr2MoWV8、13CrMo44、13CrMoV42、15CrMo、16Mo、2.25Cr1Mo
不锈钢铸件	00Cr19Ni10、0Cr13、0Cr17Ni12Mo2、0Cr18Ni9、0Cr18Ni10Ti 1Cr13、1Cr18Ni9Ti、11Cr18Ni5Mo3Si2、11Cr17Ni14Mo2

　　为满足不同工况条件对钢材性能的要求，选材以后，需要进行相应的热处理。

8.1.2.3　压力容器的热处理工艺

　　压力容器在焊接工序之后，一般需要进行热处理。热处理方式包括正火、调质处理、回火和去应力退火，下面分别说明。

　　压力容器的正火主要目的是细化基体组织，改善焊缝组织，提高塑韧性。正火加热温度常用 900~980℃，保温时间依工件尺寸和装炉量而定。常见的压力容器用钢的正火工艺见表 8-3。钢板正火装炉时，应彼此之间留有 150~200mm

表 8-3　压力容器用钢的热处理工艺[140]

材料牌号	正火加热温度/℃	保温时间	冷却方式
16MnR	900~920		
16MnVR	930~970		
15MnV	940~980		
15MnTi	940~980		
16MnDR	900~920		
14MnMoV	910~950	其加热系数按 1.5~3min/mm 计算，也可根据装炉量的大小、钢板的厚薄等确定	可采用在静止空气中冷却;吹风冷却;喷雾冷却。可根据具体的力学性能要求,选择合理的正火方式
18MnMoNb	910~950		
13MnNiMo54	910~950		
16Mo	900~950		
15CrMo	930~960		
14CrMo	930~960		
12CrMo	930~960		
12Cr2Mo	930~960		

的距离，正火应竖放直立，保持距离在 200mm 以上。正火温度应根据钢种、力学性能要求等指标来确定，正火温度提高，强度升高，升温时钢板的整个温差不得大于 50℃，保温温差应不超过 20℃，其目的是减少钢板内部的热应力。正火保温时间以最厚处计算，总加热时间不能少于 30min。关于冷却方法，应根据钢板厚度和力学性能要求进行综合确定。

压力容器的调质（淬火＋高温回火）热处理的目的是提高工件的塑性和韧性，常用于厚壁压力容器。其中，淬火温度和时间的选择与前述正火基本相同。淬火比正火的冷却速度快一些，多采用水淬，具体可以选用水槽法或者喷淋法等。淬火转移时间应尽可能短，以确保淬火温度不下降过多。当工件过大时，应注意淬火槽内的水温不要太高，通常不超过 80℃。

压力容器进行回火热处理的主要目的是消除内应力、改善组织，提高综合力学性能。通常在正火或淬火后实施回火工序。回火工艺参数主要由钢种和力学性能要求来决定。

压力容器用钢的回火温度常选用 550～750℃，不同钢种的回火温度不同。例如，16Mn 钢可选用 580～620℃，15MnV 钢可选择 620～640℃，12CrMoV 钢可选择 720～740℃。

回火保温时间主要由工件的尺寸决定，主要根据经验，例如可以按照工件每毫米厚度保温 3～5min 计算，但通常不少于 1h。对于冷却速度，若所用钢材存在第二类回火脆性，需选用风冷或水冷等冷却速度较快的方法。

压力容器去应力退火热处理的主要目的是消除焊接过程产生的内应力、去氢和消除畸变等。进行去应力退火的压力容器的壁厚需超过一定厚度。退火温度常选择 600～700℃。退火时间主要由压力容器的尺寸而定，一般壁厚越大，退火时间越长，通常来说每毫米厚度至少需要 2～3min。可以根据具体需求，选择相应的去应力退火方法，例如对于焊接接头内应力的消除，可采用整体去应力退火；对于环焊缝应力的消除，可采用局部去应力退火。

8.2　机器零件用钢的热处理

机器零件用钢是制造机械装备（如宇宙飞船、运载火箭、飞机、汽车、轮船、机车、拖拉机、工程机械、机床、电站设备等）中各种构件或零件所使用的工业用钢。机器零件用钢是国民经济各个领域，特别是机械制造工业领域广泛使用的钢种，具有代表性的如各种类型的轴类零件、轴承、齿轮、弹簧等。

机器零件的服役条件包括拉、压、弯、扭、疲劳、冲击等载荷，大气、水、润滑油等环境,使用温度为室温到100℃等。在服役过程中,机器零件的主要失效形式包括断裂、疲劳、腐蚀等。机器零件的服役条件和失效形式要求其在室温到100℃的温度范围内具有较高的强度、塑性、韧性、抗疲劳性能等力学性能和一定的耐蚀性。机器零件的选材主要由其服役条件和失效形式而定。典型机器零件的服役条件、失效方式及材料选择的一般原则见表8-4。

表 8-4 典型机器零件的服役条件、失效方式及材料选择的一般原则[141]

零件类型	服役条件	常见失效方式	材料选择的一般标准 (主要失效抗力指标)
轴类零件	负荷种类:冲击、疲劳 应力状态:弯、扭 其他因素:磨损	脆性断裂、疲劳、咬蚀、表面局部变化	弯、扭复合疲劳强度
曲轴	负荷种类:疲劳、冲击 应力状态:弯、扭 其他因素:磨损、振动	脆性断裂、表面变化、尺寸变化、疲劳、咬蚀	扭转、弯曲、疲劳强度 耐磨性,循环韧性
连杆	负荷种类:疲劳、冲击 应力状态:拉、压 其他因素:磨损	脆性断裂	拉压疲劳
紧固螺栓	负荷种类:静载荷、疲劳 应力状态:拉、剪切、弯	过量变形、塑性断裂、脆性断裂、疲劳、腐蚀	疲劳、屈服及抗剪强度
齿轮	负荷种类:疲劳、冲击 应力状态:压、弯、接触 其他因素:磨损	脆性断裂、疲劳、咬蚀、表面局部变化、尺寸变化	表面弯曲和接触疲劳强度、耐磨性、心部屈服强度
螺旋弹簧	负荷种类:疲劳、冲击 应力状态:弯、扭 其他因素:磨损	过量变形、脆性断裂、疲劳腐蚀	弹性极限、扭转疲劳
板弹簧	负荷种类:疲劳、动载荷 应力状态:弯曲 其他因素:磨损	过量变形、脆性断裂、疲劳腐蚀	弹性极限、弯曲疲劳
滚动轴承	负荷种类:疲劳、冲击 应力状态:压、接触 其他因素:磨损、温度、介质	脆性断裂、表面变化、尺寸变化、疲劳、腐蚀	接触疲劳、耐磨性、耐蚀性

对于实际机器零件,由于服役条件不同,可主要依据其失效形式来选材。例如,某轴类零件受到弯曲、扭转和冲击载荷,主要失效形式为断裂和磨损。因此,选材时,主要考虑强度、韧性,以及表面硬度和耐磨性。弹簧零件主要承受弯曲、扭转载荷,主要失效形式为过量变形和疲劳断裂。因此,选材时,重点考虑弹性极限和疲劳强度。

综上,根据机器零件的服役条件和失效形式,可以明确对性能的要求,而性能要求的满足需要成分和热处理工艺的配合。下面分别介绍轴类和齿轮类零件的热处理。

8.2.1　轴类零件的热处理

8.2.1.1　机床主轴的热处理

机床行业是国民经济的基础装备行业，随着我国新兴装备和高端制造业的发展，为之提供加工基础的数控机床行业迅猛发展，我国是世界第一机床消费及制造大国[142]。而机床主轴的质量直接关系到机床的工作精度和加工水平。下面从机床主轴的服役条件、失效形式和性能要求出发，首先介绍主轴材料及热处理的选择，然后介绍热处理的技术要求及具体的热处理工艺。

（1）机床主轴的服役条件与性能要求

机床主轴的主要作用是支承传动零件和传递扭矩，受力复杂，还存在磨损。其服役条件为：承受交变扭转载荷、交变弯曲应力或拉-压轴向载荷，过载或冲击载荷，轴颈处及花键等滑动表面摩擦和磨损。轴颈部位的磨损程度与轴承类别的关系如表 8-5 所示。

表 8-5　不同类别轴承轴颈部位的磨损程度[140]

轴承类别	轴颈处的服役条件	轴颈处要求的硬度（HRC）
滚动轴承	摩擦已转移给滚动体和套圈	40～50
滑动轴承	轴颈和轴瓦直接摩擦	＞50
高速、高精度机床主轴	承受严重的摩擦和磨损	≥58（有时需渗氮化学热处理）

在弯曲和扭转等载荷作用、摩擦磨损作用以及冲击载荷等服役条件下，机床主轴常见的失效形式如表 8-6 所示。对机床主轴进行失效分析和控制，据此设计并提高材料的性能，有助于提高机床主轴的可靠性，对于提高机床的设计和制造水平具有重要意义[143]。

表 8-6　机床主轴的常见失效形式[140,144]

失效形式	特点	例子
磨损失效	由于轴相对运动的表面如轴颈处过度磨损或润滑不良等而导致，是最常见的失效形式	带内锥孔或外锥度的主轴，工作时和配合件虽无相对滑动，但频繁装拆，易使锥面拉手磨损；与滑动轴承相配的轴颈，由于润滑不良、轴承材料选择不当、结构设计不合理、加工精度不够、装配不良、间隙不均或嵌入杂质微粒等都可能发生咬死（即抱轴），使轴颈工作面咬伤

续表

失效形式	特点	例子
变形失效	因发生过量弯曲或扭转变形	机床主轴弹性变形过大,导致加工零件精度达不到要求
疲劳失效	因长期承受交变载荷造成的疲劳断裂等	机床主轴在使用过程中,发生断裂
腐蚀失效	在湿热等环境下工作,机床主轴表面易发生氧化或腐蚀	在潮湿环境中服役,机床主轴表面生锈,影响加工精度

上述服役条件和失效形式,对机床主轴的性能要求:高的疲劳强度;良好的综合力学性能,即强度与塑、韧性的匹配;硬度高、耐磨性好;在湿热环境中耐蚀性好。

(2) 机床主轴材料及热处理工艺的合理选择

机床主轴材料及热处理的选择主要依据服役条件、失效形式和性能要求而定,首先考虑使用性能,包括弯曲和扭转力矩的大小、冲击力、转速、表面粗糙度和磨损情况等。同时还要考虑工艺性要求,包括车削、磨削、热处理等加工工艺性能要求。在满足使用性能和工艺性能的基础上,要考虑降低材料和工艺成本以获得良好的经济效益。不同类型机床主轴的材料和热处理工艺的选择如表 8-7 所示。不同类型的机床对主轴的性能需求不同,除了最重要的力学性能之外,对于主轴的物理或化学性能也有要求。例如,对于精密数控机床,主轴系统高速旋转使得主轴轴承处产生较多热量,在热量作用下引起主轴的热伸长 (受热膨胀),对机床的加工精度造成影响[145]。因此,高精度数控机床要求主轴材料在保持高的硬度外,还需要有较低的热胀系数。

表 8-7　不同类型机床主轴的材料及热处理工艺选择[140,146]

主轴类型	服役条件	材料	热处理
轻载主轴(如普通车床主轴)	承载轻,磨损较轻,冲击不大	调质钢,如中碳钢(如 45 钢)或低合金调质钢(如 40Cr 钢),或球墨铸铁(如 QT700-2)	调质(淬火+高温回火)处理,硬度为 220～250HBW
中载主轴(如铣床主轴)	承受中级载荷,磨损较严重,受冲击		
重载主轴(如重载组合机床主轴)	承受重载,磨损严重且受冲击较大	渗碳钢(如 20CrMnMo、20CrMnTi)	渗碳后,表面淬火+低温回火
高精度机床主轴(如精密镗床主轴和高精度磨床主轴)	受力小,但精度要求高,粗糙度低,磨损和变形小	低合金工模具钢(如 9Mn2V、GCr15 钢)等	表面淬硬处理
高精度、高尺寸稳定性及高耐磨性的机床主轴	耐磨性要求高	渗氮专用钢(如 38CrMoAlA 钢)	调质+渗氮

（3）机床主轴材料的热处理技术要求

机床主轴常用的材料包括中碳钢或中碳低合金钢，以及渗碳钢、渗氮钢、轴承钢、工具钢等，如 39Cr、42、GCr12、T18 等[147]，有时也用球墨铸铁。对于机床主轴，预备热处理主要有退火、正火、调质及去应力时效热处理等；最终热处理工艺有淬火、回火，以及渗碳、渗氮、表面淬火等。部分主轴材料和热处理要求见表 8-8。

表 8-8　部分主轴材料和热处理技术要求[140,146,148]

热处理类别	材料牌号	热处理技术要求	特点
调质（或正火）	40 40Cr 45 55 QT600-3	调质（T235）或正火（铸铁 200～240HBW）。例如 40 钢采用 840℃±10℃，保温 1.5h，水冷淬火，580℃±10℃回火，保温 2～2.5h，空冷	通常在粗加工之后进行，使主轴具有良好的综合力学性能；生产成本低；仅适用于部分重型机床或低速机床
局部淬火（或整体淬火）	40Cr 42CrMo 45 50 50Cr 60	调质（T235 或 T265）或正火；主轴端部工作面及轴承支承部位 G18 或 G52，有效硬化层深度不小于 1mm（对小直径主轴可整体淬火，G18 或 G52）；低温时效（精密件）	耐磨性好；生产成本较低；能承受一定冲击力
	GCr15 GCr15SiMn 9Mn2V 50Cr	调质 T235 或球化退火；主轴端部工作面及轴承支承部位 G58，有效硬化层深度不小于 1mm（对小直径主轴可整体淬火，G58）；低温时效（精密件）。例如，对于 9Mn2V，在外圆精车前进行调质，800℃×3h 油冷，630～650℃高温回火，硬度为（250±30）HB	耐磨性好；精加工后表面粗糙度 Ra 可达到 0.02～0.04μm；整体淬火主轴承受冲击性能较差
渗碳	15CrMn 20Cr 20CrMo 20CrMnTi 20CrNi3A	正火；主轴端部工作面及轴承支承部位 S0.8～1.6—G58 或 S0.8～1.6—C58；低温时效（精密件）	耐磨性好；承受冲击性能较好；对整体淬火件，去碳层部位可机加工
渗氮	38CrMoAl 38CrMoAlA	调质（T235 或 T265）或正火；D0.4—850 或 D0.5—850；低温时效（精密件）。例如，对于 38CrMoAlA 钢，在外圆精磨前进行渗氮，可采用（500～520）℃×5h＋550℃×25h 两段渗氮，渗氮层深度≥2.45mm，硬度 >950HV	耐磨性最好；抗咬合能力强，不易抱轴；精加工后表面粗糙度 Ra 的最大值可达 0.04μm；不能承受大的冲击载荷

（4）典型机床主轴材料及热处理工艺

典型机床主轴的工作条件、性能要求、材料及热处理工艺如表 8-9 所示。

表 8-9　典型机床主轴的材料及热处理工艺[140,146]

机床类别	工作条件	性能要求	材料牌号	热处理	硬度
一般简易机床主轴	与滚动轴承配合；承受轻、中载荷，转速低；精度要求不高；稍有冲击载荷	热处理后有一定机械强度；轴颈没有耐磨要求，精度要求不高	45	正火或调质	200～250HRW
龙门铣床、摆臂钻床、小型立式车床主轴	与滚动轴承配合；转速稍高，承受轻或中等载荷；精度要求不太高；冲击、交变载荷不大	有足够强度；为保证装配精度，轴颈及其附近要有一定硬度；不能承受冲击载荷	45	整体淬火或局部淬火	40～45HRC
C620 等车床主轴	与滑动轴承配合；有一定的冲击载荷；精度要求不太高	经正火有一定机械强度；轴颈有一定的耐磨要求，需较高硬度	45	轴颈表面淬火	46～51HRC
摇臂钻床、滚齿机、组合机床主轴	与滚动轴承配合；承受中等载荷，转速较高；精度要求较高；冲击、交变载荷较小	有足够强度，装配精度要求较高，轴颈及其附近处要有一定硬度；冲击小，应有较高的硬度	40Cr 40MnB 40MnVB	整体淬火	40～45HRC
				调质后局部淬火	220～250HBW（调质） 46～51HRC（局部）
车床主轴、磨床砂轮主轴	与滑动轴承配合；承受中等载荷，转速较高；交变、冲击载荷较高；精度要求较高	经预备热处理后有一定的机械强度；轴颈要求高耐磨性；配件装拆处有一定硬度	40Cr 40MnB 40MnVB	调质后轴颈及其表面淬火	220～280HBW（调质） 46～55HRC
高精度磨床及精密镗床等主轴	与滑动轴承配合；承受重载荷，转速很高；精度要求极高；有很高的的交变、冲击载荷	心部有很高强度；表面具有高硬度、高耐磨与疲劳强度；渗氮变形小	38CrMoAlA	调质后氮化	250～280HBW（调质） ≥850HV（渗氮表面）
齿轮铣床主轴	与滑动轴承配合；承受中载荷，心部强度不高，转速高；精度要求不高；有一定的冲击和疲劳	心部强度不高，但有较高韧度，抗冲击；表面硬度高	20Cr	渗碳+淬火+低温回火	56～62HRC（表面）

续表

机床类别	工作条件	性能要求	材料牌号	热处理	硬度
Y7163 齿轮磨床、CG1107 车床、载荷较大的组合机床主轴	与滑动轴承配合；承受重载荷,转速很高；较大冲击、交变载荷	心部有较高的强度和冲击韧性；表面高硬度、高耐磨、抗疲劳	20CrMnTi	渗碳＋淬火＋低温回火	56～62HRC（表面）
M1450 等磨床主轴	与滑动轴承配合；承受中等或重载荷；轴颈要求高耐磨、精度高；交变应力大而冲击载荷较小	调质具有高的综合力学性能,轴颈高硬度、耐磨,头部既有高强度又耐磨	65Mn	调质＋轴颈高频感应淬火、回火＋头部淬火、回火	调质 250～280HBW,高频感应淬火 56～61HRC,头部 50～55HRC
MO1420、MB1432A 磨床砂轮主轴	与滑动轴承配合；承受中等或重载荷；交变应力大而冲击载荷较小	轴颈要求耐磨、精度更高；能够承受较大的交变应力	GCr15 9Mn2V	调质后轴颈和方头处局部淬火	调质 250～280HBW,局部淬火大于 59HRC
Y7163 齿轮磨床、CG1107 车床、SG8630 精密车床主轴	与滑动轴承配合；转速高,承受重载荷；交变应力很大,冲击载荷很高	轴颈要求耐磨、精度更高；能够承受大的交变应力和冲击载荷	20CrMnTi 12CrNi3	渗碳、淬火、回火	大于 50HRC

【实例】镗床主轴的渗氮化学热处理工艺

1）材料的选择

镗床主轴在服役过程中，所受到的载荷不是很大，磨损也不是很严重，但对精度要求高。由于精度的要求，对表面的耐磨性要求高；受到动载荷，对心部韧性要求高。因此，可以选择韧性比较好的钢进行表面渗碳、渗氮或碳氮共渗处理。例如选择渗氮处理，渗氮的适宜钢种一般为中碳合金钢，特别是含有 Al、Mo、Cr、W、V、Ti 等合金元素，因为它们都能与氮形成颗粒细密、分布均匀、非常稳定的氮化物（如 AlN、CrN 等），其典型代表钢号为 38CrMoAl[149]。因此，可以选择 38CrMoAl，进行渗氮处理。

2）热处理技术条件

为了获得心部良好的韧性，对中碳钢进行调质处理，主轴调质后硬度 250～280HBW；为了提高表面硬度，对表层进行渗氮处理，渗氮层深度 0.5mm、硬度达到 900HV。轴端跳动量≤0.005mm，精度要求较高。

3）机械加工工艺流程

机械加工工艺流程为：备料→锻造→完全退火→粗机械加工→调质处理→

精机械加工→去应力退火→粗磨削加工→渗氮处理→精磨[140]。

4）热处理工艺

上述机械加工工艺流程中，热处理工艺包括完全退火、调质处理、去应力退火和渗氮处理。

① 完全退火。完全退火的目的在于消除锻件中存在的晶粒粗大或不均匀等组织缺陷及内应力，为后续热处理做好组织准备。退火温度主要选择 900～930℃，退火时间可以按照有效厚度进行计算，通常不超过 10h，冷却速度可以选择随炉缓慢冷却。此外，需控制钢件表面脱碳，可采用炭粉覆盖或气氛保护的方法，使得脱碳层深度不超过加工余量的一半。退火结束后应控制冷却速度，或随炉冷却，或冷却到较低温度后出炉，或出炉后用白灰等覆盖缓冷。

② 调质处理。调质的目的是获得较好的综合力学性能，包括较高的强度和塑-韧性的匹配。调质处理包括两步热处理：先淬火，再高温回火。淬火加热和保温应确保原始组织完全奥氏体化，淬火加热温度可选择 930～950℃，保温时间可选择 2～3h。淬火冷却速度应确保大多数奥氏体转变为马氏体组织，常采用水淬油冷的方法，即工件淬入清水 20s 后，迅速转入油中冷却至室温。回火温度常选择 620～640℃，回火时间依装炉量和工件尺寸而定，一般透烧后保温 0.5h 左右为宜。

③ 去应力退火。去应力退火的目的是消除机械加工过程中产生的内应力，降低硬度，以利于进一步加工。去应力退火的温度常选择 600～620℃，保温时间依装炉量和工件大小而定，例如选择 6h。冷却速度应该严格控制，通常不大于 50℃/h，先随炉冷却至 300℃以下，随后出炉并空冷。此外，装炉温度不宜太高，通常不超过 300℃，升温速率不宜太快，通常不超过 150℃/h。装炉量大时，需缓慢升温，或者升温中先暂停升温，等待工件温度均匀后再继续升温。

④ 渗氮处理。渗氮处理的目的是在工件表面制备一层渗氮层，以提高表层的硬度和耐磨性，可选用气体渗氮工艺。气体渗氮包括一段、二段、三段渗氮法。三段渗氮大大地缩短了渗氮周期，提高了生产率，但在硬度、脆性及工件变形等方面较差，对 38CrMoAl 进行三段渗氮的综合性能最佳[150]。本例采用三段渗氮法。渗氮前，需对工件进行预处理，包括调质、正火、退火，并清洁工件表面，去除氧化皮、油污等。第一段为强渗，温度可选择 490～510℃，工件表面具有较高的氮浓度，时间可选择 20～30h；第二段为扩散，温度可选550～570℃，使氮由表及里扩散，时间可选 20～25h；第三阶段为退氮，温度可选 520～530℃，时间选择 6～12h。渗氮结束后，炉冷至 200℃以下出炉，空冷至室温。

5）热处理质量检测

① 完全退火后，性能主要看硬度指标，要求≤229HBW。

② 调质处理后，需进行冷压矫直，矫直后，要求工件全长跳动≤2mm。

③ 去应力退火后，一方面检查弯曲度，工件外圆全跳动量≤0.50mm；另一方面探伤，如采用磁粉探伤，检查工件裂纹。

6）易出现缺陷及预防措施

该工件在热处理过程中，包括完全退火、调质处理、去应力退火、气体渗氮，易出现缺陷的原因和防止措施如表 8-10 所示。

表 8-10 镗床主轴热处理过程中易出现缺陷原因及防止措施[140,151,152]

热处理过程	缺陷	原因	防止措施
完全退火	硬度过高、不利于切削加工	退火后冷速太快,生成的片状珠光体太薄	重新加热,降低冷速(冷速应≤120℃/h)
	组织中出现粗大的块状铁素体	冷速太慢	冷速应控制在 30℃/h 以上
调质处理	工件表面脱碳严重	工件在氧化气氛加热炉中加热时间过长、温度过高	合理选择加热温度和保温时间,或保护气氛加热炉、真空炉等加热设备
	力学性能过低	淬火加热温度低,铁素体未完全溶入奥氏体中;或者原材料钢材的淬透性差;或是回火温度过高或过低	调整淬火温度;根据淬透性曲线选择碳及合金元素含量较高的合金构钢;调整回火温度
	淬裂	原材料内部缺陷;淬火冷却过于激烈;尖角沟槽处应力集中,切削刀纹粗大;工件表面脱碳	加强原材料进厂检查(如不存在发纹和点状偏析);由单一介质冷却改为水-油或水-空气双液淬火冷却法;改进设计或切削加工工艺;改进热处理加热工序
去应力退火	退火后工件残余应力过大	退火温度过低或时间过短,未完全消除原始的残余应力;冷却速度过快,引入了新的残余应力等	适当提高退火温度,延长保温时间;适度降低冷却速度
	退火后工件硬度过高	退火温度过低或时间过短,未完全消除原始的缺陷;冷却速度过快,造成了晶格畸变等缺陷等	适当提高退火温度,延长保温时间;适度降低冷却速度
	工件质量的一致性差	炉温不均匀;保温时间过短;装炉时工件分布不均匀等	装炉确保在均温区内,可以增加鼓风装置,以保证退火炉内空气的均匀流动,对炉温均匀性进行测试;适当延长保温时间,保证所有零件加热到相应退火温度;装炉时,工件的分布尽可能均匀

续表

热处理过程	缺陷	原因	防止措施
气体渗氮	渗氮层硬度低	在分段渗氮第一阶段保温时,氨分解率偏高;渗氮温度偏高;使用新的渗氮罐时未经预渗氮;渗氮罐久用未退氮	严格控制氨分解率;经常校正测温仪表,严格控制渗氮工艺参数;加大氨气流量;渗氮罐使用 10～15 次后,应在 800～860℃空载保温 2～4h,进行一次退氮处理
	渗氮层脆性太大或易剥落	氨分解率低;炉气氮势高;退氮工艺不当;工件表面有脱碳层;工件有尖角、锐边	严格控制工艺操作;按工艺操作;将氨分解率提高至 70%以上,重新进行退氮处理,以降低脆性;增大加工余量;尽可能将尖角、锐边倒圆
	渗氮层硬度不均匀	炉温不均匀;炉气循环不畅;装炉量太大;工件表面有油污;非渗氮面镀锡层淌锡	注意均匀装炉;炉内保持间隙,保证炉气循环畅通;合理装炉;认真清洗工件表面;严格控制防渗镀层厚度,镀锡前对工件进行喷砂处理
	渗氮层厚度浅	渗氮温度低;渗氮时间不足;渗氮时第二阶段氨分解率低;渗氮罐漏气;渗氮罐久用未退氮;装炉量过多,炉气循环不良	适当提高渗氮温度;保证渗氮时间;提高氨分解率,按第二阶段工艺规范重新处理;检查渗氮罐是否漏气;渗氮罐每渗氮 10～15 炉后,应在 800～860℃空载保温 2～4h,进行一次退氮处理;均匀装炉,工件间隙应≥5mm,以保证炉气循环畅通
	工件表面氧化色	渗氮罐漏气,冷却时造成负压;出炉温度过高;干燥剂失效	检查设备以使其密封性完好,冷却时应少量供氨以保持炉内正压;工作温度应在炉冷至 200℃以下,出炉空冷;定期更换干燥剂
	工件变形超差	渗氮前,机械加工应力没有充分消除;装炉方式不合理,因自重产生蠕变形;加热或冷却速度过快,热应力大;炉温不均匀;工件结构设计不合理,对称性差	渗氮前充分进行去应力退火处理;合理装炉,注意工件自重的影响,细长杆件一定要垂直吊挂;控制加热和冷却速度;合理装炉,保证工件间隙应≥5mm,以保持炉气循环畅通;合理设计工件

续表

热处理过程	缺陷	原因	防止措施
气体渗氮	渗氮层氮化物呈现网状或波纹状	渗氮温度过高;液氨含水量高;工件调质处理时淬火温度过高,致使晶粒粗大;工件有尖角或锐边	严格控制渗氮温度,定期检查测温仪表;将氨气严格进行干燥,更换干燥剂;调质淬火温度应准确控制;避免尖角锐边等
	渗氮层出现针状或鱼骨状氮化物	表面脱碳层未去净;液氨含水量高,使工件脱碳;原始组织中有较多大块铁素体	增加工件的加工余量;将氨气严格干燥,更换干燥剂;严格控制调质处理时的淬火温度
	渗氮层不致密,耐蚀性差	工件表面氮含量过低,化合物层太薄;工件表面有锈斑;冷却速度太慢,氮化物分解造成疏松层偏厚	氨分解率不宜过高;仔细清理工件表面;适当调整冷却速度等

8.2.1.2 曲轴的热处理工艺

（1）曲轴的服役条件与性能要求

曲轴是发动机中最重要的部件，它承受连杆传来的力，并将其转变为转矩通过曲轴输出并驱动发动机上其他附件工作。

曲轴的服役条件：曲轴的受力十分复杂（包括旋转质量的离心力、周期变化的气体惯性力和往复惯性力等），各部分产生拉伸、弯曲、扭转、剪切等，以及扭转振动和弯曲振动（受弯曲扭转载荷）。有时，还会产生很大的附加应力，曲轴的主轴径和曲轴臂等部位受到较严重的磨损。

因此，曲轴的性能要求是：具有足够的强度和刚度，轴径的翘曲变形少；具有高的弯曲疲劳强度和扭转疲劳强度；表面有高的硬度和耐磨性（轴颈表面）；具备良好的抗冲击性和抗震能力，工作均匀、平衡性好。

（2）曲轴的选材

根据服役条件和性能要求，曲轴的选材主要考虑以下几个方面的因素。

① 满足力学性能要求，包括强度、塑性、韧性、疲劳强度、硬度和耐磨性等。

② 工艺性能，包括切削、磨削和铸造等加工工艺性能。

③ 经济性，如综合生产成本及耗时等。

曲轴常用的材料包括中碳钢、中碳合金钢和球墨铸铁等。负荷较小的汽油机的曲轴可用中碳钢，负荷较大的柴油机曲轴可选用中碳合金钢。若选用稀土球墨铸铁，可以显著降低成本。曲轴轴颈处易磨损，可采用表面淬火或渗氮处理来提高硬度。常见的曲轴材料及热处理技术要求见表 8-11。在实际生产过程中，常采用 40Cr、45 钢、42CrMo 或球墨铸铁来制造曲轴。

表 8-11　曲轴的常用材料及热处理[140,153-157]

材料牌号	预先热处理	最终热处理	曲轴的使用场合
40Cr、40MnB、45、45Mn、45Mn2、48MnV、50、50Mn	调质或正火	感应加热表面淬火（或火焰表面淬火）	中吨位汽车、轿车和中型拖拉机曲轴，拖拉机、卡车、客车曲轴
35CrMo、35CrNiMo、40CrNi、42CrMo、42CrMoA	调质	感应加热表面淬火或调质	重型汽车曲轴，如柴油机曲轴
QT600-2、QT700-2、QT800-2、QT800-6、QT850-5、QT900-6 等球墨铸铁	正火	正火或感应加热表面淬火	中吨位汽车、轿车和中型拖拉机曲轴、内燃机曲轴

（3）曲轴的热处理工艺

为了满足曲轴的服役性能和材料性能要求，曲轴的热处理技术要求为：若曲轴由锻钢制造，淬硬层硬度为 55～63HRC，深度为 2.0～4.5mm；若曲轴由球墨铸铁制造，淬硬层硬度为 42～55HRC，深度为 1.5～4.5mm。

曲轴表面热处理之前，需要进行预备热处理，锻钢常采用调质或正火预处理，球墨铸铁常采用正火预处理。锻钢经调质处理后为回火索氏体组织，硬度为 207～302HBW；正火后组织为珠光体＋铁素体，硬度为 163～241HBW，晶粒度分别为 1～4 级和 4～10 级；球墨铸铁正火后硬度为 240～300HBW，石墨球等级为 1～3 级，晶粒度为 5～8 级。

根据曲轴"外硬内韧"的技术要求，曲轴常用的热处理工艺包括普通表面淬火、火焰淬火和高频感应淬火。下面分别介绍 45 钢和球墨铸铁曲轴的热处理工艺。

1）45 钢曲轴的热处理工艺

① 普通表面淬火。对 45 钢曲轴整体加热后，控制淬火温度和时间，特别是冷却速度，使曲轴表层得到硬的马氏体，而心部得到韧性较好的索氏体组织。

② 火焰淬火。属于表面淬火，采用氧-乙炔火焰加热，随后转动曲轴水冷，控制加热的温度和速度，在曲轴表面获得一层淬硬层。

③ 高频感应加热淬火。采用高频感应线圈加热曲轴轴颈至 860～900℃，喷水冷却，获得一定厚度的淬硬层。

此外，将锻造余热充分利用，可在锻造后直接进行正火、淬火或回火，可达到节约能源的目的。

2）球墨铸铁曲轴的热处理工艺

主要有正火和高频感应淬火两种。

① 正火。为提高曲轴的力学性能，球墨铸铁主要进行奥氏体正火处理，球墨铸铁的正火工艺见表8-12。进行调质或正火处理，随后进行表面淬火或等温淬火处理，有利于塑-韧性的提高。

表 8-12 球墨铸铁的正火工艺[33,140,158]

热处理类别	热处理工艺	金相组织	性能
完全奥氏体化高温正火工艺	（900～930）℃×（0.5～3）h 加热，出炉风冷到 300℃ 以下，（500～550）℃×（1～3）h 回火	5%铁素体＋少量的游离碳化物	较高的强度和较低的韧性
奥氏体化正火工艺	（820～860）℃×（0.5～3）h，出炉快速风冷到 300℃ 以下。（500～550）℃×（1～3）h 回火	10%铁素体＋珠光体＋少量的碳化物和珠光体共晶	较高的强度和较低的韧性
高中温二段正火	（900～920）℃×（0.5～3）h＋（840～860）℃×（1～2.5）h 加热，出炉快速风冷到 300℃ 以下，（500～550）℃×（1～3）h 回火	5%～10%铁素体＋珠光体＋少量的碳化物和珠光体共晶	强度和韧性较高

② 高频感应加热淬火，温度常用 900～950℃，采用较低的加热速度（一般为 75～150℃/s）。淬火后可在较低温度（300℃）进行自回火处理，而采用炉内的回火工艺则为 （180～220）℃×（1.5～2）h，回火后硬度为 52～57HRC。

此外，曲轴还可采用软氮化处理或离子渗氮等表面热处理工艺，对表面硬度和耐磨性有较大提升，但因成本高，应用受限。

8.2.1.3　半轴的热处理工艺

（1）半轴的服役条件与性能要求

半轴也叫驱动轴，是将差减速器和驱动轮连接起来的轴，主要用于传递动力。

半轴的服役条件：半轴服役时，主要承受扭转载荷，还有一定的滑动摩擦和冲击。

半轴的性能要求：静扭转强度高，扭转疲劳寿命长，耐疲劳性能好，冲击韧性好，表面硬度高，耐磨性好等。

不同类型的汽车半轴的受力状态有差别，即服役条件和性能要求不同，因此，对应的材料选择及热处理工艺也应有所不同。

（2）半轴的选材

根据汽车半轴的服役条件和性能要求，常选用中碳钢或中碳合金钢制作。直径小于 40mm 的半轴可采用 40、45 钢等中碳调质钢制作；小型汽车的半轴常选用 40Cr、40MnB、42CrMo[159]；重型汽车的半轴则常选用淬透性较高的合金结构钢如 40Cr、40CrMn、40MnB、40CrNi、47MnTi 等。此外，半轴还可以采用 ZG29MnMoNi 等材料[160]。常见的汽车半轴材料及其热处理要求如表 8-13 所示。

表 8-13 常见汽车半轴材料及其热处理要求[140]

汽车类型	材料牌号	预备热处理	整体调质		感应淬火		渗碳淬火	
			杆部硬度（HRC）	法兰硬度（HBW）	层深/mm	硬度（HRC）	层深/mm	硬度（HRC）
轿车和吉普车	18CrMnTi	正火					1.5～1.8	58～63
	40Cr		25～44	≥249	2.5～5	45～58		
	40MnB		41～47	≥247				
	42CrMo	正火	28～32		5～7	54～58		
载重汽车	12CrNi4A	正火					1.2～1.6	58～63
	40Cr	正火			3～6	49～62		
	40MnB	正火			4～7	52～63		
重型汽车	40Cr	正火			7～10	50～55		
	40CrNi	退火			8～10	53～60		
	40CrMnMo	退火	37～44	≥247				
	47MnTi	退火			6.5～7	54～57		

（3）半轴的热处理工艺

为满足半轴的性能要求，常用热处理工艺为调质和表面淬火。

半轴的热处理技术要求见表 8-13，若采用中碳钢或中碳合金钢等制造，常采用整体调质或感应淬火热处理。

1）调质工艺

半轴调质的目的是获得回火索氏体组织，从而具有良好的综合力学性能（包括良好的强度和韧性），为后续表面淬火做好组织上的准备。部分汽车半轴钢种的调质热处理规范如表 8-14 所示。由表可知，40Cr、40MnB 和 40CrMnMo 钢经调质处理后的硬度为 37～47HRC，其组织为冲击韧性和疲劳强度较高的

"回火索氏体＋部分回火屈氏体"。

表 8-14　部分汽车半轴的调质热处理规范[140]

材料牌号	淬火			回火			
	加热温度/℃	保温时间/min	冷却方式	加热温度/℃	保温时间/min	冷却方式	硬度(HRC)
40Cr	840～860	50～55	油冷10～15s后水冷	400～460	120～150	水冷	37～44
40MnB	830～850	45	油冷	300～350	150～180		41～47
40CrMnMo	830～850	60	油冷	470～490	120		37～44

2）表面淬火处理

半轴表面淬火前需要进行预备热处理。预备热处理的目的是对半轴的基体进行处理，使其强度和硬度满足要求，为后续的表面淬火提供所需的基体组织。常用的预备热处理包括正火、退火和调质。随后进行淬火和回火，得到合适硬度和深度的硬化层。

半轴的寿命得以大幅度提高。在表面硬度相同的情况下，感应淬火的半轴比调质的有更高的疲劳寿命[161]。

半轴经过表面感应加热淬火后，在半轴中形成了压应力，有利于抑制疲劳裂纹的扩展，从而提高了疲劳寿命。对表面感应淬火而言，所用的感应器对于半轴的表面硬化层的性能有重要影响。感应器包括圆环式感应器和半圆式感应器等，可根据实际需要来选用。

表面淬火的工艺参数根据零件的大小和所需处理的温度而定。表面感应淬火工艺的参数主要包括频率、加热功率、冷却水流速等。感应频率依淬硬层的深度要求而定，淬硬层越深，所需频率越低。对于半轴的淬硬层，一般中频（如 2500～3000Hz）即可满足要求。加热功率越大，升温速率越快，对半轴常用 150～300kW。冷却水流速快，淬火冷却速度快，冷却水流速通常不小于 10m/s。回火可利用感应加热自回火。若在炉内回火，回火温度常用 180～250℃，时间 1～2h。回火后在半轴表面有一部分残余压应力，有利于提高疲劳寿命。

还可以采用变参数连续淬火法，连续加热淬火的方法可使等截面或者变化很小的截面容易得到均匀的淬火层，而对于变截面则比较困难，此时可通过调整加热参数，协调工件与感应器之间的间隙，协调端面与侧面的加热，使得材料表面获得相等或接近的功率密度，从而得到均匀的淬火层[162]。

　　此外，对于半轴，可采用整体表面淬火技术，有利于节约能源，提高生产效率。具体实现时可以采用矩形感应器，缓慢升温，得到厚而均匀的硬化层。40MnB 钢带法兰半轴的连续淬火和整体淬火热处理规范如表 8-15 所示，采用连续淬火需要对法兰圆角、杆部、花键处分别设置淬火参数，而采用整体淬火技术则采用统一的参数。

表 8-15　40MnB 钢带法兰半轴的感应淬火工艺规范[140]

工艺参数	连续淬火			整体淬火
	法兰圆角	杆部	花键	
发电机空载电压/V	340	400		750
发电机载荷电压/V	335	410	400	730
发电机载荷电流/A	280	285	250	460
发电机有效功率/kW	85	89	85	260
功率因数 $\cos\varphi$	1.0	0.99	0.98	0.9
变压器匝数比	11/1	11/1	11/1	12/4
电容量/μF	147.35	147.35	149.35	
加热时间/s				58
冷却时间/s				28
水压/Pa	14710～34323			
淬火介质温度/℃	28～45			30～40
淬火介质	0.2%～0.3%聚乙烯醇水溶液			热水
感应器移动速度/(mm/s)	3～12,常用 3～6			

8.2.1.4　凸轮轴的热处理工艺

（1）凸轮轴的服役条件和性能要求

　　凸轮轴是活塞发动机中的一个重要部件，直接影响到发动机运行时的稳定性和使用寿命。凸轮轴的转速很高。在发动机配气系统中，曲轴带动凸轮轴转动，控制气缸进、排气门的开启和关闭。

　　凸轮轴的服役条件：凸轮轴服役时，承受挤压、弯曲和扭转应力的作用，以及冲击载荷和摩擦磨损。其主要失效形式为磨损、接触疲劳破坏、麻点和块状剥落等。

　　因此，凸轮轴的性能要求为：硬度高、耐磨；接触疲劳强度高；接触表面的抗冲击性好；表面强度和刚性足够；抗擦伤性好。

（2）凸轮轴的选材

凸轮轴的材料要与气门挺杆的材料相匹配，同时要满足设计和使用的要求。

根据凸轮轴的服役条件和性能要求，可选用材料主要有钢和铸铁两类。钢包括低中碳钢、渗碳钢、渗氮钢或碳氮共渗钢；铸铁包括冷激铸铁、球墨铸铁等。凸轮轴的常见选材及热处理工艺如表 8-16 所示。

表 8-16　凸轮轴的常见选材及热处理工艺[140,163-165]

材料牌号或类型	预备热处理	最终热处理工艺方法
15、15Cr、20、20Cr	调质或正火	渗碳淬火＋低温回火
40、45、50、55	调质或正火	感应加热表面淬火＋低温回火
稀土-镁球墨铸铁	正火	感应加热表面淬火或等温淬火＋低温回火＋氮化
镍铬钼合金铸铁、铜钒钼合金铸铁	低温回火	感应加热表面淬火＋低温回火＋氮化
G300 冷激铸铁	无	无

一般情况下，凸轮轴选用渗碳钢和中碳钢，如 45 钢、50Mn2 钢等。而对于大功率的高速发动机，凸轮轴可用镍铬钼合金铸铁、铜钒钼合金铸铁制造。合金铸铁的弹性模量比中碳钢和球墨铸铁的低，故能够减小接触压力和保持表面的润滑油膜，铸铁中加入合金元素可明显提高铸铁的力学性能或物理化学性能，如铬、铜、镍、钼和钒等显著改变铸铁的耐磨性，铬、铜、镍、磷和硅能提高铸铁的抗腐蚀能力，同时铬、镍、钼、硅等元素增强了耐热性。

凸轮轴选用冷激铸铁，如 G300 等，制作时，不需进行热处理。冷激铸铁的组织为软硬相间的双相组织。该组织的硬度高、摩擦系数小。冷激铸铁用于曲轴，具有耐磨性好、抗擦伤、抗点蚀剥落等优点。

（3）凸轮轴的热处理工艺

凸轮轴的热处理工艺要求随选材的不同而有所不同，如表 8-17 所示。

表 8-17　凸轮轴的热处理工艺要求[140]

凸轮轴材料	热处理工艺要求
15 钢等低碳钢	渗碳处理后渗层深 1.5～2.0mm，凸轮、支承轴径和偏心轮的表面硬度为 55～63HRC，齿轮的硬度为 45～58HRC，可提高表面的耐磨性；对凸轮轴进行低温氮碳共渗处理，氮碳共渗层深 0.10～0.20mm，表面硬度＞550HV，明显提高抗擦伤和防止出现热咬合能力，其耐磨性为中碳钢淬火后的两倍以上

续表

凸轮轴材料	热处理工艺要求
45 钢等中碳钢	凸轮轴的表面处理后,凸轮、支承轴径和偏心轮的表面硬度为 55~63HRC,硬化层深 2~5mm,齿轮的硬度为 45~58HRC,硬化层深 2~5mm
合金铸铁	凸轮轴的凸轮、支承轴径和偏心轮的表面硬度为 48~58HRC,硬化层深 2~5mm,齿轮的硬度为 45~58HRC,硬化层深 2~5mm。采用感应加热可提高凸轮轴的强度和耐磨性,确保在工作过程中具有高的疲劳强度和使用寿命

当采用低碳钢和中碳钢制作凸轮轴时,表面硬化前,需对其进行调质或正火预备热处理,以得到强度和韧性匹配较好的索氏体组织。

凸轮轴的热处理分为表面淬火热处理和化学热处理。

对凸轮轴进行感应加热表面淬火热处理,有利于提高凸轮轴的表面强度、硬度、耐磨性和疲劳极限,同时凸轮轴心部的塑-韧性较好。感应器的选择对于获得合适的硬化层十分重要。可根据实际需求选择圆形感应器、仿凸轮轴形感应器、分开式感应器等。另外,为避免凸轮轴不同部位之间的感应加热相互影响,尤其是中频加热感应器,可采用屏蔽装置进行保护。屏蔽装置包括铜环屏蔽装置、低碳钢环屏蔽装置和硅钢片屏蔽装置等。

对中碳钢凸轮轴,适合采用感应加热表面淬火工艺。例如,某发动机的凸轮轴要求较深的硬化层 (2~5mm),此时可选用中频感应淬火,频率选择 2500~8000Hz 的范围。

对于球墨铸铁凸轮轴,如 QT600-3。在正火或去应力退火后,常采用等温淬火处理,以获得"下贝氏体+少量马氏体+少量残余奥氏体"的组织。等温淬火后的球墨铸铁凸轮轴具有强度高、塑-韧性好、耐磨性好的特点。除了等温淬火外,还可以采用分级淬火、表面热处理和化学热处理等。值得注意的是,对球墨铸铁凸轮轴热处理后进行冷加工,如正火加滚压处理,可在表面形成一层硬化层,而且存在残余压应力的作用,有利于提高凸轮轴的寿命。

除了上述表面淬火工艺外,凸轮轴还可以进行化学热处理。在进行化学热处理之前,需要先对凸轮轴进行正火或调质预处理。化学热处理可以选用碳氮共渗等,可提高其表面的硬度和耐磨性。如合金铸铁凸轮轴,碳氮共渗的温度可以选择 570℃ 左右,共渗后在凸轮轴表层形成一层碳氮化物,可以大幅度提高其使用寿命。此外,还可以进行真空表面硬化处理、气相沉积表面硬化处理、氩弧重熔淬火和激光热处理等。

8.2.1.5 高铁列车车轴的典型热处理工艺

（1）高铁车轴的服役条件与性能要求

高铁车轴是高速铁路车辆承受动载荷的关键零件。

高铁车轴的服役条件：受力状态复杂，主要承受弯曲、扭转、冲击、拉伸和弯扭复合载荷，常见的失效形式为疲劳断裂，也存在弯曲断裂、扭转断裂和拉伸断裂等。

因此，高铁车轴的性能要求：弯曲、扭转、拉伸强度高，塑-韧性好，弯扭复合疲劳强度高，轴颈部位有一定的表面硬度。高铁车轴要求的力学性能指标：抗拉强度≥610MPa，屈服强度≥345MPa，断后伸长率≥21%[166]。

（2）高铁车轴的选材

根据车轴的服役条件和性能要求，通常选用合金钢，含碳量（指质量分数，全书同）选择0.30%～0.45%，选择Cr、Ni、Mo等作为主合金元素，通常选用25CrMo4、30CrNi3、30CrMoA、34CrNiMo6、35CrMo等。

（3）高铁车轴的热处理工艺

选定原材料之后，还要选择合适的热处理工艺以确保高铁车轴优良的力学性能。为提高疲劳强度，高铁车轴经调质处理后，再沿车轴纵向进行表面感应加热淬火、在淬硬层内获得非常细的马氏体组织，显著提高表面强度，耐磨性和抗冲击性，通过产生残余压应力，还可提高车轴的疲劳强度。通常情况下，淬硬层越深，疲劳强度越高。

根据感应线圈是否移动，高铁列车车轴的淬火方式可以分为移动线圈淬火和固定线圈淬火两种。可以选用移动线圈淬火法对车轴全长进行淬火，选用固定线圈淬火法对车轴直径变化较大的部分进行淬火。

高铁车轴的感应淬火多选用高频，常选择10kHz左右。淬火后通常需要进行低温回火，回火温度可选择200～250℃。回火后车轴表层为致密的硬度很高的马氏体组织，心部为"铁素体＋珠光体"组织。

高铁车轴用钢常选用35CrMo、34CrNiMo6和40CrNiMo，其中34CrNiMo6钢的淬透性最好，40CrNiMo钢淬透性较好，但淬硬层较浅。34CrNiMo6经850℃油淬，并经680℃回火后，抗拉强度达到830MPa，而屈服强度达到730MPa，伸长率达到23.3%，常温冲击吸收能量为141.7J，-20℃冲击吸收能量为128.3J，-40℃冲击吸收能量为121.3J[166,167]。40CrNiMo钢经860℃油淬＋590℃×3h回火热处理后，抗拉强度为1013MPa，屈服强度为925MPa，断后伸长率为16.8%，硬度为30.3HRC，室温冲击吸收能量为

123J，－20℃时的冲击吸收能量为 137J[168]。

8.2.2　齿轮类零件的热处理

8.2.2.1　齿轮零件的服役条件与性能要求

齿轮主要用于传递运动或动力。服役时，齿轮根部受到交变弯曲应力作用，齿面受到滚动及滑动摩擦。此外，还受到交变接触压应力和冲击载荷的作用。

齿轮的服役条件复杂，失效形式多样，常见的主要失效形式有以下几种：

（1）断齿

齿轮工作时，齿根处弯曲交变应力很大，会逐渐产生疲劳裂纹，裂纹扩展后，最终导致轮齿的断裂，即弯曲疲劳断裂。直齿圆柱齿轮常发生整齿折断。斜齿圆柱齿轮及人字齿轮常发生崩角。硬齿面齿轮或脆性较大的齿轮易发生脆性折断。

根据上述分析，齿轮的弯曲疲劳强度是影响齿轮寿命的关键指标。而齿根处材料的强度和应力状态直接影响到其弯曲疲劳强度。当齿轮中存在非金属夹杂物、非马氏体组织，以及发生表面脱碳等，齿轮的弯曲疲劳强度降低。采用齿根喷丸强化等方法，在齿根处引入残余应力，提高齿根处材料的强度和硬度，可以提高齿轮的弯曲疲劳强度。

（2）齿面接触疲劳破坏

齿面接触疲劳破坏，亦称为点蚀或麻点剥落，是闭式齿轮（润滑良好）传动的常见失效形式。点蚀是齿面出现点状剥落的现象，其主要原因是齿面接触交变应力引起的小裂纹的扩展。当齿面局部的接触应力大于接触疲劳强度时，会形成麻点剥落。麻点剥落又可以分为浅层剥落与深层剥落。

（3）局部裂纹

局部裂纹指的是齿轮的表面和内部，出现的材料局部损坏——裂纹或裂缝。裂纹按其形成特点可分为工艺裂纹和使用裂纹两大类。工艺裂纹是由生产齿轮的工艺不当引起的材料缺陷，包括铸造裂纹、锻造裂纹、焊接裂纹、热处理裂纹（如淬火裂纹）、磨削裂纹等，它在一定载荷条件下失稳扩展造成齿轮失效。使用裂纹是在零件服役过程和特定工况环境下产生的，包括疲劳裂纹和应力腐蚀裂纹等，它扩展后，会导致齿轮失效。

（4）齿面过度磨损

齿面过度磨损会使得传动不平稳，严重时引起轮齿折断。齿面过度磨损产生的主要原因包括长期高速重载运转、外界硬质颗粒嵌入接触面等。减少齿面磨损的方法包括采用闭式齿轮，提高齿面硬度等。若采用循环润滑系统喷油润滑，则须采用可靠的过滤装置及报警装置等。减少齿面磨损的方法有很多，主要是提高齿面硬度，包括采用渗碳、渗氮、碳氮共渗等方法硬化齿面；也可采用提高基体组织硬度、表面软层的方法，如经渗碳、渗氮后表面镀铜或镍钴合金等。

（5）齿面胶合

齿面胶合是在齿轮表面发生的一种严重黏着磨损现象。齿面胶合可分为热胶合和冷胶合两种。热胶合常发生在高速重载齿轮中，而冷胶合常发生在低速重载齿轮中。防止齿面胶合的方法包括选用黏度较高的润滑油、降低表面的粗糙度、避免载荷集中等。

（6）齿面塑性变形

齿面塑性变形通常出现齿面较软的轮齿上，当载荷及摩擦力均较大时，在啮合过程中齿面表层材料容易沿着摩擦力的方向发生塑性变形。在主动轮齿面上节线附近形成凹沟，从动轮齿面上形成凸脊，从而使轮齿失去正确齿形。适当提高齿面硬度，采用黏度较大的润滑油，可减轻或防止齿面塑性变形。在齿轮副中两齿轮齿面硬度应有一定差值，因小齿轮的齿根薄、轮齿受载次数多，故小齿轮硬度应比大齿轮要高些。一般而言，软齿面两齿轮齿面硬度差为 $30 \sim 50 HBW$，硬齿面两齿轮齿面硬度差为 5HRC 左右。

根据齿轮服役条件及失效形式的分析，对齿轮材料的性能要求为：

① 弯曲疲劳强度高，特别是齿根处强度足够高；

② 接触疲劳强度高，齿面硬度高、耐磨性好；

③ 齿轮心部强度高、冲击韧性好；

④ 原材料杂质纯净、缺陷少、疏松和夹杂物少；

⑤ 切削加工性好，淬火变形小，可实现高精度和光滑表面加工；

⑥ 材料丰富、价格低；

⑦ 热处理工艺性好。

8.2.2.2 齿轮的选材

齿轮的选材主要考虑使用性能要求、工艺性能要求和经济性要求等。首先，性能要求依服役条件和失效形式来定，所选用材料应满足特定工况需求；其次，加工工艺性好，易变形，适合热处理。在满足以上两点的基础上，成本越低越好。如表 8-18 所示，齿轮材料包括锻钢、铸钢、铸铁、有色金属及非金属材料，齿轮热处理方法包括渗碳、渗氮、碳氮共渗、表面淬火、调质和正火等。需要根据齿轮应用场合的不同，合理地选择材料及其热处理工艺，从而在最大限度地发挥材料性能的同时降低成本。

表 8-18　齿轮的常用材料[169-174]

类别		材料牌号	热处理	特点
锻钢	软齿面（<350HB）	35SiMn、40Cr、40CrNi、40MnB、45	调质	综合性能较好,齿面具有较高强度和硬度,齿芯具有较好韧性;热处理后切齿精度可达 8 级;制造简单、经济、生产率高
	硬齿面（>350HB）	中碳钢 40Cr、40CrNi、42CrMo、45、45CrNi、50CrMo;低碳钢 12CrNi3、15CrNi6、16Cr3NiWMoVNbE、17CrNiMo6、18CrMnTi、18CrNiMo7-6、18CrNi8、18Cr2Ni4W、20Cr、20CrMnTi、20CrNi3Mo、20Cr2Ni4、20MnB、20MnVB、20CrMnMo、G20CrNi2Mo	中碳钢采用"调质＋表面淬火＋低温回火";低碳钢采用"渗碳淬火＋低温回火"	齿面硬度高,承载能力强;芯部韧性好,耐冲击;适合于高速、重载、过载传动或结构要求紧凑的场合,如机车主传动齿轮、航空齿轮
铸钢		ZG45、ZG55	正火、调质	当齿轮直径过大(如大于 400mm)时,锻造有困难,直接采用铸钢
铸铁		QT600-3、普通贝氏体球墨铸铁、铜钼贝氏体球墨铸铁、钒钛贝氏体球墨铸铁、铌贝氏体球磨铸铁等	退火、表面喷丸等	抗胶合及抗点蚀能力强,但抗冲击耐磨性差;适合工作平稳,功率不大、低速或尺寸较大形状复杂时用。能在缺油条件下工作,适用于开式传动
非金属材料		布质、木质、塑料、尼龙	可不采用	适合于高速轻载

8.2.2.3　快速轨道交通列车牵引齿轮的热处理工艺

（1）牵引齿轮的工作条件与性能要求

快速轨道交通列车牵引齿轮是高速列车牵引传动装置的重要部件，属于高速重载齿轮。通常主动齿轮多采用 12CrNi3、12CrNi4、15CrNi3Mo、15CrNi6 等渗碳钢，而从动齿轮采用 20CrMnMo、20CrNi2Mo、20CrNi4、16Cr2Ni2A、17CrNiMo6 等渗碳钢[174]。

随着我国高速列车的飞速发展，快速轨道交通列车牵引齿轮的材料也取得了巨大的进步。例如，近年来，中车戚墅堰机车车辆工艺研究所开发的

20CrNi3Mo 材料，比 18CrNiMo7-6 和 20Cr2Ni4 具有更加优越的淬透性、渗碳工艺性和疲劳性能，可满足 30t 及以上轴重的重载机车齿轮材料需求[174,175]。

（2）牵引齿轮的机械加工工艺流程

牵引机车齿轮的机械加工工艺流程为：下料→锻造→正火或正火加高温回火→粗机械加工→调质处理→半精机械加工→渗碳→淬火＋回火→精机械加工→去应力时效处理→成品检验→防锈→包装等[140]。

（3）牵引齿轮的热处理工艺

国内机车牵引齿轮用钢一般选用表面硬化钢，其化学成分见表 8-19，采用低碳合金结构钢经渗碳淬火，表面硬度可达 56～62HRC。此外，也可采用感应淬火的方法提高牵引齿轮的表面硬度和耐磨性。

表 8-19　国内外机车牵引齿轮用钢及其化学成分（质量分数）[140]

国家	机车型号	钢号	化学成分（质量分数）/%							
			C	Si	Mn	S	P	Cr	Ni	Mo
中国	东风4SS3	42CrMo	0.38～0.42	0.17～0.37	0.50～0.80	≤0.035	≤0.035	0.09～1.20		0.15～0.25
	东风9	50CrMoA	0.51	0.23	0.60			1.13		0.31
	东风4D	20CrMnMoA	0.17～0.23	0.17～0.37	0.17～0.37	≤0.035	≤0.035	1.10～1.40	≤0.30	0.20～0.30
	SS5	15CrNi6（15CrNi）	0.12～0.17	0.15～0.40	0.40～0.60	≤0.035	≤0.035	1.4～1.7	1.4～1.7	
	HXD2电力机车	18CrNiMo7-6	0.15～0.21	≤0.30	0.5～0.9	≤0.035	≤0.035	1.5～1.8	1.4～1.7	0.25～0.35
美国	ND5	B50AM33D(45)	0.42～0.50	0.17～0.37		≤0.030	≤0.035	≤0.30	≤0.30	
	ND4 6Y2	15CrNi6（15CrNi）	0.16	0.34	0.43	0.008	0.019	1.48	1.57	
法国	6G	AC2F	镍铬钢 Ni>2.5%							
	SLSTOM机车	17CrNMo5	0.15～0.20	≤0.40	0.40～0.60	≤0.030	≤0.035	1.5～1.8	1.4～1.7	0.25～0.35
日本	6K	SNCM420（20CrNi2Mo）	0.17～0.22	0.15～0.35	0.45～0.65	≤0.04	≤0.05	0.40～0.60	1.65～2.0	0.20～0.30

机车齿轮的热处理多采用气体渗碳淬火工艺，一般要求渗碳层深度 2～4mm，表面与心部硬度分别为 58～62HRC 和 30～45HRC，理想金相组织为"隐针或细针马氏体＋少量残余奥氏体＋细小而均匀分布的颗粒状碳化物"。表 8-20 为国内外电力机车牵引齿轮用钢及其热处理要求。

表 8-20　国内外电力机车牵引齿轮用钢及其热处理[140,174]

国家	制造厂	型号	单轴功率/kW	构造速度/(km/h)	主动齿轮		从动齿轮		备注
					钢号	热处理	钢号	热处理	
中国	株洲电力机车厂和株洲电力机车研究所	SS3	800	100	20CrMnMo	渗碳淬火≥58HRC	42CrMo	调质、单齿中频感应淬火,57～60HRC	
		SS5	800	140	20CrMnMo	渗碳淬火58～61HRC	15CrNi6	渗碳淬火57～61HRC	
法国	ALSTOM	6Y2	790	100	NFC3(12CrNi3Mo)14CrNi4(14Cr2Ni2)	渗碳淬火	NCT4(42CrMo)15CrNi6(15CrNi)	单齿感应淬火,渗碳淬火	使用寿命43万～62万km
		6G	940	112	AC2FC[镍铬钢,$w(Ni)>$2.5%]		AC2FC[镍铬钢$w(Ni)>$2.5%]		使用寿命150万～160万km
日本	三菱,川崎等	6K	850	100	SNCM616(17Cr2Ni3Mo)	渗碳淬火	SNCM420(20CrNi2Mo)渗碳淬火	渗碳淬火	齿轮裂纹严重,但非材质原因

注：括号中的钢号为我国钢材的相应编号或所含合金元素。

牵引齿轮常采用渗碳淬火热处理工艺。对于气体渗碳淬火，碳势可以由碳控仪自动控制，常用的渗碳温度为 920～930℃。快速轨道交通列车渗碳淬火热处理的发展趋势是建立渗碳淬火热处理的工艺大数据，建立工艺参数和产品性能之间的智能化模型，实现淬火过程的智能控制。

8.3　工具钢的热处理

工具钢是用来制造刃具、量具和模具的钢的统称。

刃具钢是用来进行切削加工的工具用钢。刃具在切削加工时，受到压应力、弯曲应力和剪切应力的作用，还存在一定的冲击、振动和摩擦作用。当高速、长时间切削时，刃具的温度升高，有时高达 500～600℃。因此，服役条件要求刃具钢具有高的硬度、耐磨，以及一定的塑韧性，高速、长时间切削时还需要有热硬性。

量具钢是用来制作量具的工具用钢。量具包括量规、塞规、卡尺等，用以测量工件尺寸或形状，为保证测量的准确性，要求量具钢硬度高、耐磨性好、尺寸稳定性好。

模具钢是用来制作模具的工具用钢。模具钢主要用于金属的成形加工，根据其工作状态，可以分为冷作模具钢、热作模具钢和塑料模具钢。冷作模具钢中的"冷"指的是"室温"，其主要在室温下工作，如冲裁模、冷镦模、切边模等模具，此时要求钢材具有高硬度、高耐磨性和一定的韧性。热作模具钢中的"热"指的是"高温"，主要用于金属的热成形，在工作中钢受到压力，存在磨损和热疲劳，还有一定的冲击，因此要求钢材高温硬度和强度高、抗热疲劳、韧性良好。对于塑料模具钢，要求相对低一些，多采用模压成形。

为使工具钢具有高的强度、硬度、耐磨性、抗热疲劳性以及足够的韧性，首先选择高含碳量以实现高硬度和耐磨，同时加入合金元素以改善其综合性能。含碳量常选择中高碳范围，如 0.6%～1.3%。碳主要有两方面的作用：一方面形成硬的高碳马氏体；另一方面形成碳化物，均可以提高材料的强度、硬度和耐磨性。合金元素主要选择强碳化物形成元素，以及能够提高淬透性的元素，如 Cr、W、Mo、V、Si 等。

碳化物的尺寸、形状及分布对工具钢的力学性能和使用寿命影响很大。通常要求碳化物颗粒应细小且分布均匀[176]，此时合金的强度、硬度和耐磨性较好，且能够减小热处理过程中的变形及淬裂倾向、过热敏感性能。

工具钢的热处理对基体组织和碳化物的尺寸、形状及分布控制十分重要。工具钢的热处理包括预备热处理、最终热处理和回火热处理等。碳素工具钢和低合金工具钢预备热处理常采用正火加球化退火工艺，可获得细小的碳化物在铁素体基体上均匀分布的组织。工具钢的热处理常选用不完全淬火，碳化物的存在有利于得到细晶粒。回火的主要目的是去除因淬火而产生的内应力。

工具钢成分不同，需要选择的热处理工艺也不同。下面重点介绍碳素工具钢和低合金工具钢的热处理工艺。

8.3.1 碳素工具钢的热处理

碳素工具钢价格低、易加工，用量占工具钢的一半以上。常用碳素工具钢的牌号为 T7～T13，后面的数字代表序号。序号越大，其硬度和耐磨性越高，而塑韧性越差。T7 和 T8 主要用于制作冲压模具等；T9～T11 主要用于制作车刀、钻头等；T12，T13 主要用于量具、锉刀等。

碳素工具钢通常采用快速淬火（水淬）加低温回火处理。碳素工具钢的淬火是为了得到马氏体。对于淬火温度，由于碳素工具钢易发生"过热"，淬火温度通常选择奥氏体和碳化物共存的两相区。保温时间依工件尺寸和装炉量而定。对于冷却速度，碳素工具钢的淬透性较低，为获得较厚的淬硬层，需要较快的冷却速度，常选用水淬。此时，形状复杂的工具容易因淬火应力过大而开裂，需要适当降低冷却速度。低温回火的目的是消除淬火应力，减小变形和开裂，得到回火马氏体。回火温度常用 150～400℃。若需要的硬度较高，可选择较低的回火温度；若所需硬度较低，可选择较高的回火温度，此时塑韧性更好一些。例如，T10A 工具钢，淬火加热温度通常选择 760～780℃，保温 15～25min；回火温度根据所需硬度来确定，若所需硬度为 58～62HRC，回火温度选择 160～180℃，若所需硬度为 54～58HRC，回火温度选择 250～270℃，若所需硬度为 50～64HRC，回火温度选择 300～320℃，若所需硬度为 45～50HRC，回火温度选择 360～380℃[177]。

碳素工具钢球化退火的目的是使渗碳体呈球状并在基体中均匀分布。球化退火的加热温度常选择 730～800℃。加热时，组织中的一部分渗碳体溶入奥氏体，另一部分渗碳体在自由能的驱动下变为球形。冷却过程中，溶入奥氏体中的渗碳体析出，因而实现了渗碳体的球化及均匀分布。为了使得碳化物更加微细化，从而提高钢的抗疲劳性能、冲击寿命和耐磨性，可以优化热处理工艺，如采用四步热处理新工艺，第一步，在奥氏体化温度（如 930～1075℃）加热，使得所有碳化物都溶解于奥氏体中，然后油冷获得"马氏体＋少量残留奥氏体"组织；第二步，加热到贝氏体形成温度并保温足够时间，马氏体将转变为回火托氏体，残留奥氏体转变为贝氏体；第三步，重新加热到较高温度（如 775～875℃），适当保温后，使所有铁素体转变为奥氏体，然后油冷淬火，得到细晶粒马氏体；第四步，进行低温回火（如 200℃），消除应力，稳定组织[176]。

以用于丝锥的 T12A 钢为例说明碳素工具钢的热处理工艺。原材料是退火态，组织中存在网状二次渗碳体，不利于后续球化处理，需要采用正火或"正火＋高温回火"来消除。经过预处理后，对丝锥进行等温淬火处理以得到下贝氏体，等温温度常用 210～220℃，等温时间以下贝氏体转变完成为准，如 1h。为防止脱碳，可以采用硝盐浴。对丝锥而言，柄部不能过硬，可对柄部进行短时高温回火处理（如 550～600℃，15～30s）。回火保温结束后迅速将柄部水冷，以免因传热而影响到刃部的组织和硬度。

T12A 钢冷滚制手用丝锥采用上述工艺淬火后，将得到以下金相组织及硬度：工作部位表层"下贝氏体＋马氏体＋少量残留奥氏体＋粒状残留渗碳体"，厚度为 2～3mm，硬度达到 59～63HRC；心部"托氏体＋下贝氏体＋马氏体＋少量残留奥氏体＋粒状残留渗碳体"，硬度为 30～42HRC；柄部硬度为 30～52HRC[141]。

8.3.2 低合金工具钢的热处理

对于低合金工具钢，当尺寸较大、含碳量较高、碳化物数量较多时，存在碳化物分布不均匀的问题。通过锻造，剧烈的塑性变形可以细化碳化物。锻造常在 800℃以上进行，随后快冷至一定温度（如 500～600℃），之后缓冷。锻造后碳化物的形状不规则，存在局部应力集中等现象，强度和塑性较差。

为提升工件的强度和塑性，锻造后首先进行球化退火，碳化物球化，组织为粒状珠光体，方便加工。球化退火常用等温退火工艺，先将工件加热到约800℃，然后缓慢冷却到约 700℃，保温一段时间（如 3～5h），随炉冷却到一定温度（如 500～600℃）后出炉空冷。一些常用低合金工具钢的球化退火工艺见表 8-21。

表 8-21　常用低合金工具钢的球化退火工艺[141]

牌号	加热温度/℃	等温温度/℃
CrWMn	770～790	680～700
9SiCr	790～810	700～720
Cr06	760～790	620～660
Cr2	770～790	680-700
W	780～800	650～680

若低合金钢中存在网状碳化物，球化退火前需采用正火预处理。正火温度通常高于 A_{ccm}。

与碳素工具钢相比，低合金工具钢中合金元素的加入，对相图中的临界转变温度、淬透性、过热敏感性、耐回火性均造成了影响。因此，虽然最终热处理的基本原则相同，但具体工艺规范有所差别，如淬火温度和回火温度更高，冷却采用油冷等。常用低合金工具钢的热处理工艺及应用如表 8-22 所示。

表 8-22 常用低合金工具钢的热处理工艺及应用[141,178,179]

牌号	淬火				回火		用途举例
	加入温度/℃		硬度（HRC）		温度/℃	硬度（HRC）	
	油冷	熔盐中冷却	油冷	熔盐中冷却			
CrWMn	820～840	830～850	63～65	61～63	170～200	60～62	用于耐磨性要求较高、变形要求小的工具，如长丝锥、拉刀等；也可做量规和形状复杂的高精度冲模、精密丝杠等
9SiCr	860～875	870～880	63～64	62～64	160～180	61～63	用于形状复杂、变形要求小的薄刃工具，如铰刀、冲模等
Cr2	830～850	830～860	62～65	61～63	150～170	60～62	用于低速切削工具；也可做冲模、样板、冷轧辊等
9Cr2	820～850		62～65		150～170	60～62	用于低速切削工具，如丝锥、拉刀等；也可做冲模、切边模、样板、冷轧辊等
W	800～820（水冷）		62～64（水冷）		150～180	59～61	用于丝锥、铰刀和特殊切削工具

注：9SiCr、CrWMn 钢的淬火冷却介质温度为 160～200℃，Cr2 钢为 150～170℃。

8.4 特殊性能钢的热处理

特殊性能钢是相对于普通钢而言的，指的是具有特殊的物理性能、化学性能及力学性能的钢种，包括不锈钢、耐热钢和耐磨钢等。这些钢种要实现特殊的性能，需要与之匹配的热处理工艺。

8.4.1 不锈钢的热处理

不锈钢中的"不锈"，是不生锈、耐腐蚀的意思，它指的是在自然环境或腐蚀介质环境中耐蚀性好的钢种。不锈钢最大的特点是耐蚀性好。按照成分，不锈钢主要可分为铬不锈钢（如 Cr13）和铬镍不锈钢（如 Cr18Ni9）。按照组织，不锈钢可分为铁素体、奥氏体、马氏体、沉淀硬化型、铁素体-奥氏体双相不锈钢等。

8.4.1.1 铁素体不锈钢的热处理

由 Fe-Cr 相图[180,181] 可知，在铬的质量分数达到 13％时，Fe-Cr 合金随温度升高不发生奥氏体转变，均为铁素体，这是由于 Cr 可以稳定铁素体组织，封闭奥氏体相区。铁素体不锈钢的成分较多，包括 06Cr13Al、022Cr12、

10Cr17、10Cr17-Mo、Y0Cr17SiS、00Cr18Ti、008Cr-30Mo2、0000Cr26Mo、00Cr27Mo4Ni3NbT 等[182,183]。部分常用铁素体不锈钢的牌号、热处理、力学性能及用途见表 8-23。

表 8-23　部分常用铁素体不锈钢的牌号、热处理、力学性能及用途举例[141,184,185]

牌号	热处理				力学性能			用途举例
	淬火温度/℃	冷却介质	回火温度/℃	冷却介质	σ_b /MPa	$\sigma_{0.2}$ /MPa	δ /%	
06Cr13Al	780～830	空气	—	—	410	177	20	耐水蒸气、碳酸氢铵母液及含硫石油的腐蚀设备,如蒸汽发生器等
10Cr17	780～850	空气	—	—	450	205	22	硝酸工厂设备如吸收塔等工业领域
10Cr17-Mo	780～850	空气	—	—	450	205	22	硝酸热交换器等,比10Cr17 钢更抗盐溶液腐蚀
022Cr12	700～820	空气	—	—	265	196	22	汽车排气处理装置、锅炉燃烧室等
008Cr-30Mo2	900～1050	水	—	—	450	295	20	耐乙酸、乳酸等有机酸的设备等

铸造后,铁素体不锈钢的晶粒粗大,由于在该成分下不发生同素异构转变,无法通过相变细化,但可以通过轧制、锻造等压力加工来细化晶粒,也可以向钢中加入少量可细化晶粒的 Ti 元素等。锻造时,可以选择较低的始锻和终锻温度。始锻温度常用 1040～1120℃,终锻温度常用 700～800℃。锻造后,常用淬火和退火,以获得成分均匀的组织,并消除应力。

在铁素体不锈钢热处理过程中,应采取措施防止其变脆。σ 相脆性和 475℃脆性是两个需要特别注意的脆性现象。

σ 相脆性是由于在 550～850℃较长时间处理时,钢中析出 Fe-Cr 金属间化合物造成的。可选择避免在该温度区间长时间热处理。一旦出现 σ 相脆性,可通过加热到 820℃以上快冷来消除。475℃脆性是由于 Cr 含量大于 15%的不锈钢在 400～525℃长时间热处理时铬原子有序化造成的。出现 475℃脆性后,可采用在更高温度(如 600～650℃)加热后快冷来消除。

8.4.1.2　马氏体不锈钢的热处理

与铁素体不锈钢相比,奥氏体不锈钢的强度、硬度、耐磨性更好,但塑性和焊接性能差一些,而且可以通过热处理来强化。

马氏体不锈钢中铬的质量分数为 12%～18%，包括 10Cr13、20Cr13、30Cr13、40Cr13、95Cr18 等，特点是含碳量较高，以及合金化 Ni、Cu、Mo、Nb、Si 等元素以改善钢的性能[186]。部分常用马氏体不锈钢的牌号、热处理、力学性能和用途举例见表 8-24。

表 8-24　部分常用马氏体不锈钢的牌号、热处理、力学性能及用途举例[141,187,188]

牌号	热处理				力学性能			用途举例
	淬火温度 /℃	冷却介质	回火温度 /℃	冷却介质	σ_b /MPa	$\sigma_{0.2}$ /MPa	δ/%	
12Cr13	950～1000	油	700～750	油、水	540	345	25	耐弱腐蚀介质、受冲击负荷及要求较高韧性的零件，如汽轮机叶片、热油泵等；耐腐蚀日用品，如不锈钢餐具刀叉等[187]
20Cr13	920～980	油	700～750	油、水	635	440	20	
30Cr13	920～980	油	200～300	—	—	—	—	有较高硬度及耐磨性的热油泵轴、阀片、手术刀片、各类民用高端刀具等
40Cr13	1050～1100	油	200～300	—	—	—	—	
14Cr17Ni2	950～1050	油	275～350	空气	1080	—	10	要求具有较高强度的耐硝酸及某些有机酸腐蚀的零件设备
95Cr18	1000～1050	油	200～300	油、空气	—	—	—	不锈钢切片机械刀具、剪切刀具、手术刀片、高耐磨耐蚀零件
95Cr18-MoV	1050～1075	油	100～200	油	—	—	—	

不同牌号的马氏体不锈钢的热处理工艺有所差别。对 Cr13 型马氏体不锈钢，铸锭锻轧加工后，空冷可得到马氏体组织。然而，此时内应力大，容易开裂，且硬度很高，加工困难。为消除应力并降低硬度，可将锻件加热至较高温度（如 850～900℃）保温一段时间（如 1～3h），随炉冷却至 600℃后空冷。对 12Cr13 和 20Cr13 型不锈钢，可以进行调质，得到回火索氏体组织，适用于对塑韧性要求较高的场合。对 30Cr13 和 40Cr13 型不锈钢，常进行低温回火热处理，得到高硬度的回火马氏体组织，适用于刃具等对硬度要求较高的场合。对 95Cr18 型不锈钢，可采用淬火加低温回火处理，得到回火马氏体组织，比 30Cr13 和 40Cr13 的硬度更高，适用于对硬度要求很高的滚动轴承部件等。

值得一提的是，14Cr17Ni2 钢可以通过淬火获得马氏体组织，是现有马氏体不锈钢中强度和耐蚀性最高的，在舰船等领域有十分广泛的应用。

此外，马氏体不锈钢在较高温度下热处理空冷后硬度可能显著增加。若采用焊接工艺，焊前需预热，焊后需回火。

8.4.1.3 奥氏体不锈钢的热处理

奥氏体不锈钢的主要组织是奥氏体，它具有较好的耐蚀性、冷加工成形性、焊接性、无磁性、抗辐照损伤性能等一系列优点，常用于结构件或热强件等。与马氏体不锈钢不同，奥氏体不锈钢淬火后不发生相变，强度变化不大，主要采用形变强化。日常生活中经常应用的 304 不锈钢[189,190] 和 316 不锈钢[191] 就属于奥氏体不锈钢。部分常用奥氏体不锈钢的牌号、热处理、力学性能和用途举例见表 8-25。

表 8-25 部分常用奥氏体不锈钢的牌号、热处理、力学性能和用途举例[141,189,192-195]

牌号	热处理		力学性能			用途举例
	淬火温度 /℃	冷却介质	σ_b /MPa	$\sigma_{0.2}$ /MPa	δ /%	
0Cr18Ni9 (304)	900~1100	水	700	550	40	深冲成形部件及储存耐腐蚀容器、结构件、无磁及低温设备
0Cr17Ni12Mo2 (316)	850~1050	水	720	610	40	合成纤维、纺织、石油、原子能工业用设备
022Cr19Ni10	1010~1150	水	480	177	40	化学工业用耐蚀材料，如反应器管道等
12Cr18Ni9	920~1150	水	520	205	40	化工设备，如耐硝酸、冷磷酸、有机酸及盐、碱溶液腐蚀的设备零件；食品生产设备和建筑物表面装饰材料等
06Cr19Ni10	1010~1150	水	520	205	40	耐酸容器及设备衬里、输送管道等设备和零件，如高压电器产品关节轴承、压力容器储罐等
06Cr17Ni12Mo2	1010~1150	水	520	205	40	耐硫酸、磷酸、甲酸及醋酸等腐蚀介质的设备
022Cr17Ni12Mo2	1010~1150	水	480	177	40	耐蚀性要求高的焊接构件，尤其是尿素等的生产设备

奥氏体不锈钢的热处理一般主要包括固溶淬火、稳定化退火和去应力退火三种。

① 固溶淬火。固溶淬火的目的是溶解碳化物，得到单相奥氏体组织。对于固溶温度，应选择在相图的 *ES* 线以上，常用温度为 850~1150℃。奥氏体不锈钢的含碳量越高，碳化物数量越多，所需的固溶温度也越高。固溶时间以碳化物能够完全溶解为宜，主要依含碳量和工件尺寸而定。对于冷却速度，为

了得到单相奥氏体组织，应选择较快的冷却速度，常采用水冷。

② 稳定化退火。稳定化退火热处理常用于含 Ti、Nb 的奥氏体不锈钢，其主要目的是将碳化铬转变为 TiC 或 NbC 以消除晶间腐蚀倾向。对于稳定化退火温度，为溶解碳化铬，需高于碳化铬的溶解温度，但低于 TiC 和 NbC 的溶解温度。常用的退火温度为 850～950℃。退火时间以能够完成碳化物的转变为宜，常用 2～4h。对于冷却速度，不宜太慢，常采用空冷。

③ 去应力退火。去应力退火的主要目的是消除奥氏体不锈钢冷加工后的内应力或焊接产生的内应力。当用于消除冷加工后的内应力时，通常选用较低的退火温度，退火温度与奥氏体中的合金元素有关，常用 250～450℃。退火时间由内应力的情况和工件尺寸而定，例如选用 1～2h。保温结束后，空冷即可。当用于消除焊接产生的内应力时，通常选用较高的退火温度，常用 850℃以上。

8.4.1.4　沉淀硬化型不锈钢的热处理

沉淀硬化型不锈钢主要通过在不锈钢基体中析出沉淀相（包括微细的金属间化合物和少量碳化物）来实现对不锈钢的强化[196]。沉淀硬化型不锈钢主要包括两类，一类是奥氏体-马氏体沉淀硬化不锈钢，又被称为半奥氏体沉淀硬化不锈钢，源于 Cr18Ni9 钢；另一类是低碳马氏体型沉淀硬化不锈钢，它源于 Cr13 型马氏体不锈钢。这两类钢都是先形成马氏体，经时效热处理后产生沉淀硬化，以实现超高强度。

（1）奥氏体-马氏体型沉淀硬化不锈钢

奥氏体-马氏体型沉淀硬化不锈钢有较好的塑性，适合进行压力加工，而且有较好的焊接性能。该类钢主要含有 Al、Mo、Ti 等时效强化元素和 Ni、Cu、Mn 等奥氏体稳定化元素。室温下，该类钢为不稳定的奥氏体，经处理后部分奥氏体转变为马氏体。经时效后，碳化物在奥氏体-马氏体基体上析出，强度大幅度提高。

热处理在奥氏体-马氏体型沉淀硬化不锈钢中起着关键作用。该类钢的热处理主要包括固溶处理、调质处理和时效处理。固溶处理的目的是得到单相奥氏体组织，调质处理的目的是使部分奥氏体转变为马氏体。时效处理的目的是析出碳化物。这类钢的热处理工艺主要包括以下三种类型[141]：

① 高温固溶（1050℃）＋塑性变形＋低温调节处理（750℃，90min，空冷）＋时效（550～575℃，90min）。调质处理的温度较低，会使 M_s 点升高，空冷后部分奥氏体转变为马氏体。但调质处理过程中部分碳化物沿奥氏体晶界

析出，降低塑性，采用较高的时效温度时可以使塑性恢复一些。

② 高温固溶（1050℃）+塑性变形+高温调质处理（950℃，90min，空冷）+冷处理（-70℃，8h）+时效（500～525℃，60min）。与热处理类型①不同的是，调质处理的温度较高，且增加了冷处理。高温调质处理可以避免碳化物沿晶界析出，但碳含量较高，因而 M_s 点较低，需采用冷处理，使得部分奥氏体转变为马氏体。时效处理则采用相对较低的温度。

③ 高温固溶（1050℃）+高温调节处理（950℃，90min，空冷）+室温塑性变形+时效（475～500℃，60min）。与热处理类型②相同，采用了高温调质处理。但是需先进行调质处理，然后进行塑性变形。塑性变形是实现部分奥氏体向马氏体转变的关键环节。通常冷塑性变形量在60%以上，以实现足够量的马氏体转变。

通过进一步优化成分和热处理工艺，可以在该类钢中实现超高强度；成分固定时，通过调整热处理工艺控制奥氏体和马氏体的相对数量，从而达到强度和韧性的合理配合。例如，在 Cr17Ni17 钢中加入 Mo、Al 等强化元素，通过热处理析出金属间化合物沉淀相，可实现超高强度，适用于飞机薄壁结构等。

（2）马氏体型沉淀硬化不锈钢

马氏体型沉淀硬化型不锈钢的基体为马氏体，可以含有少量的铁素体，通常铁素体的体积分数不超过10%。其代表性钢种为 05Cr17Ni4Cu4Nb（17-4PH）。该成分的钢种经高温固溶淬火后得到马氏体和少量铁素体组织。通过改变时效处理温度，可以得到系列力学性能。

该类钢常用的时效热处理温度为 425～600℃。时效过程中，会析出金属间化合物。若含 Nb，会析出 Fe2Nb 相；若含 W，会析出 Fe2W 相；若含 Mo，会析出 Fe2Mo、Ni3Mo 相。时效温度和时效时间直接影响着析出的金属间化合物的尺寸和数量，进而影响钢的性能。

在上述 17-4PH 钢的基础上，减少 Cr 含量并增加 Ni 含量，合金化 Mo、Al、Nb、Ti 等元素，经固溶和时效处理后，强度可达 1400MPa。

除了上述主要的两类沉淀硬化型不锈钢之外，还有奥氏体沉淀硬化型不锈钢，用量最少。该类钢比其他两类不锈钢的加工性能更好、耐蚀性更好，但是强度低。该类钢由于奥氏体比较稳定，是优良的高强低温无磁材料。其代表性钢种是 0Cr15Ni25Mo2TiAlV（A-286）、1Cr17Ni10P 等，该类钢固溶处理后在 700～750℃ 长期时效，析出含有 Al、Ti、P 的沉淀相，提高强度[196]。

8.4.2　耐热钢的热处理

耐热钢是能够在较高温度下长期稳定工作的钢。耐热钢一般可以分为抗氧化钢和热强钢两类。抗氧化钢主要用于耐高温氧化、而承受轻载的场合，如工业窑炉的炉衬板等。热强钢主要应用于能够承受载荷较大的场合，如用于制造高温螺栓、涡流叶片和高温蒸汽管道等。

耐热钢的服役条件：在高温（300～1200℃）下使用，承受拉、压、弯、扭、冲击等载荷，发生高温氧化或腐蚀。

耐热钢的性能要求：高温强度和疲劳强度高，抗蠕变性能好；高温抗氧化、耐腐蚀；导热性好，热胀系数小；加工工艺性能好，如易铸造、易锻压、易焊接。

8.4.2.1　抗氧化钢的热处理

抗氧化钢由于其优异的抗高温氧化性能，主要应用于工业炉等领域，如炉底板、马弗罐等。该类钢主要包括铁素体型抗氧化钢和奥氏体型抗氧化钢两大类。

第一类是铁素体型抗氧化钢，它是以铁素体不锈钢为基础，通过合金化形成的。由于基体组织为铁素体单相，钢表面易形成一层氧化膜，连续、稳定、质量很好，有很好的防护效果。该类钢的典型钢种有 16Cr25N、06Cr13Al、022Cr12、10Cr17 等。常见的铁素体型抗氧化钢的牌号、热处理、力学性能和用途如表 8-26 所示。该类钢通常晶粒粗大、韧性低，但抗氧化，耐含硫气氛腐蚀。

表 8-26　常见的铁素体型抗氧化钢的牌号、热处理、力学性能和用途[141,185,197,198]

牌号	热处理	力学性能			用途
		σ_b/MPa	$\sigma_{0.2}$/MPa	δ/%	
16Cr25N	780～880℃ 退火，快冷	510	275	20	抗氧化性强，1082℃ 以下不产生易剥落的氧化皮，用于燃烧室
06Cr13Al	780～830℃ 退火，空冷或缓冷	410	177	20	用于制作燃气压缩机叶片、退火箱、淬火台架、蒸汽发生器等
022Cr12	780～820℃ 退火，空冷或缓冷	365	196	22	用于制作要求焊接的部件，如汽车排气阀净化装置、锅炉燃烧室、喷嘴等
10Cr17	780～850℃ 退火，空冷或缓冷	450	205～300	22～39	用于制作 900℃ 以下的耐氧化部件，如热交换器、散热器、炉用部件、油喷嘴等

第二类是奥氏体型抗氧化钢，是以奥氏体不锈钢为基础，通过合金化而形成的，由于具有单相奥氏体基体，加工性和热强性好。该类钢的抗氧化温度可达到 850～1250℃，主要用于合成氨设备中的支承板、锅炉管中的过热器和再热器以及大功率汽车发动机中的排气阀等[197]。常见的奥氏体型抗氧化钢的牌号、热处理、力学性能和用途如表 8-27 所示。

表 8-27   常见的奥氏体型抗氧化钢的牌号、热处理、力学性能和用途[141,199-201]

牌号	热处理	力学性能（不小于）			用途
		σ_b /MPa	$\sigma_{0.2}$ /MPa	δ/%	
22Cr21Ni12N	1050～1150℃ 固溶，快冷；730～780℃ 时效，空冷	820	430	26	用于制作以抗氧化性为主的汽油及柴油机排气阀等
16Cr23Ni13	1030～1150℃ 固溶，快冷	560	205	45	980℃以下可反复加热的抗氧化钢，用于加热炉部件（如屏式过热器等）、重油燃烧器等
20Cr25Ni20	1050～1300℃ 固溶，快冷	590	205	40	1035℃以下可反复加热的抗氧化钢，用于炉用部件、喷嘴、燃烧室，具体如化工乙烯裂解炉、制氧管、炉底辊高温高压件等
06Cr19Ni10	1010～1150℃ 固溶，快冷	520	205	40	是通用耐氧化钢，可承受870℃以下反复加热
06Cr23Ni13	1030～1150℃ 固溶，快冷	520	205	40	比 06Cr19Ni10 耐氧化性好，980℃以下可反复加热，用于炉用材料
06Cr25Ni20 （310S）	1030～1180℃ 固溶，快冷	520	205	40	可在 1035℃加热，用于炉用和汽车净化装置材料
26Cr18Mn12Si2N	1100～1150℃ 固溶，快冷	685	390	35	有较高的高温强度和抗氧化性，且较好的抗硫及抗增碳性，用于吊挂支架、渗碳炉构件、加热炉传送带、料盘、炉爪等
16Cr20Ni14Si2	1080～1130℃ 固溶，快冷	590	295	35	具有较高的高温强度及抗氧化性，对含硫气氛较敏感，在 600～800℃有析出相的脆化倾向，适用于制作承受应力的各种炉用构件
16Cr25Ni20Si2	1080～1130℃ 固溶，快冷	590	295	35	

8.4.2.2   热强钢的热处理

热强钢按照显微组织，主要可以分为珠光体热强钢、马氏体热强钢和奥氏体热强钢。下面分别介绍这三种钢的热处理工艺。

（1）珠光体热强钢

珠光体热强钢属于低碳合金钢。正火后组织主要为珠光体，还有少量铁素体。该类钢的工作温度可达到 500℃ 以上，部分可达 600℃。主要应用于紧固件、锅炉钢管等。常用珠光体热强钢的典型牌号、热处理工艺、力学性能及用途举例见表 8-28。

表 8-28 常用珠光体热强钢的典型牌号、热处理工艺、力学性能及用途举例[141,202,203]

牌号	热处理	力学性能（不小于）			用途
		σ_b /MPa	$\sigma_{0.2}$ /MPa	δ /%	
16Mo	880℃ 空冷，630℃ 空冷	400	250	25	用于锅炉钢管，管壁温度<450℃
12CrMo	900℃ 空冷，650℃ 空冷	420	270	24	用于锅炉钢管，管壁温度<510℃
15CrMo	900℃ 空冷，650℃ 空冷	450	300	22	用于锅炉钢管，管壁温度<560℃
12Cr1MoV	970℃ 空冷，750℃ 空冷	500	250	22	用于锅炉钢管，管壁温度<570~580℃
12Cr2MoWSiVTiB	1025℃ 空冷，770℃ 空冷	600	450	18	用于锅炉钢管，管壁温度<600~620℃
24CrMoV	900℃ 油淬，600℃ 水或油冷	800	600	14	在 450~600℃ 下工作的叶轮，工作温度<525℃ 的紧固件
25Cr2MoVA	900℃ 油淬，620℃ 空冷	950	800	14	工作温度<540℃ 的紧固件
25Cr2Mo1VA	970~990℃ 及 930~950℃ 二次正火，680~700℃ 空冷	650	450	16	工作温度<535℃ 的整锻转子
27Cr2	940℃ 正火，690℃ 回火	520	470	11	工作温度<600℃ 的汽轮机主轴和叶轮、整锻转子等，具有良好的综合高温力学性能
27Cr2Mo1V	940℃ 正火，690℃ 回火	910	680	7	工作温度<600℃ 的汽轮机主轴和叶轮、整锻转子等
35CrMo	850~860℃ 油淬，560℃ 油或水冷	1000	850	12	工作温度<480℃ 的螺栓，工作温度<510℃ 的螺母
35CrMoV	900℃ 油淬，630℃ 油或水冷	1100	950	10	在 500~520℃ 下工作的叶轮及整锻转子
35Cr2MoV	860℃ 水淬，600℃ 空冷	1250	1050	9	工作温度<535℃ 的叶轮及整锻转子
34CrNi3MoV	820~830℃ 油淬，650~680℃ 空冷	870	750	13	工作温度<450℃ 的叶轮及整锻转子

当珠光体热强钢应用于锅炉钢管时，常用钢种为 16Mo、12CrMo、12CrMoV 等，其常用的热处理工艺为正火加高温回火。正火的主要目的是使碳化物溶解及均匀分布，常用温度为 850～1050℃。高温回火的主要目的是均匀地析出碳化物，实现沉淀强化，常用温度为 600～800℃。

当珠光体热强钢应用于紧固件时，常用钢种为 25Cr2MoV、24CrMoV、20Cr1Mo1VNbTiB 等。常用的热处理工艺为淬火加高温回火。淬火温度常用 900℃左右，油冷。高温回火温度选 600℃左右。

当珠光体热强钢应用于汽轮机转子时，常用钢种为 35Cr2MoV 和 33Cr3WMoV 等，其主要热处理工艺为淬火加高温回火。对于淬火温度，常选择 800～900℃。保温时间和工件的尺寸有关，随后常用油冷或水冷。高温回火温度选择 600～700℃。

（2）马氏体热强钢

马氏体热强钢可用于汽轮机叶片、内燃机气阀、火力发电设备、燃气轮机、航空发动机等设备及构件。低碳的 Cr13 型不锈钢抗氧化性和耐蚀性好，但当工作在较高温度时，组织不稳定，常用于 450℃以下。为了满足 450℃以上的应用，在 Cr13 型马氏体不锈钢的基础上进一步合金化，发展了 Cr12 型马氏体热强钢，如 1Cr12Ni2WMoVNbN 钢[204]。内燃机进气阀的工作温度为 300～400℃，可选用 40Cr、38CrSi 等；而内燃机的排气阀的工作温度达 700～850℃，因而需要可以承受更高温度的热强钢。常用马氏体热强钢的典型牌号、热处理、性能及用途如表 8-29 所示。

表 8-29　常用马氏体热强钢的典型牌号、热处理、性能及用途[141,204,205]

牌号	热处理	性能及用途
12Cr5Mo	900～950℃油冷，600～700℃空冷	能耐石油裂化过程中产生的腐蚀，用于制作再热蒸汽管、石油裂解管、蒸汽轮机汽缸衬套、阀、活塞杆、紧固件等
12Cr12Mo	950～1000℃油冷，700～750℃快冷	用于制作汽轮机叶片
1Cr12Ni2WMoVNbN	1105～1135℃淬火，570～720℃回火	用于制作火力发电设备、燃气轮机、航空发动机部件等
12Cr13	950～1000℃油冷，700～750℃快冷	用于制作工作温度小于 450℃的汽轮机变速级叶片
13Cr11Ni2W2MoV	1000～1020℃快冷，660～710℃快冷	具有良好的韧性和抗氧化性能，在淡水和湿空气中具有较好的耐蚀性，用于制作工作温度小于 450℃的要求高耐蚀和高强度的叶片

续表

牌号	热处理	性能及用途
13Cr13Mo	970～1020℃油冷, 650～750℃快冷	用于制作汽轮机叶片及高温、高压蒸汽用机械部件
14Cr17Ni2	950～1050℃油冷, 275～350℃空冷	用于制作能较高程度地耐硝酸及有机酸腐蚀的零件、容器和设备
15Cr12WMoV	1000～1050℃油冷, 680～700℃空冷	有较高的热强性、良好的减振性及组织稳定性, 用于制作工作温度小于590℃的汽轮机叶片、紧固件、转子及轮盘等
18Cr12MoVNbN	1100～1170℃油冷, 600℃以上空冷	用于制作汽轮机叶片、盘、叶轮轴、螺栓等
20Cr13	920～980℃油冷, 600～750℃快冷	淬火状态下硬度高、耐蚀性良好, 用于制作汽轮机叶片
40Cr10Si2Mo	1020～1040℃油冷, 120～160℃空冷	用于制作内燃机的进气阀、轻负荷发电机的排气阀等
42Cr9Si2	1020～1040℃油冷, 700～780℃油冷	有较高的热强性, 用于制作内燃机的进气阀、轻负荷发电机的排气阀等
80Cr20Si2Ni	1030～1080℃油冷, 100～180℃快冷	用于制作以耐磨性为主的吸气阀、排气阀、阀座等

需要注意的是, 受限于再结晶温度, 马氏体热强钢仅可用于在750℃以下工作的阀门。对于服役温度更高的阀门, 则需要选择奥氏体热强钢。

（3）奥氏体热强钢

相对于马氏体热强钢, 奥氏体热强钢具有更好的热强性, 同时还具有良好的塑韧性、焊接性和冷成形性等, 应用十分广泛。奥氏体热强钢主要分为固溶强化型、碳化物沉淀强化型、金属间化合物强化型三类。

第一类为固溶强化型。此类钢以 18-8 型奥氏体不锈钢为基础, 合金化 Mo、W、Nb 等合金元素。这些合金元素主要固溶于奥氏体中, 起固溶强化作用。常用的热处理工艺为固溶淬火处理。

第二类为碳化物沉淀强化型。此类钢中 Cr、Ni 含量较高, 合金化采用 Mo、Nb、V、W 等强碳化物形成元素, 经固溶淬火和时效处理后, 在奥氏体基体上形成弥散分布的碳化物, 碳化物起沉淀强化的作用。

第三类为金属间化合物强化型。此类钢的碳含量低, 一般质量分数小于 0.08%, 镍含量很高, 质量分数在 25%～40%。此外, 合金化 Al、Ti、Mo、V、B 等元素。经固溶和时效处理后, 析出 Ni_3Al、Ni_3Ti 等金属间化合物, 起到提高合金高温强度的作用。

8.5 铸铁的热处理

与钢不同,铸铁的含碳量很高,碳的质量分数大于 2.11%,除了 Fe、C 外,其还含有 Si、Cr、Cu、Mn 等合金化元素。此外,还含有杂质元素 S 和 P 等。

铸铁可以按化学成分、强度和金相组织进行分类。目前,工业中常用碳的存在形式和石墨的形态分类。主要分为白口铸铁、灰口铸铁和麻口铸铁。其中,灰口铸铁又可分为灰铸铁、可锻铸铁、球墨铸铁、蠕墨铸铁等。

白口铸铁的断口呈银白色,其中碳主要以渗碳体的形式存在。由于白口铸铁中渗碳体以及共晶莱氏体含量高,又硬又脆,常用于生产衬板等要求不高的耐磨件。

灰口铸铁的断口呈暗灰色,其中碳主要以石墨形式存在。当石墨为片状时,为灰铸铁,此时石墨对基体有割裂作用,且片状尖端会出现应力集中,力学性能较差。当石墨以团絮状形式存在时,为可锻铸铁,石墨对基体的割裂情况及应力集中情况得到改善,与灰铸铁相比塑性和韧性提高。当石墨为蠕虫状时,为蠕墨铸铁,此时石墨对基体的割裂以及应力集中情况得到进一步改善,力学性能较可锻铸铁好。当石墨呈球状时,为球墨铸铁,石墨对基体基本无割裂作用和应力集中,综合力学性能最好。

麻口铸铁的断口黑白相间,黑色对应于石墨,白色对应于渗碳体,实用价值不大。因为灰铸铁和球墨铸铁的应用十分广泛,下面主要介绍灰铸铁和球墨铸铁的热处理。

8.5.1 灰铸铁的热处理

对于灰铸铁,热处理对石墨形态的作用不大,但可以对基体的组织进行改善。常用的热处理工艺包括去应力退火、消除铸件白口的退火、正火和表面热处理。下面分别加以介绍。

(1) 去应力退火

当灰铸铁铸件中存在的应力较大时,易发生变形或开裂,需进行去应力退火。

对于退火温度,通常选择 $500\sim600℃$,一方面需要较高温度使晶格畸变得以回复,应力充分释放,另一方面温度过高会导致渗碳体球化或分解。退火时间依工件尺寸和装炉量而定，例如选择 3～5h。保温结束后，通常先炉冷到 200℃以下，再出炉空冷。当加热温度低于 550℃时，内应力可消除 80%以上，且组织不会发生变化；当加热温度高于 550℃时，部分渗碳体会发生分解和球化，导致铸铁的强度、硬度下降[206]。

（2）消除灰铸件白口的退火

此类退火的目的是消除冷速过快在工件中形成的白口组织（渗碳体）。为了使渗碳体重新溶解，退火温度常选择 850～950℃。保温时间依渗碳体的含量、退火温度和工件大小而定，如 2～4h。冷却通常选择先随炉冷却至 500℃以下，随后出炉空冷。

（3）正火

正火的目的是增加灰铸铁中珠光体的含量，从而提高硬度。正火温度常选择 860～920℃，保温一段时间后，空冷或风冷。若工件形状复杂，易发生变形和开裂，正火后需进行一次退火，如 500～600℃，以去除应力。

（4）表面热处理

表面热处理的目的是提高灰铸铁工件的表面强度、硬度和耐磨性。除了感应加热表面淬火外，还可用接触电阻加热进行表面淬火、激光表面热处理等[207]。

8.5.2 球墨铸铁的热处理

球墨铸铁具有良好的综合力学性能。通过热处理，可以调控基体中铁素体和珠光体的比例，进而调控其力学性能。

球墨铸铁中石墨含量较高，在共析温度以上进行热处理时，石墨中的碳会向奥氏体扩散。此时，控制保温时间和冷却速度，可以调控奥氏体中的碳含量，以及室温组织中各组成相的比例。球墨铸铁的常用热处理包括退火、正火、调质和等温淬火等。

（1）退火

退火的目的是将球墨铸铁基体中的游离渗碳体或共析渗碳体消除。当球墨铸铁中含有游离渗碳体时，退火温度应选择能够将渗碳体溶入到奥氏体中的温度，如 900～950℃。保温时间依渗碳体含量和工件大小而定（如 2～5h）。冷却时，先炉冷到 600℃以下，再空冷。当球墨铸铁组织中不存在游离渗碳体，但存在共析渗碳体时，为了得到单相铁素体基体，以获得良好的塑韧性，通常选择较低的退火温度，如 720～760℃，以消除共析渗碳体。

（2）正火

正火的目的是提高球墨铸铁基体中珠光体的含量，细化并调控组织，提高强度和塑韧性。为了提高强度，正火温度可选择 880～920℃，保温一段时间（如 3h），冷却可采用空冷、风冷或雾冷等。为了提高铸件的塑性和韧性，可选择较低的正火温度（如 820～860℃），保温一段时间（如 1～4h），空冷后得到珠光体加少量铁素体组织。正火后，球墨铸铁中存在内应力，需进行去应力退火。如果经过传统的正火处理后，存在珠光体含量不均匀、组织和性能无法达到要求的情况，可以采用瞬时淬火工艺，在水溶剂中瞬间淬冷至（700±50）℃，然后空冷，可以提高铸件温度的均匀性，珠光体质量分数达到 95% 以上[208]。

（3）调质处理

调质处理的目的是将球墨铸铁的基体组织转变为回火索氏体。淬火温度选择能够完全奥氏体化的温度，如 850～900℃。保温时间以能够充分奥氏体化为准。冷却方式常选用冷却速度较快的油淬。淬火后基体为马氏体。高温回火的温度常选择 550～600℃，保温一段时间后空冷，基体转变为回火索氏体。

（4）等温淬火

等温淬火是球墨铸铁另外一种常见的热处理工艺，适用于形状复杂、易变形开裂、且综合力学性能要求高的工件。等温淬火常用的工艺为：先加热到奥氏体化温度（如 840～950℃），保温一段时间（如 1～2h），为避免珠光体转变，迅速转移到等温盐浴（温度如 250～400℃）中，保温一段时间，空冷。其组织为"下贝氏体＋少量残留奥氏体＋马氏体＋球状石墨"（习惯称为奥贝球铁）[209]。通过选择合适的热处理温度，可以提高奥氏体中的含碳量并稳定奥氏体组织，获得比较理想组织和性能。

除了可采用上述热处理方法外，球磨铸铁还可采用表面淬火和化学热处理（渗氮、渗硼、渗硫等）等表面热处理方法，用以提高球墨铸铁工件的表面强度、耐磨性、耐蚀性及疲劳极限等。

第 9 章

有色金属及其合金的热处理工艺

　　有色金属是相对于黑色金属（铁、铬、锰）而言的，包括铝、铜、镁、钛等金属。与黑色金属相比，有色金属种类多，具有密度小（如 Al、Mg）、比强度高（如 Ti）、导电导热性好（如 Al、Cu）、耐热（如 Co）、耐蚀（如 Ti、Al）等优势。随着科技的发展，尤其是人工智能和大数据的发展，使得各类产品对于功能化的要求越来越高，有色金属对于国民经济的发展越发重要。而热处理工艺是提升有色金属性能的重要手段。本章概括了铝、铜、镁、钛等有色金属的热处理工艺的有关内容。

9.1　铝及铝合金的热处理

　　铝是地壳中储量最丰富的金属元素，约占地壳元素总量的 7.7%。铝的密度为 $2.7g/cm^3$，仅为铁的 $\frac{1}{3}$；导电和导热性仅次于白银和铜；在大气、硝酸盐、浓硝酸和水中有良好的耐蚀性。由于铝的上述特点，铝及其合金在航空航天、轨道交通、船舶工业、建筑和能源等领域有十分重要的应用。

9.1.1　纯铝及其热处理

　　铝元素的原子序数为 13，为银白色，原子量为 26.98，为面心立方结构，晶格常数为 4.05Å（1Å＝0.1nm），原子直径为 2.86Å，熔点为 660℃，沸点为 2060℃，0～100℃ 的热导率为 226W/(m·℃)，20℃ 时的电阻率为 $2.67 \times 10^{-9}\Omega \cdot m$，20～100℃ 的热胀系数为 $2.38 \times 10^{-5}/℃$，20℃ 时的法向弹性模量为 60～70GPa[210,211]。

　　铝在大气环境下有良好的耐蚀性。在大气环境下，铝表面容易形成一层很致密氧化膜（厚度约为 $5\sim10$nm），阻碍氧原子的进一步侵入，使铝不再继续氧化。在熔炼铝的时候，可以观察到铝熔化以后，在铝液形成一层氧化膜，这一层氧化膜被去除以后，很快又会形成一层新的氧化膜，起到防止进一步氧化的作用。

铝是两性金属，在不同溶液中的耐蚀性差异很大。铝在浓硝酸（90%～98%）中具有良好的耐蚀性；但在硫酸、盐酸中容易被腐蚀；在水中耐蚀性好，而在含氯离子的水溶液（比如海水、NaCl 溶液、KCl 溶液等）中耐蚀性却很差；容易和碱液发生反应，因此在碱性溶液（如 NaOH 溶液、KOH 溶液等）中的耐蚀性也很差。

铝具有良好的塑性和机械加工性能。铝的晶体结构为面心立方（fcc），有12 个滑移系，因此比具有体心立方（bcc）和密排六方（hcp）结构的金属的滑移系更多，因而有更好的塑性。铝在冷状态和热状态下均具有良好的塑性，可进行冷加工（冷轧制、冷挤压、冷拉拔等）及热加工（热轧制、热挤压、热锻造、热拉拔等）。铝合金板带材的生产过程通常是先热轧，作为粗轧工序，再冷轧作为精轧工序，最终得到所需要的尺寸（宽度和厚度）。例如，飞机用的航空板的生产就是先经过热轧工序，再经过冷轧工序。经过冷变形后，铝合金的强度升高，但塑性下降，当变形量达到 60%～80% 时，抗拉强度从未变形时的 $80\sim100$MPa 增加到 $150\sim180$MPa，而伸长率从 40% 下降到 1%～1.5%[210]。此外，铝还具有良好的低温性能，无低温脆性，例如厚度为15mm 的铝板材退火后，20℃ 时的抗拉强度为 80MPa，伸长率为 36%；-70℃的抗拉强度为 105MPa，伸长率为 43%；-196℃ 时的抗拉强度为175MPa，伸长率为 51%[210]。

铝中杂质元素的种类及含量对纯铝的力学和物理性能有重要影响。对于纯铝而言，杂质元素有铁、硅、铜、锌、锰、镍、钛等。其中，铁和硅为最主要的杂质元素。杂质铁与铝形成硬而脆的针状金属化合物 $FeAl_3$。硅在铝中的溶解度比铁高一些，一部分硅溶入铝中，另外一部分则以"自由硅"的状态单独存在于铝中。

在纯铝中，杂质元素 Fe 与 Si 的含量及相对比例对纯铝的性能影响很大。纯铝的热处理主要包含以下两种类型：①均匀化处理，包括成分和组织的均匀化，例如杂质元素及其化合物相均匀分布，为后续的轧制等变形做组织上的准备；②变形加工后的再结晶退火处理，一方面可以使变形后的小晶粒长大，另一方面可以去除变形加工所产生的内应力。

9.1.2　铝合金简介

虽然纯铝具有优异的导电、导热及机械加工性能，但是强度较低，不能应用在需要承受较大载荷的场景中。为提高强度，需要在纯铝中添加铜、镁、锰、锌等合金元素来组成铝合金。所添加的合金元素的种类及含量对铝合金的性能影响很大，可以提高强度、耐蚀性和耐热性。按照铝合金的性能特点，可以将其分为高强铝合金、耐蚀铝合金、耐热铝合金、高强耐蚀铝合金、高强耐热铝合金等。

与纯铝相比，铝合金的力学性能、物理性能及化学性能均发生了变化。以铝铜合金为例，①改变了力学性能：铜加入铝中后，因固溶强化及时效强化作用，铝的强度升高，但塑性下降。②改变了物理性能：铜加入铝中后，由于晶格畸变导致对电子的散射概率增加，导电性下降。③改变了化学性能：铜加入铝中后，其熔点下降。

根据铝合金的成分和工艺特点，铝合金可以分为变形铝合金和铸造铝合金。如图 9-1 所示，存在两个特征成分点，一个是 D 点，为共晶温度时合金元素在铝中的饱和溶解度，对应于 D' 的成分；另一个是 F 点，为室温下的饱和溶解度。成分在 D 点右侧的合金，合金元素含量高，塑性差，不适合变形加工，但含有较多的共晶体，在熔化以后流动性好，适合于铸造，被称为铸造铝合金。成分在 D 点左侧的

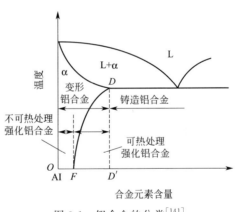

图 9-1　铝合金的分类[141]

铝合金中，合金元素的含量较低，塑性比较好，适合进行压力加工，被称为变形铝合金。成分在 F 点左侧的铝合金，随着温度升高，合金元素在铝中的固溶度没有变化，为不可热处理强化铝合金。成分在 F 点和 D 点之间的铝合金，合金元素在铝中的溶解度随着温度升高而变化，为可热处理强化的铝合金。

热处理是提升铝合金力学、物理和化学性能的有效手段。而针对不同类型的铝合金，所采用的热处理工艺也有所不同。下面将分别介绍铸造铝合金和变形铝合金的热处理。

9.1.3 铸造铝合金的热处理

铸造铝合金中，常用的合金元素有 Si、Mg、Cu、Zn 等。按照合金元素的种类、含量和性能特点，铸造铝合金可以分为：

① 高硅铸造铝合金：$W_{Si} \geqslant 5\%$，包括 Al-Si 系、Al-Si-Mg 系、Al-Si-Mg-Mn 系等。

② 高镁铸造铝合金：$W_{Mg} \geqslant 5\%$，包括 Al-Mg 系、Al-Mg-Si-Mn 系等。

③ 高铜铸造铝合金：$W_{Cu} \geqslant 4\%$，包括 Al-Cu 系、Al-Cu-Mg-Ti 系等。

④ 高锌铸造铝合金：$W_{Zn} \geqslant 3\%$，包括 Al-Zn-Si 系和 Al-Zn-Mg-Cu 系等。

9.1.3.1 高硅铸造铝合金的热处理

Al-Si 系铸造铝合金的主要牌号包括 ZL101、ZL102、ZL103、ZL104 和 ZL105，在航空工业中的应用十分广泛。其中，ZL102 中硅的质量分数为 $10\% \sim 13\%$，铸造性能很好，应用广泛。为获得致密的组织和较好的综合力学性能，需要对 ZL102 合金进行变质处理。变质处理即在熔炼过程中加入变质剂。钠盐和钾盐是生产中常用的变质剂，由 NaF、NaCl、KCl 等组成。变质剂可以选择二元、三元或者多元变质剂，对于二元变质剂，可以采用 NaF 和 NaCl 按照 2∶1 的质量比；对于三元变质剂，NaF 可选择总质量的¼，NaCl 选择总质量的⅔，剩余为 KCl；为了提高变质效果，可以使用成分更加复杂的四元或者更多元的变质剂。变质剂还包括稀土 Ce[212]、Al-10%Sr[213]、Al-Sr-RE[214] 等。

为了提高 Al-Si 系铸造铝合金的力学性能，需要对其进行热处理，热处理对 Al-Si 系铸造铝合金的力学性能的影响如表 9-1 所示。

表 9-1 热处理对 Al-Si 系铸造铝合金力学性能的影响[210]

合金状态	力学性能							
	Al+5%Si		Al+7%Si		Al+9%Si		Al+13%Si	
	σ_b/MPa	δ/%	σ_b/MPa	δ/%	σ_b/MPa	δ/%	σ_b/MPa	δ/%
铸态(未经变质处理)	120~130	4~5	120~140	2~3	130~150	2~3	140~160	1~2
铸态(经变质处理)	130~150	6~9	150~160	6~8	160~170	3~6	170~180	3~6
经变质处理和热处理(550℃保温 5h 后水淬,150℃时效 5h)	140~160	6~8	150~170	5~8	170~180	5~8	180~200	4~6

续表

合金状态	力学性能							
	Al＋5％Si		Al＋7％Si		Al＋9％Si		Al＋13％Si	
	σ_b/MPa	δ/％	σ_b/MPa	δ/％	σ_b/MPa	δ/％	σ_b/MPa	δ/％
经变质处理和热处理(时效 10h)	150～160	4～5	160～170	3～5	170～180	3～5	180～200	3～5
经变质处理和热处理(时效 20h)	150～170	3～5	160～180	3～5	170～190	3～5	180～210	3～5
经变质处理和热处理(200℃回火 10h)	110～120	8～10	110～130	7～9	120～140	6～8	130～150	6～8

当精密仪表等应用领域对铝合金元件尺寸和形状稳定性的要求比较高时，需要对 Al-Si 合金进行稳定化热处理。ZL102 合金稳定化常用热处理工艺如表 9-2 所示。可以在 ZL102 合金的基础上，进一步优化成分和热处理工艺，提升铝合金的性能。例如，在 ZL102 合金中加入质量分数为 5％的 Cu（采用 Al-Cu 中间合金），采用六氯乙烷为精炼剂，40％NaCl＋20％NaF＋20％KCl（质量分数）为变质剂，优化固溶和时效工艺，在 540℃×5h 固溶及 200℃×5h 时效的热处理条件下，合金的抗拉强度为 221.65MPa，布氏硬度为 93.7HB[215]。

表 9-2 ZL102 合金稳定化常用热处理工艺[210,216]

序号	热处理	加热或冷却温度/℃	保温时间/h	冷却介质
1	退火	250～300	3～5 或 6～10	空冷,或炉冷到 150℃后空冷
2	循环处理	−190～−40	0.5～1.0	空气或液体介质
		80～150	1～2	空气或液体介质,第三次循环时在空气中进行
3	稳定化时效	115～125	3～5	空气

在 Al-Si 合金的基础上加入 Mg 元素，就得到了 Al-Si-Mg 系合金。Al-Si-Mg 系铸造铝合金最常用的牌号为 ZL101。ZL101 中常含有 α＋Si＋Mg_2Si 共晶体，但是由于含有杂质元素 Fe，会生成 Al_4Si_2Fe 相或 $Al_8Si_6Mg_3Fe$ 相。ZL101 常用的热处理工艺有淬火和时效处理。对于淬火处理，淬火温度依据 α＋Si＋Mg_2Si 共晶体的熔点（550℃）而定，不能超过共晶体的熔点，常选择比共晶体的熔点低 10～20℃的温度，如 535℃左右。保温时间依工件组织状态、尺寸和装炉量而定，例如选择 2～6h，一般地讲，工件的组织越粗大、厚度越大、装炉量越大，淬火保温时间越长，以保证透烧。淬火冷却速度依工件

的形状而定，若工件形状简单，可选择冷水淬火；若工件形状复杂，可选择
80～100℃的热水淬火，以防止应力过大造成开裂。对于时效处理，ZL101 时
效处理的目的是为了提高强度，同时要兼顾塑性要求。时效温度和时间的选择
依客户对产品强度和塑性的要求而定。若要求较高的强度和相对较低的塑性，
时效温度常选 150～160℃，保温时间常选择 3～5h。时效过程中，在 ZL101
合金固溶体中析出 Si、Mg_2Si 等强化相。当选择较高的时效温度（如 200～
250℃）时，析出相会发生球化，同时晶格畸变减少，使得合金强度有所下降，
但塑性提高。

  热处理对 ZL101 铝合金力学性能的影响如表 9-3 所示，从表中可以看出，
经过时效热处理后，抗拉强度有所提高，而伸长率有所下降。为了节约能源，
降低生产成本，可以利用铸造余热，在 ZL101 合金铸造后直接进行固溶和时
效热处理，即铸造-热处理一体化工艺。实验研究表明将出模后的铸件（不低
于 300℃）直接转移到保温炉中进行固溶处理，转移时间短（不超过 10s），与
单独进行 T6 热处理相比（铸件冷却到室温后再进行固溶处理），可以得到相
近的性能，缩短了工时约 50%，降低能耗约 35%[217]。

表 9-3 热处理对 ZL101 铝合金力学性能的影响[210]

化学成分及质量分数(余量为铝)/%			合金状态	力学性能	
Si	Mg	Fe		σ_b/MPa	δ/%
6.6	0.1	0.30	铸态	150	8
6.6	0.1	0.30	热处理	160	7
6.6	0.27	0.30	铸态	160	7
6.6	0.27	0.30	热处理	240	6
6.8	0.11	0.43	铸态	160	10
6.8	0.11	0.43	热处理	170	8
6.8	0.24	0.24	铸态	160	6
6.8	0.24	0.24	热处理	230	5

  在 Al-Si-Mg 系的基础上，再加入 Mn 元素，得到了 Al-Si-Mg-Mn 系合
金。其中，ZL104 合金的应用十分广泛，常用来锻造大型零件，它可以承受比
较大的负载，并允许做成比较复杂的形状。ZL104 属于 Al-Si-Mg-Mn 系铝合
金，由 α、Si、Mg_2Si、AlSiMnFe 相组成，含有 "α+Si+Mg_2Si" 共晶体（熔
点为 550℃）。其中，Mg_2Si 为主要强化相，常用热处理工艺有以下两种，这
两种热处理工艺均是通过时效处理析出 Mg_2Si 相来提高合金的强度的。

  第一种情况，人工时效，即采用 T1 热处理规程。ZL104 铸件的冷却过程

相当于不完全淬火，组织是亚稳态的。经时效处理后，析出 Mg_2Si 强化相，强度提高，但塑性下降。时效温度和时间依 Mg_2Si 相析出强化的效果而定。时效温度常用 180℃ 左右，时效时间选择 20h 左右。时效处理后，ZL104 合金的强度和硬度有所提高。

第二种情况，淬火加完全人工时效处理，即采用 T6 热处理规程。其中，淬火温度常选择 500～510℃（比 $\alpha+Si+Mg_2Si$ 共晶体的熔点低 40～50℃）。淬火升温时间依工件形状的复杂程度而定，若工件形状复杂，升温速度慢一些。淬火保温时间依铸造组织和工件尺寸而定，可选择 1～4h。淬火冷却介质依工件形状而定，可选择冷水（形状简单）或 80～100℃ 的热水（形状复杂）。淬火后得到亚稳的固溶体，经时效处理后析出 Mg_2Si 强化相。根据强化效果和性能要求选择时效温度和时效时间，常用 170～180℃，10～20h。

在 Al-Si-Mg 系合金的基础上，再加入 Cu 元素，得到了 Al-Si-Mg-Cu 系合金。Al-Si-Mg-Cu 系铸造合金包括 ZL103、ZL105 等合金。其中，ZL105 较常用，它主要含有质量分数为 4.5%～5.5% 的 Si、0.35%～0.6% 的 Mg 和 1.0%～1.5% 的 Cu。其余的元素，如杂质元素 Fe 含量小于等于 0.6%，Zn 含量小于等于 0.3%。ZL105 在铸态下由 α 相、Si 相、AlMgCuSi 相、AlSiFe 相、$CuAl_2$ 相等组成。为了适用于不同的应用场景，ZL105 合金常用的热处理工艺有以下三种。

第一种为 T5 规程。即淬火加不完全人工时效处理。淬火的主要目的是为了获得亚稳态的过饱和固溶体。淬火温度和时间的选择与 ZL105 的组织状态有关，组织越粗大，所需要的温度越高或时间越长。常用的淬火温度为 520℃ 左右，淬火保温时间可选择 3～5h。淬火介质的选择依工件的形状而定，若工件形状复杂，在冷水中淬火时会产生较大的淬火应力，需选用热水。若工件形状简单，可选用冷水。此外，形状复杂的工件的淬火升温速率也要慢一些，通过升温时间来控制，可选择 2～3h 缓慢升温的方法。

第二种为 T6 规程。即淬火加完全人工时效处理。淬火条件与 T5 相同。由于是完全人工时效处理，回火温度更高，时间更长，常用的时效温度为 175℃，时效时间为 3～10h。与 T5 热处理后的工件相比，T6 热处理后的工件强度更高，在室温下可承受更大载荷。

第三种为 T7 规程。即淬火加稳定化回火。淬火条件与 T5 相同。由于是用于稳定化的回火，比完全时效处理的温度更高，时效温度常选用 230℃ 左右，时效时间可选择 3～10h。经过 T7 热处理后的工件可以用于在较高温度下工作的场合。

需要注意的是，如果需要在较高温度下（如 250～270℃）工作，为了提升工件在服役过程中的稳定性，回火温度需要高一些。例如，上述 T7 规程中，回火温度选择 230℃ 左右，比 T6 规程中的回火温度高 50～60℃。经过较高温度回火后，可稳定化组织并消除内应力。此后当工件在较高温度下服役时，一方面因组织更加稳定而性能变化小；另一方面因应力小，工件的变形或开裂的倾向小。

9.1.3.2　高镁铸造铝合金

高镁铸造铝合金中 $W_{Mg} \geqslant 5\%$，这类合金包括 Al-Mg 系、Al-Mg-Si-Mn 系等。这类合金的耐蚀性和强度高，且密度小，但热强性较低。ZL301 合金在该类合金中强度最高，但铸造性能不好。ZL301 合金中镁的质量分数为 9.5%～11.5%，主要由 α 相和 Al_3Mg_2 相组成。由于含有 Fe 杂质，ZL301 合金中还存在 Al_3Fe 相，与 α 相和 Al_3Mg_2 相会形成 "α＋Al_3Mg_2＋Al_3Fe" 共晶体。ZL301 合金常用的热处理工艺是淬火和时效处理。对于淬火，由于 "α＋Al_3Mg_2＋Al_3Fe" 共晶体的熔点为 447℃，淬火温度应低于共晶体的熔点，淬火温度常选择（430±5）℃，固溶时间可以选择 12～20h[218]。该合金的自然时效过程十分缓慢，效率太低，因此多采用人工时效处理，但时效温度不能太高，通常不超过 125℃，否则合金的强度和塑性均下降。ZL301 合金淬火回火后的力学性能如表 9-4 所示。

表 9-4　ZL301 合金淬火回火后的力学性能[210]

回火规范	σ_b/MPa	δ/%
淬火状态	326	20.4
100℃×5h 回火	328	19.5
125℃×5h 回火	348	14.4
150℃×5h 回火	301	7.6
175℃×5h 回火	236	1.38
200℃×5h 回火	212	0.0
225℃×5h 回火	196	0.0

ZL303 合金是最典型的 Al-Mg-Si-Mn 系铸造铝合金，其中，Mg 的质量分数为 4.5%～5.5%，Si 的质量分数为 0.8%～1.3%，Mn 的质量分数为 0.1%～0.4%。含有其他杂质元素的质量百分含量 Cu≤0.1%、Fe≤0.5%、Zn≤0.2%。由于 ZL303 合金中镁含量较低，经过淬火后强度的增加并不明显，淬火回火后强度的增加也不明显，即热处理强化效果不明显。因此，

ZL303 合金常在铸态下使用。

9.1.3.3　高铜铸造铝合金的热处理

高铜铸造铝合金中 $W_{Cu} \geq 4\%$，主要包括 Al－Cu 系、Al-Cu-Mn-Ti 系等。该类合金由于含有 Cu（铜的密度是铝的密度的 3.3 倍，即铜的质量分数每增加 1%，密度增加 2.3%），密度较大，优点是热强性和力学性能高，适合应用于承载大、工作温度较高的场合，但是，不耐腐蚀，而且铸造工艺性能较差，选用时需要注意。

高铜铸造铝合金中，对于 Al-Cu 系，具有代表性的合金为 ZL1 合金和 ZL16 合金。对于 Al-Cu-Mn-Ti 系，具有代表性的合金为 ZL201 合金。

在 Al-Cu 系合金中，铜含量是十分关键的，对于强化相的种类和合金组织的均匀性有显著影响。当 Al-Cu 合金中含有质量分数为 3%～7% 的铜时，经过热处理后，在铜的固溶强化和强化相的析出强化的共同作用下，合金强度显著增加。其中，当 Cu 的质量分数为 4.5%～5.25% 时，淬火后可以得到最好的固溶强化效果。当 Cu 含量大于 5.5% 时，合金淬火后，组织中会出现脆性很大的 CuAl 相；而且铜含量高时，组织均匀性差，导致合金的综合力学性能恶化。当 Cu 含量大于 7% 时，热处理强化效果差，通常只在铸态下使用。需要说明的是，在该类合金中，杂质元素 Fe 的含量对强化效果的影响很大。这是由于 Fe 会和 Cu 以及 Al 结合生成 AlCuFe 相，降低了固溶体中的 Cu 含量，使得固溶强化和时效强化效果均有不同程度的削弱，熔炼时需要注意对原料中的杂质元素（Fe）含量进行检测和控制。

淬火温度的选择主要依据共晶体的熔点而定，一般选择低于共晶体的熔点 10℃ 左右。而 Al-Cu 系合金中，共晶体的种类与合金中杂质元素的含量密切相关。当 Al-Cu 合金中杂质含量很低时，在合金组织中存在 $\alpha+CuAl_2$ 共晶体（熔点 548℃），淬火温度可选择 540℃。当 Al-Cu 合金中含有杂质元素 Si 时，在组织中存在 $\alpha+Si+CuAl_2$ 三元共晶体（熔点为 525℃），淬火温度可选择 515℃。

淬火保温时间的选择主要依据铜含量和组织状态而定。淬火时，需要完全溶解 $CuAl_2$ 相，由于 $CuAl_2$ 相组织通常比较粗大，保温时间通常大于 10h。Cu 含量越高，$CuAl_2$ 相的含量越高，但组织越粗大，所需要的保温时间也越长。另外，为了保证淬火温度，应严格控制工件从炉内取出到浸没于淬火槽中的时间，通常不超过 1min，时间过长会造成淬火实际温度过低，影响淬火效果。值得一提的是，ZL16 合金在淬火状态下综合力学性能优良（断后伸长率最大时，抗拉强度较高）。自然时效处理对力学性能的影响不大，抗拉强度略有提高，而塑性稍有下降。人工时效处理可以提高强度，但降低塑性。通常，当内部显微组织不均匀时采用人工时效处理，可以均匀化 ZL16 合金的组织，提高其使用时性能的稳定性和一致性。

对该类合金，淬火温度和保温时间对合金的力学性能，特别是塑性影响显著。表 9-5 给出了不同淬火温度和时间下 ZL16 合金的屈服强度和伸长率。从表中可以看出，当淬火温度为 515℃时，随着保温时间从 4h 增加到 20h，抗拉强度不断升高，断后伸长率呈现先升高后降低的趋势，在保温时间为 15h 时达到最大值。当淬火温度为 530℃时，随着保温时间从 4h 增加到 16h，强度和塑性均不断升高，说明 16h 还没有达到过时效。比较不同的淬火温度（515℃和530℃），在淬火时间相同时，淬火温度为 530℃时合金的强度和塑性整体上略微高一些。

表 9-5　不同淬火温度和时间下 ZL16 合金的力学性能[210]

淬火温度	保温时间/h	σ_b/MPa		δ/%	
		范围	平均值	范围	平均值
515℃	4	206~270	228	5~7	6.3
	8	240~250	248	6~9	7.0
	12	230~270	256	6~9	8.3
	15	230~290	270	7~11	10.2
	20	230~300	280	8~10	9.0
530℃	4	220~240	230	4~8	6.0
	8	240~270	250	8~10	9.0
	12	250~280	270	8~10	9.0
	16	250~340	310	8~14	12.0

对于 ZL201 合金，常用两种热处理规程。第一种为固溶淬火，分两个阶段保温。首先为了使共晶体中的 $CuAl_2$ 溶入固溶体，在约 530℃保温一段时间（如 8h），然后将温度升高到约 545℃，再保温一段时间（如 8h），从而使 $CuAl_2$ 中全部的 Cu 和一部分 Mn 溶入固溶体中，常选择水淬以获得较好的固溶效果。第二种为时效回火，回火温度常选择 160℃左右，回火时间依工件大小和装炉量而定，例如选择 10h，可显著提高工件强度，但同时会降低塑性。

需要指出，在该类合金中，Si、Fe 等合金元素的含量变化会影响到淬火热处理工艺的选择以及最终合金的力学性能。但是，当 ZL101 合金中 Si 含量较高时，会存在 $\alpha+CuAl_2+Si$ 共晶体（熔点为 525℃），此时需要降低淬火温度，以避免温度过高导致共晶体熔化。在 ZL101 合金中，当 Si 含量过高时，淬火温度低，$CuAl_2$ 相不能完全溶解，且会形成数量较多的 $Al_{10}Mn_2Si$ 相，从而使得淬火固溶体中的 Cu 和 Mn 的含量降低，固溶效果变差，降低工件的强度和塑性。当在 ZL101 合金中加入少量 Fe 时，由于含 Fe 相能够强化晶界，从而提高了合金的持久强度，但是会显著降低强度和塑性。

9.1.3.4 高锌铸造铝合金的热处理

高锌铸造铝合金中 $W_{Zn} \geqslant 3\%$。其中，ZL401 合金是常见的高锌铸造铝合金，其化学成分为：质量分数为 9%～13% 的 Zn、6%～8% 的 Si、0.1%～0.3% 的 Mg。其次，杂质中含有 Mn 的质量分数不大于 0.5%、Fe 的质量分数不大于 0.7%、Cu 的质量分数不大于 0.6%。ZL401 合金，属于含锌硅铝锰合金，合金元素含量高，淬透性好，铸锭在冷却后（尽管冷却速度较慢）即形成过饱和固溶体，具有自行淬火能力，因而铸件的强度较高。ZL401 合金因含 Si 量高，铸造性能好，但容易形成气孔，需要进行变质处理。在牌号规定的成分范围内（10%～14%），随着 Zn 含量的提高，强度升高，但塑性降低。对于 ZL401 合金的热处理，通常不需要单独淬火，在铸态下使用。ZL401 合金常用的热处理工艺为去应力退火，用于去除铸造过程中产生的内应力，退火温度常选择 170～180℃，保温时间选择 4～6h，或选择较高的退火温度，如 250～300℃，相对较短的保温时间，如 1～3h。ZL401 合金经 T1 热处理后，抗拉强度为 195～245MPa，断后伸长率为 1.5%～2%。

ZL402 合金是另外一种高锌铸造铝合金。ZL402 中的 Zn 含量比 ZL401 低，含有质量分数为 5.0%～6.5% 的 Zn，0.5%～0.65% 的 Mg，0.4%～0.6% 的 Cr，0.2%～0.5% 的 Mn，0.15%～0.25% 的 Ti。其中，杂质中含有 Mn 的质量分数不大于 0.1%、Fe 的质量分数不大于 0.5%、Cu 的质量分数不大于 0.25%、Si 的质量分数不大于 0.3%。ZL402 合金具有中等的铸造性能，较好的切削加工性能和中等的焊接性能。ZL402 适用于承受较高静载荷和冲击载荷的场合，如飞机起落架、农机部件等。ZL402 合金常用的热处理工艺为 T1，即人工时效处理，时效温度常用 200℃左右，时效时间根据工件大小、装炉量而定，通常选择 3～5h。ZL402 合金经 T1 热处理后，抗拉强度为 220～235MPa，断后伸长率约为 4%。

9.1.4 变形铝合金的热处理

与铸造铝合金不同，变形铝合金可以用锻造、轧制、冲压、拉拔和挤压方法进行压力加工。根据合金变形的特点，变形铝合金可以分为防锈铝合金、硬铝合金、锻造铝合金、超硬铝合金。变形铝合金的分类及常用牌号见表 9-6。从表中可以看出，不同类别的铝合金的合金系不同，性能特点也有所区别。为了满足不同应用领域的性能要求，需要有相应的热处理工艺与成分相配合。下面分别介绍这四类铝合金的热处理。

表 9-6　变形铝合金的分类及常用牌号[141,210]

类别	性能特点	常用牌号	适用范围
防锈铝合金	Al-Mn、Al-Mg 系,耐蚀性强、加工性能和焊接性能良好,不适合于热处理强化,可通过加工硬化强化	LF21、LF2 等	制造耐蚀性要求高而又受力不大的零部件
硬铝合金	Al-Cu-Mg-Mn 系,时效强化能力强,经热处理后强度可达 500MPa。室温强度高、耐热性也较好,但耐蚀性和焊接性能较差	LY1、LY2、LY6 等	广泛应用于航空工业
锻造铝合金	Al-Mg-Si 系,冷、热加工能力及焊接性能良好	LD2、LD5、LD6 等	制造各种类型的锻件
超硬铝合金	Al-Zn-Mg-Cu 系为主。强度是变形铝合金中最高的,缺点是抗疲劳性能较差,对应力集中比较敏感	LC4	应用于航空工业,尤其是飞机制造中

9.1.4.1　防锈铝合金的热处理

防锈铝合金的主要特点是耐腐蚀，适合在海洋工程和航空航天等领域中的腐蚀环境下应用。其中 Al-Mn 系防锈铝合金的代表性合金是 LF21 合金，热处理对于该合金的强化效果不明显。Al-Mn 系合金过冷倾向大，铸造冷却过程中可形成过饱和固溶体，即具有自行淬火能力。当铸态 LF21 合金在 200℃以上进行挤压等变形时，固溶体会发生分解，形成弥散分布的含锰相等。Al-Mn 合金中，虽然 Mn 元素的固溶度随着温度的变化较大（从共晶温度冷却到室温，固溶度的变化约为 1.5%），具有固溶强化的效果，但是，时效处理后无法形成具有良好强化效果的沉淀相，因而沉淀硬化作用很弱，时效态和退火态性能接近。因此，LF21 合金常用的热处理工艺为退火。

LF21 合金退火的目的是消除加工硬化、去除内应力、稳定化组织、提升塑性。退火温度常用 300～500℃，可以在空气或硝酸盐槽中进行。保温时间依工件的厚度而定，工件越厚，所需的保温时间越长。对于形状复杂的工件，一般根据截面的最大厚度进行计算。在硝酸盐槽中，工件每毫米厚度对应的加热时间通常为 2～4min。在空气炉中，由于所采用的加热介质为空气，传热速度比硝酸盐慢，因而比硝酸盐槽中的保温时间更长，通常延长 60%。在一定的温度范围内，"高温长时间"与"低温短时间"相对应，经退火后可以达到类似的效果。退火保温结束后常采用空冷。在硝酸盐槽中保温结束后，可将工件从硝酸盐槽中取出空冷，并将工件表面的盐渍清洗干净。在对 LF21 合金进行退火热处理时，需要注意晶粒粗化的现象，尤其是多次"冷加工—退火"过程，可能会造成晶粒粗化严重。为了得到较细的组织，可选用较低的退火温度。

Al-Mg 系防锈铝合金中，常用的合金牌号有 LF2、LF3、LF5。该类合金常在加工硬化或退火状态下使用。其中，退火是该类合金最常用的热处理工艺。退火的主要目的是消除加工硬化，去除或减小内应力，稳定化组织，提高塑性。退火温度与 LF21 相同，通常选择 300～500℃。退火时间主要和退火温度、装炉量和工件尺寸有关。一般情况下，在一定的温度范围内，较高的退火温度下所需的退火时间较短；若退火温度较低，则需要较长的退火时间来达到类似的效果。装炉量越大、装炉越密实，所需要的退火时间越长。工件尺寸越大，所需要的退火时间也越长。需注意，退火温度过高或保温时间过长，会导致 LF21 合金的晶粒过度长大，降低工件的强度和塑性。L6、LF21、LF2、LF3、LF5、LF6 合金半成品的退火规范如表 9-7 所示。

表 9-7　LF2、LF3、LF5、LF6、L6、LF21 合金半成品的退火规范[210,219]

合金牌号	退火温度/℃		材料厚度/mm	退火温度下的保温时间/min		
	在硝酸盐槽中	在空气炉中		在硝酸盐槽中	在空气循环炉中	在空气不循环炉中
LF2 LF3	300～500	350～420	0.3～3.0	30	50	60
			3.1～6.0	40	60	80
LF5 LF6	300～500	310～335	6.1～10	50	80	100
L6 LF21	350～500	350～420	0.3～3.0	7～30	50	60
			3.1～6.0	7～40	60	80
			6.1～10	15～50	80	100

表 9-7 中，列出了退火的三种方式，在硝酸盐槽中，在空气循环炉中，在空气不循环炉中。若采用硝酸盐槽，需要在水中冷却，并在热水中清洗、擦拭，以消除盐渍。另外，退火介质同样为空气时，当空气不循环时，因传热效果更差，比空气循环时所需要的保温时间要更长一些，通常长 20%～30%。

9.1.4.2 硬铝合金

硬铝合金最主要的特点是强度高，适用于航空航天等对铝合金的强度和耐磨性要求比较高的场合。硬铝合金属于 Al-Cu-Mg-Mn 系合金。其中，Cu 的质量分数为 2.5%～6%，Mg 的质量分数为 0.28%～0.4%，Mn 的质量分数为 0.4%～1.0%。此外，杂质元素 Fe 和 Si 的质量分数均小于 1.0%。在硬铝合金中，Cu 元素和 Mg 元素为主要的强化元素，主要起固溶强化和时效强化的作用，经过热处理后强度有明显的提升，即强化效果显著。在一定的成分范围内，随着 Cu 含量或者 Mg 含量的增加，硬铝合金的强度显著增加。例如，固定 Mg 含量为 1%～2%，将 Cu 含量从 1% 增加到 4%，合金的抗拉强度可提升 60%～100%。在与 Cu 具有适当的比例范围内，增加 Mg 含量，强化效果类似。

我国常用的硬铝合金的牌号有 LY12、2A12、LY1、LY2、LY6、LY10、LY11 等[220,221]。LY12 合金中主要的强化相为 $CuAl_2$ 相、Mg_2Si 相和 Al_2CuMg 相。LY12 合金主要的热处理工艺包括淬火、时效处理和退火。对于淬火，其主要目的是获得 Cu、Mg、Si 等合金元素在铝中的过饱和固溶体。淬火加热温度选择的基本原则是不能超过 LY12 合金及共晶体的熔点。一般地讲，淬火温度越高，合金元素在固溶体中溶解得越快，分布也越均匀。相应地，淬火后得到的过饱和固溶体的质量越高，工件的力学性能也越好。因此，淬火加热温度通常选取上限温度，即比合金或共晶体的熔点中较低者低 10℃左右。当板材较厚时，因其中可能存在较多的共晶体，容易造成过热，淬火加热温度可以稍微低一些。此外，淬火时工件的转移速度会通过影响淬火实际温度而强烈影响工件的性能。淬火转移速度慢，将会使淬火实际温度低一些，若低于临界温度，则达不到预定的淬火效果。因而，在实际操作时，工件从保温炉到淬火槽中的转移时间应尽可能短。需注意，淬火中蒸汽套的形成及水温过高等，会改变工件内部的显微组织，进而影响工件的耐蚀性等。

对于时效处理，LY12 合金的时效热处理可分为自然时效和人工时效两种。当采用自然时效时，不需要额外加热，能耗小，合金的耐蚀性更好；当采用人工时效时，所需要的时间短，生产效率更高。人工时效温度常选用 180℃左右，时效时间可选择 8h 左右。具体选择自然时效，还是人工时效，需要根据工件的性能要求、工期要求、综合成本核算而定。

对于退火，LY12 合金为获得较好的塑性，通常选择在比较高的温度（350～450℃）下退火，以减轻晶格畸变的程度、减少缺陷的数量。为防止冷速过快在工件中引入大的内应力，常采用分段冷却，可以先冷却到 250～

270℃（冷速约 20℃/h），再冷却到室温。

当 LY12 合金在较高温度下工作时，为了提高其强度和硬度，在"淬火＋自然时效"处理后，还可以进行冷变形处理。通常，采用比较小的变形量，就可以使合金的强度得到较大提升，而且保持适当的塑性。如经过变形处理的 LY12 合金在 250℃以下应用，仍然可以保持较好的加工硬化效果。但若应用温度超过 250℃，相当于对合金进一步退火，会去除应力、消除缺陷，这部分因变形加工而产生的强化或硬化效果将被消除。因此，"淬火＋自然时效"后冷变形处理的方法只适用于在 250℃以下工作的工件。

相对于 LY12 合金，LY11 合金的强度、塑性和热强性均较低，但是可焊性更好。其板材、带材、棒材、管材和型材均得到了广泛的应用。与 LY12 合金相比，LY11 合金中 Mg 含量低一些，而 Fe 含量和 Si 含量比较高。因其成分特点，LY11 合金中主要的强化相是 $CuAl_2$ 相和 Mg_2Si 相，不含或仅含少量的 Al_2CuMg 相，这一点和 LY12 合金不同。其中的共晶体主要为熔点较高的 $\alpha + CuAl_2 + Mg_2Si$ 共晶体（熔点为 517℃），不含或者仅含有少量的 $\alpha + CuAl_2 + Al_2CuMg$ 共晶体（熔点 507℃）。据此，对于尺寸比较小的工件，淬火温度可选择 505℃。当工件尺寸较大时，工件中可能会存在一些共晶体聚集物，淬火温度可以适当再低一些。除了淬火温度外，LY11 的其他热处理工艺参数，包括时效处理和退火的工艺参数，与 LY12 合金相似。LY11 合金力学性能与时效温度、时效时间的关系见表 9-8。从表中可以看出，相较于新淬火状态，经自然时效或人工时效后，LY11 合金的强度更高，但是塑性和韧性下降；相对于自然时效，人工时效时选择不同的时效温度和时效时间，可以得到系列强度、塑性和韧性的组合。总体的规律是，强度升高会伴随着塑性和韧性的下降。在自然时效条件或者 100~120℃人工时效条件下，LY11 合金具有强度与塑性和韧性的较好组合，综合力学性能较好。

表 9-8　经淬火的 LY11 合金时效温度、时效时间与力学性能的关系[210]

合金状态	拉伸力学性能						
	σ_p/MPa	$\sigma_{s(0.2)}$/MPa	σ_b/MPa	S_k/%	Ψ/%	δ/%	α_k/(J/cm²)
新淬火	66	135	338	53	40.5	20.2	37
自然时效	177	246	425	61.9	35.7	19.9	19
100℃时效 25h	172	230	416	61.6	39	25.3	21
120℃时效 24h	182	231	414	62.4	37.5	27.7	21
120℃时效 12h	171	223	417	61.6	37.9	28.8	23

续表

合金状态	拉伸力学性能						
	σ_p/MPa	$\sigma_{s(0.2)}$/MPa	σ_b/MPa	S_k/%	Ψ/%	δ/%	α_k/(J/cm^2)
140℃时效 8h	217	306	436	61.3	35.1	16.9	13
140℃时效 16h	212	287	427	61.3	35	17.4	11
160℃时效 4h	186	259	418	61.2	36.4	23.9	18
160℃时效 6h	176	287	433	63.1	37.2	20.9	17
200℃时效 2h	256	336	427	56	31.3	10	09
200℃时效 4h	303	369	433	55.5	29.5	7.6	08
250℃时效 30min	172	221	418	63.9	38.2	26.3	24
250℃时效 60min	230	311	403	54.1	32.8	12.6	19

　　由于 LY11 合金等硬铝合金存在自然时效，如需在新淬火状态下使用（自然时效会使合金强度升高，不便于后续变形和加工等处理），或者在淬火后需要立刻进行其他处理而又因为设备被占用等原因无法进行时，可采用低温存放，如放置在低于 0℃ 的介质内，抑制自然时效过程。表 9-9 为低温对 LY11 合金新淬火状态性能的保持程度。从表中可以看出，新淬火后的 LY11 合金在 20℃ 放置 6h，合金的强度极限从 300MPa 增加到 380MPa；降低放置的温度至 0℃，−21℃，−50℃，合金的强度增加速度被显著抑制；且随着温度降低，合金放置相同的时间，强度升高的幅度减小，即更能够有效保持新淬火状态。

表 9-9　低温对 LY11 合金新淬火状态性能的保持程度[210]

温度/℃	力学性能	试样在淬火后的试验时间						
		6h	24h	48h	96h	144h	240h	312h
20	强度极限/MPa	380	400	422	423	425	423	422
	伸长率/%	18.7	17.0	19.5	19.6	20.1	19.3	19.2
0	强度极限/MPa	304	308	327	346	365	388	406
	伸长率/%	18.7	22.6	18.6	22.0	21.4	19.5	17.0
−21	强度极限/MPa	302	318	312	316	309	335	336
	伸长率/%	20.1	24.3	24.1	22.3	20.7	20.1	20.5
−50	强度极限/MPa	—	—	314	—	318	318	322
	伸长率/%	—	—	21	—	19.9	21.7	20.2

9.1.4.3　锻造铝合金的热处理

锻造铝合金属于 Al-Mg-Si-Cu 系，是在 Al-Mg-Si 合金的基础上，合金化 Cu 而得到的。Al-Mg-Si 合金中，主要的强化相是 Mg_2Si 相。加入 Cu 以后，强化相除了 Mg_2Si 外，还出现含 Cu 的化合物相，主要的强化相为 Mg_2Si 相、$CuAl_2$ 相和 Al_2CuMg 相等。因合金中含有大量的 Si，塑性好，工艺性能好，适合于生产锻件。

常用的锻造铝合金的牌号有 LD2、LD5、LD6 和 LD10。LD2 合金、LD5 合金和 LD10 合金常用的热处理工艺包括淬火、时效处理和退火。其中时效处理工艺，采用自然时效比采用人工时效处理的合金的强度略低，但塑性略高。

LD2 合金在除人工时效的多种状态下（退火状态、淬火状态、自然时效状态等）都具有很好的塑性，可以用于制成板材、带材和锻件等，应用非常广泛。LD2 合金比 LD5 合金和 LD10 合金的铜含量低，固溶强化效果差一些，强度相对低一些。LD2 合金常用的热处理工艺为淬火、时效处理和退火。对于淬火热处理，从成分和相组成上看，LD2 合金的淬火温度通常选择 520℃左右，淬火保温时间依淬火温度、工件的尺寸、装炉量而定。淬火后，若采用自然时效，通常需要 4 天以上。若采用人工时效，通常需要在淬火后，间隔很短时间（通常在 6h 以内）即进行，以避免放置时间过长合金发生自然时效，从而影响人工时效的效果，导致强度达不到预期要求。人工时效温度常选择 160℃左右，时间选择 10h 左右，在空气中冷却。当时效温度过高时，容易发生"过时效"，导致强度下降。LD2 合金的退火温度常选择 380～420℃，可以在空气中或者硝酸盐槽中冷却。若在硝酸盐槽中退火，保温结束后需要将工件从硝酸盐中取出，空冷至 200℃以下，冷却后需要注意在热水或者其他溶液中将工件表面残留的盐渍清除干净。硝酸盐的传热速度比空气快，所需要的退火保温时间可以适当短一些。

LD5 合金中的铜含量为 1.8%～2.6%，比 LD2 合金中的铜含量（0.2%～0.6%）高许多，强度更高。虽然 LD5 合金中的铜含量仅为硬铝合金中的一半，但人工时效后的强度可以达到与硬铝合金相当的程度。LD5 合金常用的热处理工艺包括淬火、时效处理（自然时效和人工时效）和退火。对于淬火，淬火温度依合金成分和相组成而定，常选择 515℃左右，淬火保温时间依工件的状态、性能要求、工件的尺寸和装炉量而定。对于时效处理，经过自然时效后，LD5 合金的耐蚀性更好，虽然强度低一些；经过人工时效后，LD5 合金更适合在较高温度下使用，常用的时效温度为 160℃左右，时效时间为 10h 左右，保温结束后空冷。对于退火，根据退火目的的不同，选用不同的退火温度，若在锻造等变形加工之前进行，用于均匀化成分和组织，可选用相对较高的退火温度，常用的退火温度为470℃左右；若用于零件或半成品的退火，可选用相对较低的退火温度，常用的退火温度为350～400℃。

LD10合金和LD5合金类似，淬火后的高塑性仅能保持约3h，随后因自然时效发展迅速而导致塑性降低。所以，如果需要在新淬火条件下使用时，放置的时间不宜过长。LD10合金中含有较多的Cu和Mn，热强性更好，适合应用于更高温度。LD10合金中的主要强化相为$CuAl_2$相、Mg_2Si相和Al_2CuMg相。其中α相、$CuAl_2$相和Al_2CuMg相会形成"α＋$CuAl_2$＋Al_2CuMg"三元低熔点共晶体，因此淬火温度应低于505℃。LD10合金的其他热处理，包括自然时效、人工时效和退火，均与LD5合金相同。时效处理仍然遵循"高温短时间"与"低温长时间"相当的原则。例如，时效温度为140℃时，时效时间需要20h；时效温度为160℃时，时效时间仅需要5h，两者可以达到相同的强度和塑性。

对于LD10合金制成的工件，当形状比较复杂时，若淬火时冷却速度过快，将造成工件发生翘曲、变形乃至开裂。其主要原因是冷速过快时，将在LD10工件内部引入比较大的残余应力，残余应力大小超过允许的范围。解决方法是设法降低冷却速度。一方面，可以选择热冷却介质，如热水或热油等。对于热水，可以在室温到100℃之间的温度进行调控，其淬火冷却速度比冷水慢一些，比较常用的是80～100℃的热水。对于热油，常用的使用温度是40～80℃，在该温度范围内，有比较好的冷却特性。当LD10工件尺寸较大时，淬火后可能会造成水温或油温迅速升高，使得水沸腾或者油达到燃点的情况。此时，可能会存在工件淬不透、性能大幅度下降的情况。可以采用强制淬火介质冷却的方法，以确保工件淬透。虽然仍然可能出现强度下降、塑性升高的现象，但只要满足工件的使用技术要求即可。另一方面，可以采用等温时效的方法。采用熔盐为淬火介质，此时，冷却速度要慢很多，可以采用强制循环的方法控制温度，温度可控制在160℃左右。淬火保温时间通常不少于2h。可以通过调控熔盐的温度和保温时间，实现对LD10锻件力学性能的调控，得到具有不同强度和塑性的锻件。LD10合金试样经热处理后的最低力学性能如表9-10所示。

从表9-10中可以看出，当采用20℃的冷水淬火时，LD10合金试样的强度最高；随着水温的升高（80℃和97℃），强度降低了20%～30%，塑性有所升高；采用熔盐冷却时，熔盐的温度和冷却时间对试样强度和塑性均有不同程度的影响，是可以用于调控LD10合金力学性能的重要工艺参数。

表 9-10　LD10 合金试样经热处理后的最低力学性能

(试样沿锻件纤维方向切取，尺寸为 12mm×12mm×100mm)[210]

冷却规范			时效规范		力学性能		
冷却介质	介质温度/℃	时间/h	温度/℃	时间/h	σ_b/MPa	$\sigma_{0.2}$/MPa	δ/%
水	20	保持到与水温相同时为止	165	6	477	427	8
水	80		165	6	434	350	12.8
水	97		165	6	423	320	10.8
融盐	150	3			425	282	12.8
融盐	150	6			446	393	8
融盐	150	9			459	385	8
融盐	170	3			462	398	8.8
融盐	170	6			455	424	8
融盐	170	9			466	410	7.6

9.1.4.4　超硬铝合金的热处理

超硬铝合金之所以用"超硬"来称呼，是由于其强度极限、屈服强度和硬度比硬铝合金更高，是所有变形铝合金中强度和硬度最高的，其强度高达 600～700MPa。此外，超硬铝还具有断裂韧性好、热加工性能好等优点，能够承受比较大的载荷，广泛应用于航空工业等领域。但是，超硬铝合金也存在着对应力集中敏感、应力腐蚀倾向大、抗疲劳性能差、耐热性差等缺点，在选用时需注意。

超硬铝合金属于 Al-Zn-Mg-Cu 系，其中，Zn 元素、Mg 元素和 Cu 元素是主要强化元素。Mg 元素、Zn 元素和 Al 元素会生成 MgZn2 和 Al2Zn3Mg3 相，是该类合金中的主要强化相。在一定的范围内，Zn 含量和 Mg 含量的增加能够提高铝合金的强度，但是当 Zn 含量和 Mg 含量过高时，网状分布的脆性相会在晶界析出，使得合金的脆性增加，对其应用造成不利影响。所以，Zn 含量和 Mg 含量的质量分数之和通常不超过 9%。铜的加入，一方面，部分铜固溶于铝基体中，起固溶强化的作用；另一方面，可以改变沉淀相的成分和结构，使沉淀相分布更加均匀，增强了弥散强化效果。而且，铜的加入可以提高超硬铝合金的抗应力腐蚀能力。但是，铜容易在焊缝热影响区诱发热裂纹，降低超硬铝合金的焊接性。因此，铆接和粘接是超硬铝常用的连接方式，避免使用焊接的方法。除了加入 Cu 元素外，超硬铝中还常加入微量的 Cr、Mn、Zr 等元素，主要起细化晶粒、阻碍再结晶晶粒长大的作用，使得超硬铝合金在热处理和热加工后，仍然能够维持较细的晶粒，从而保持较高的强度。这些微量合金元素的加入，还有利于提高合金的抗应力腐蚀能力，其中，Cr 元素的效果比 Mn 元素的效果要更好一些。例如，高浓度的 Al-Zn-Mg-Cu 系合金（质量分数为 8.2% 的 Zn、2.1% 的 Mg、2.4% 的 Cu），于 120℃ 时效 24h，其力学性能是，$\sigma_b = 523MPa$，$\sigma_{0.2} = 437MPa$，$\delta = 5.5\%$。若在合金中加入 Cr、Mn、Ti 或 Zr，可以细化晶粒[222]，不仅可使强度提高 100~190MPa，也可使伸长率 δ 提高到 9.1%~13.8%[223]。需要注意的是，Cr、Mn 等元素的加入，使得合金对于淬火冷却速度比较敏感，需要有更快的淬火冷却速度相配合，才能实现高强度。此时，可以选择冷却速度较快的淬火介质，例如用盐水代替水。当工件尺寸较大时，不容易淬透，可以用 Zr 元素替代 Cr 元素。

超硬铝合金的牌号主要有 LC3、LC4、LC9、LC10、LC12。其常用的热处理工艺包括淬火、时效处理和退火。对于淬火，超硬铝合金不容易发生过烧，具有较宽的淬火温度范围，淬火温度常选用 460~500℃。淬火转移时间和淬火冷却速度是两个需要重点关注的工艺参数，对于超硬铝合金的强度和塑性具有较大影响。表 9-11 为淬火转移时间对 LC4 合金板材性能的影响，从中可以看出，随着淬火转移时间增加，LC4 合金板材的强度显著减低。实际生产中通常把转移时间限制在 15s 内。

表 9-11　淬火转移时间对 LC4 合金板材性能的影响[210]

转移时间/s	σ_b/MPa	$\sigma_{0.2}$/MPa	δ/%
5	535	503	11.2
10	525	485	10
20	517	461	10.3
30	460	325	12
40	427	354	11.5
60	404	316	11

表 9-12 为 LC4 合金板材性能与淬火冷却速度的关系。当冷却速度较慢时，不仅强度下降，抗腐蚀性能也受到损害。当冷却速度较快时，LC4 合金板材主要表现为点蚀，当冷却速度较慢时，合金的晶间腐蚀倾向增大。

表 9-12　冷却速度对 LC4 合金（板材）力学性能、抗蚀性能的影响[210]

冷却介质	在 290~400℃ 温度区间介质的平均冷却速度/(℃/s)	力学性能			抗蚀性能
		σ_b/MPa	$\sigma_{0.2}$/MPa	δ/%	
20℃水	1390	590	512	12.8	点腐蚀
20℃轻油	890	590	512	12.8	点腐蚀
29℃重油	71	570	485	13	点腐蚀

续表

冷却介质	在 290～400℃温度区间介质的平均冷却速度/(℃/s)	力学性能			抗蚀性能
		σ_b/MPa	$\sigma_{0.2}$/MPa	δ/%	
沸水	23	548	445	12.9	点腐蚀＋点蚀或晶间腐蚀
流动空气	7.2	460	305	13.0	晶间腐蚀

超硬铝合金的时效热处理多采用人工时效，因为自然时效速度慢，通常要花费数月，效率太低，而且自然时效后合金的抗应力腐蚀能力较差。人工时效可分为单级时效和多级时效。单级时效常采用 120℃左右，时效时间选 24h 左右。多级时效为先在较低温度（如 120℃），时效一段时间（如 3h），这一部分相当于形核处理，形成沉淀相的核心，即溶质原子偏聚区（G. P. 区）；再在较高温度（如 160℃），时效一段时间（如 3h），这一步中沉淀相以原来的核心为基础，长大后形成均匀分布的沉淀相，此时合金的抗疲劳强度及抗应力腐蚀能力更高。此外，人工时效在新淬火条件下进行时效果更好，淬火后的放置时间通常不超过 4h。

超硬铝合金的退火主要用于均匀化组织、减少缺陷，并减小内应力。常采用分段退火的方法，首先在 360～420℃保温一段时间（如 10～60min），然后以一定的冷却速度（如 20℃/s）冷却到较低温度，如 150℃，随后空冷。

9.2　镁及镁合金的热处理

镁是地壳中丰度仅次于 Al 和 Fe 的金属元素（2.35%）。镁的密度比 Al 小，而且镁合金本身的强度和刚度也比较高，使得镁合金的比强度和比刚度高。此外，镁合金抗振、抗冲击性好。在航空工业、汽车等领域有广泛的应用，例如汽车轮毂、飞机机身等。但是，镁比较活泼，在潮湿空气中易腐蚀，而且有较大的缺口敏感性，选用时需要注意。

9.2.1　纯镁及其热处理

镁是 12 号元素，原子量为 24。镁为密排六方晶体结构（hcp），晶体的对称性差，滑移系少，室温及低温塑性差，不适合冷变形。纯镁的密度低，为 1.74g/cm³，纯镁的熔点和纯铝的熔点比较接近，为 651℃。镁极易氧化，例如细镁条可以直接被点燃。镁合金在熔炼时，如果直接在大气下熔炼，氧化和烧损十分严重，需要采用气体保护熔炼的方法，可以在氩气保护下熔炼，也可以在六氟化硫和二氧化碳混合气的保护下熔炼。

镁的化学性质很活泼，能够和水发生反应，在潮湿大气、海水和水溶液、甲醇、酸性溶液等环境中易发生腐蚀。但在干燥大气、煤油、汽油、碱性溶液、苯、氟化物、四氯化碳等环境中却很稳定。镁与其他元素合金化形成镁合金后，通常化学稳定性变得更好。

9.2.2 镁合金简介

纯镁的强度和硬度很低。因此，需在镁中添加合金元素来改善其力学性能、使用性能以及物理、化学性能等。现已开发出较多的镁合金体系，其多数具有如下特点：

力学性能方面，高比强度、比刚度；低弹性模量。比强度明显高于铝合金和钢，比刚度与铝合金和钢相当，而远远高于工程塑料。当受到外力时，应力分布将更均匀，可以避免过高的应力集中。承受强烈冲击载荷时，所吸收的能量比铝高50%左右。所以，镁合金适用于制造承受猛烈冲击的零件。此外，镁合金受到冲击或摩擦时，表面不会产生火花。

物理性能方面，良好的减振性（阻尼特性）。在相同载荷下，镁合金减振性是铝的100倍、钛合金的300~500倍。此外，还有优良的电磁屏蔽和导电导热性。

工艺性能方面，优良切削加工性能，其切削速度大大高于其他合金；良好的铸造性能，几乎所有的铸造工艺都可铸造成形。

此外，镁合金作为最轻的结构金属材料，还具有无污染、无毒害、易于回收的特点[224]。由于上述特点，镁合金在航空航天、军工、汽车制造、3C产品等领域有广泛应用[225]。

为交流方便，国际上常用美国试验材料协会（ASTM）的方法简化表示镁合金。合金成分的简化方法为：包括字母、数字两部分，字母在前，数字在后；字母是组成元素的简写，化学元素由1~2个字母表示，含量高的元素在前，含量低的元素在后，若两个元素含量相同，则按照英文字母的顺序；化学元素以质量分数四舍五入取整表示，以数字显示在字母后面。某些情况下，合金后面会有后缀字母（如A、B、C、D、E），是为了补充表示合金成分在特定范围内的变化。例如，AZ91E表示合金Mg-9Al-1Zn，但该合金的实际化学成分为8.3%~9.7%的Al、0.4%~1.0%的Zn，E表示上述合金系列的第五位。早期，我国镁合金的牌号也主要由字母和数字两部分组成。字母是所属类别的汉语拼音首字母，ZM 表示铸造镁合金，BM 表示变形镁合金，YM 表示压铸镁合金。后面的数字代表序号，表示成分之间的差别，具体成分可查表。后来，国家标准中的牌号规定与 ASTM 的标注方法类似，如 GB/T19078—2003 规定了镁合金铸锭的牌号。

与铝合金相比，镁合金的热处理方式基本相同，但是镁合金的主要特点是原子的扩散速度慢一些，从而具体的热处理工艺又有所不同。①淬火时常采用空冷即可达到固溶合金元素的目的；②发生自然时效对性能影响小，在室温下放置较长时间后，镁合金和新淬火状态下的合金性能相迈；③更容易氧化，如果温度较高，且存在氧气时，镁合金容易发生燃烧，因此镁合金在熔炼或者热处理时需气体保护，通常采用中性气体。

① T1：铸造或变形后不再单独进行固溶处理而直接人工时效。此处理主要用于提高镁合金的强度，工艺简单，有一定的时效强化效果。由于人工时效前不再单独进行固溶处理，可以避免淬火加热时晶粒的长大，适用于晶粒容易长大的镁合金（如 Mg-Zn 系等）。

② T2：退火。此处理主要用于去除镁合金的残余应力，消除由于变形加工引起的硬化。可以作为变形镁合金的中间热处理工艺，退火后继续进行变形加工，也可以作为某些合金的最终热处理工艺。退火温度常用 300～400℃，退火时间依工件大小而定，可选用空冷。

③ T4：淬火处理。此处理主要用于提高镁合金的强度和塑性。主要是淬火温度和保温时间的选择。对于淬火温度，通常选择比相图中的固相线低 5～10℃。以实现大的过饱和固溶度。例如，ZM5 合金的淬火温度可以选择 410～420℃。对于保温时间，通常与铸件壁厚有关，可以选择 10～20h，以实现充分固溶。厚壁的工件保温时间需要长一些，薄壁的工件保温时间则短一些。此外，当铸件壁厚较厚时，如 20 mm 以上时，容易发生过烧，可以采用分段加热的方式，如 ZM5 合金的厚壁铸件，可以先升温到 350～380℃，保温 3～5h，再加热到 410～420℃，保温 15～20h。对于冷却方式，选用经济方便的空冷即可。

④ T6：淬火＋人工时效。先进行淬火得到过饱和固溶体，再通过时效处理从过饱和固溶体中析出强化相，主要用于提高镁合金的强度。淬火处理工艺参数的选择和 T4 相同。对于时效处理，镁合金的时效温度常选择 150～200℃，时效时间可以选择 5～24h。T6 处理适用于 Mg-RE-Zr 系，以及 Mg-Al-Zn 系等。

⑤ T61：热水中淬火＋人工时效。与 T6 不同，T61 采用热水淬火，比冷水淬火慢一些，更适合一些形状复杂的工件。

根据适用的生产工艺，和铝合金类似，镁合金可以分为铸造镁合金和变形镁合金，下面分别介绍两类镁合金的热处理。

9.2.3　铸造镁合金的热处理

铸造镁合金按照性能特点主要可以分为高强铸造镁合金和耐热铸造镁合金两大类。

9.2.3.1　高强铸造镁合金的热处理

高强铸造镁合金室温强度高，铸造工艺性能好，但是耐热性较差，长期工作温度低于 150℃。该类合金主要属于 Mg-Al-Zn 系和 Mg-Zn-Zr 系，除了主加元素 Al、Zn、Zr 外，还添加 Cd、Nd、Ag、La 等，以提高其强度，得到良好的综合力学性能。

ZM5 合金是常用的 Mg-Al-Zn 系铸造合金，其特点是强度高、塑性好、易铸造、可焊接、适合于生产各类铸件。ZM5 合金的成分与 AZ81 合金接近，其中，Al 的质量分数为 7.5%～9.5%，Zn 的质量分数为 0.2%～0.8%，Mn 的质量分数为 0.15%～0.5%。平衡时，合金的组织为 $\alpha + Mg_{17}Al_{12}$ 相。非平衡时，ZM5 合金中还存在一些 $\delta + Mg_{17}Al_{12}$ 共晶体、少量 δ 固溶体和点状 α-Mn。ZM5 合金最常用的热处理是 T4 和 T6 热处理。经 T4 热处理后，ZM5 合金的抗拉强度和断后伸长率均有大幅度的提高；与 T4 热处理相比，经 T6 热处理后，ZM5 合金的屈服强度有较大提升，但断后伸长率降低较多，与铸态相当，如表 9-13 所示。热处理制度的选择根据零件的具体要求而定，如发动机零件要求组织性能有高的稳定性，选用 T6 热处理制度，而飞机零件要求高塑性，选用 T4 热处理制度。如果需要更高的强度，则可选用双级时效热处理工艺，先固溶，然后经两级时效，第一级为 115℃×4h，第二级为 180℃×6h[226]。

表 9-13　ZM5 合金的热处理与力学性能[210,226]

状态	σ_b/MPa	$\sigma_{0.2}/MPa$	$\alpha_k/(kJ/m^2)$	$\delta/\%$
铸态	160～180			3.5
T4	250	95	49	8.5
T6	255～265	120	29.4	3.5
双级时效	285	—	—	—

ZM5 合金常用的热处理工艺为 T4、T6、T61 等。其中，T4 为淬火处理，T6 为淬火＋人工时效处理，T61 为在热水中淬火＋人工时效处理，三者中相同的工序是淬火。ZM5 合金淬火的目的是为了得到 Al、Zn、Mn 等合金元素在 Mg 中的过饱和固溶体。如前所述，ZM5 合金的淬火加热温度常用 410～420℃，淬火保温时间与铸造方式及工件壁厚有关。对于合金型、薄壁型铸件，因传热速度快，保温时间可以短一些；对于砂型、厚壁型铸件，传热速度慢，所需要的保温时间则更长一些。冷却方式，可选用空冷或热水中淬火（此时为 T61 处理），为了防止 ZM5 工件发生翘曲、变形乃至开裂，不宜采用冷水淬火。淬火以后，如果工件的性能满足使用要求，则可以直接在淬火态使用。若淬火后 ZM5 合金的强度仍然达不到使用要求，还需要进一步提高，则可以进行人工时效处理，从镁的过饱和固溶体中析出沉淀相，使得合金的强度进一步提高。对于人工时效工艺，时效温度常选择 175～200℃，时效时间选择 8～16h。对人工时效后的组织进行观察，可以看到 ZM5 合金晶粒内存在连续析出相，在晶界处存在非连续的析出相。ZM5 合金的热处理规范如表 9-14 所示。在 ZM5 合金的时效状态组织中，可清楚地看到晶界附近的非连续析出物和晶内的连续析出产物。从表中可以看出，ZM5 合金厚壁、砂型铸件所需要的淬火保温时间是其他铸件的 2 倍左右，尽管淬火温度相同；若在 175℃时效，需要 16h，若在 200℃时效，仅需要 8h 即可；无论是淬火还是时效后的冷却过程，对冷却速率要求低，采用空冷即可。

表 9-14　ZM5 合金的热处理规范[210]

热处理类型		淬火			时效		
		加热温度/℃	保温时间/h	冷却介质	加热温度/℃	保温时间/h	冷却介质
I 组	T4	415±5	14～24	空气	自然时效		
	T6	415±5	14～24	空气	175±5 200±5	16 8	空气
II 组	T4	415±5	6～12	空气	自然时效		
	T6	415±5	6～12	空气	175±5 200±5	16 8	空气

注：表中 I 组指壁厚大于 12mm 和壁厚虽小于 12mm，但是安装边厚度或"搭子"直径大于 25mm 的砂型铸件，其余分为 II 组。也可采用分段加热，第一阶段为（375±5）℃，保温 2h。

相对于 Mg-Al-Zn 系合金，Mg-Zn-Zr 系合金的强度（包括抗拉强度和屈服强度）更高，做成厚壁铸件后，其强度与尺寸较小的铸棒试样的强度相当，但铸造工艺性差、易氧化、易热裂、焊接性能差。Mg-Zn-Zr 系合金中代表性的合金为 ZM1 合金和 ZM2 合金。

ZM1 合金中，Zn 的质量分数为 3.5%～5.5%，Zr 的质量分数为 0.5%～1.0%。平衡时，ZM1 合金的组织为 α（Zn 和 Zr 在 Mg 中的固溶体）、MgZn 及 ZnZr 化合物。ZM1 合金常用的热处理工艺为 T1，即铸造后，不经淬火直接进行人工时效处理。时效温度常选用 170～200℃，时效时间依铸件尺寸大小而定，常用 16～32h。

相对于 ZM1 合金，ZM2 合金除了含有质量分数为 3.5%～5.0% 的 Zn 元素、0.5%～1.0% 的 Zr 元素之外，还含有 0.7%～1.7% 的稀土元素 CE，组织中共晶体的数量增加，工艺性能更好，但是强度和塑性有所降低。ZM2 合金平衡时，组织为 α 相、MgZn 相和 Mg9CE 相。ZM2 合金常用的热处理工艺为 T1，即对铸锭直接进行人工时效处理，时效温度常选择 320～330℃，时效时间依工件尺寸大小和装炉量而定，常选择 5～8h，空冷。经过人工时效后，ZM2 工件的屈服强度大幅度提高。ZM2 合金的耐热性较好，可用于工作温度较高的场合，如发动机机匣等。

相对于 ZM2 合金，ZM8 合金为另外一种 Mg-Zn-Zr 系合金，其中 Zn 元素含量及稀土（混合稀土）元素含量更高，强度更高，属于铸造镁合金中强度较高的一类合金，而且具有较好的铸造性能。但是由于 ZM8 合金中混合稀土的含量较高，塑性较差，可采用氢化处理来改善塑性。氢化处理属于淬火处理的一种，实际上是在淬火保温时通入氢气气氛，使氢气和所处理的合金发生反应，将反应后的合金淬火得到过饱和固溶体。氢化处理温度可选择 480℃ 左右，氢气与稀土元素反应，生成稀土氢化物，稀土从 MgZnRE 相中溶出与氢气反应，而 Zn 不与氢气发生反应，使得更多的 Zn 可以固溶在镁中形成过饱和固溶体。即便进行氢化处理，ZM8 合金中 Zn 的含量通常不超过 6.5%，Zn 含量过高会导致时效处理后强度不升高，但是塑性降低。时效处理后，可以形成细针状的强化相，工件的屈服强度、伸长率及疲劳强度均提高。ZM8 合金氢化前后的力学性能如表 9-15 所示。在氢化处理的过程中，H_2 的扩散速度慢，厚壁件需要很长的时间，因此只适合于薄壁件。

表 9-15　ZM8 合金氢化前后的力学性能[210]

处理条件	σ_b/MPa	$\sigma_{0.2}$/MPa	δ/%
铸态	160	129	2
480℃ H_2 中加热 24h,空冷	292	127	12.1
氢化处理后 150℃时效 24h	316	223	7.1

9.2.3.2　耐热铸造镁合金的热处理

耐热铸造镁合金的特点是可以在较高的温度下使用。由于稀土元素可以提高镁合金的耐温性能，故耐热铸造镁合金常含有稀土元素。稀土元素加入镁合金中，可以与镁形成化合物（如 Mg 与 Nd 反应生成 Mg_9Nd），增强了合金中原子之间的结合力，稀土镁化合物的热稳定好，使得镁合金在较高温度下受力时，仍然有较好的第二相强化效果，能够有效地阻碍位错运动，有利于提高镁合金的高温强度。Zr 元素的加入可细化晶粒、稳定组织，增强合金的耐蚀性。Mg-RE-Zr 合金是耐热铸造镁合金的典型代表。由于良好的耐热性，该类合金制成的工件的使用温度可以达到 200～300℃。

ZM3 和 ZM6 合金均属耐热铸造镁合金。ZM3 合金中含有质量分数为 2.5%～4.0% 的混合稀土，0.3%～1.0% 的 Zr 和 0.1%～0.7% 的 Zn。ZM6 合金中含有质量分数为 2.0%～3.0% 的 Nd 和 0.1%～1.0% 的 Zr。与常用的 ZM5 合金相比，ZM3 和 ZM6 合金的蠕变强度和高温持久强度高许多，长时间工作温度可达 250℃。ZM6 合金中生成的 Mg_9Nd 化合物时效强化效果明显，室温强度与 Mg-Zn-Zr 系合金相当。

根据需要，ZM3 合金可选择进行多种热处理工艺。如 T2，退火处理，退火温度常用 320～330℃，时间依工件大小而定，常用 3～8h，空冷。如 T4，淬火处理，淬火温度常用 570～580℃，保温时间常用 4～6h，风冷。如 T6，淬火+人工时效，淬火工艺与 T4 相同，时效温度常用 200℃左右，时效时间选择 12h 左右。

9.2.4　变形镁合金的热处理

与铸造镁合金相比，变形镁合金的强度更高、延展性更好、力学性能更加多样化。热处理可以调控变形镁合金的性能。例如，对于变形镁合金进行预时效，即在塑性加工前进行一次时效处理，调控析出相的大小、形状、分布和位向，而析出相在后续加工变形过程中改善组织，可以显著提高合金的综合力学性能[227]。

镁合金室温冷塑性变形能力较差。纯镁属于六方晶系，与纯铝相比，滑移系相对较少，室温塑性变形能力差。六方结构的纯镁在室温下的变形方式主要两种，一种为基面沿着密排方向的滑移；另外一种为锥面的孪晶运动。而且，加载应力的方向不同，变形运动的方式不同。当变形温度较高（250℃以上）时，锥面也能够滑移，使得塑性变形更加容易。因而，多采用热加工的方法，以实现大的变形。

在镁中加入合金元素以后，形成镁合金。Al、Zn、Ag 元素可以溶解于

Mg，有固溶强化效果，但晶体结构不变，反而更不利于变形加工。因此，为了提高镁合金的变形能力，合金化程度通常不能太高。然而，若采用体心立方的 Li 合金化，组成 Mg-Li 合金，当 Li 含量较高（≥10%）时，晶体结构由六方结构转变为立方结构，晶格对称性提高，滑移系变多，塑性得以大幅度提高。但是 Li 元素的化学性质比较活泼，容易造成镁合金的不稳定。

ZM3 合金可以用于发动机的压气机机匣、燃烧室罩等零件。ZM3 合金中的稀土元素为混合稀土，其中 CE 的质量分数不小于 45%，稀土总量不小于 98%。CE 混合稀土在 Mg 中的固溶度小，固溶强化及时效强化效果均不明显（抗拉强度可以提升一些，但屈服强度几乎无变化）。另外，固溶淬火的加热温度较高，容易造成 ZM3 合金表面发生氧化，而且淬火冷却过程中，ZM3 合金工件可能会发生变形。因此，对于 ZM3 合金，常选用 T2（退火）热处理。

ZM6 合金中的 Nd 容易和 Mg 形成 Mg_9Nd 化合物，时效强化效果明显，故常用的热处理为 T6 或 T61。对于 T6，淬火温度常选择 535～545℃，保温时间选择 10h 左右，冷却可采用压缩空气吹冷；时效温度常选择 200～210℃，保温时间选择 10～20h。对于 T61，淬火温度可以稍微高一点，选择 540～550℃，保温时间选择 5h 左右，常采用 80～100℃ 的热水冷却；时效温度仍选择 200～210℃，保温时间选择 10h 左右。

Mg-Ag 系合金是一类特殊的高强耐热镁合金，Ag 的价格昂贵，因此仅应用于航空航天等对成本要求不苛刻的领域，如用于制造飞机的齿轮箱外壳和着陆轮等。其中典型的代表为 Mg-2.5Ag-2RE（Nd）-0.7Zr 合金。其常用的热处理工艺为 T6 热处理，即淬火后人工时效处理。淬火温度常用 520～530℃，淬火保温时间选择 4～8h，采用冷水淬火；时效温度选择 200℃ 左右，时间选择 10h 左右。热处理后，较高的强度可以维持到 250℃ 而不降低。如果在此合金的基础上，采用另外的稀土元素（如 Th）等替代 Nd 元素，可以进一步提高合金的耐热性。

根据性能特点的不同，变形镁合金可以分为高强变形镁合金、耐热变形镁合金和超轻镁合金。

9.2.4.1 高强变形镁合金

Mg-Mn 系合金是较为常用的高强变形镁合金，国内的牌号有 MB1、MB8。MB1 合金中含有质量分数为 1.3%～2.5% 的 Mn，而 MB8 合金中含有 1.3%～2.2% 的 Mn 和 0.15%～0.35% 的 Ce。相对于 MB1 合金，MB8 合金中添加了稀土元素，晶粒得到细化，屈服强度增加较多。MB8 合金可以制备成锻件、带材、棒材、板材、管材、型材等，作为镁材进行供应，其他公司采购以后加工成各式各样的零件或产品。其中，镁合金板材可用于飞机蒙皮等，管材可用于汽油管路系统等，模锻件可用于制造形状复杂的工件。该类合金最为主要的优点是抗蚀性和可焊性好。由于是六方晶体结构，变形镁合金的各向异性明显。MB1 合金的横向强度性能一般高于纵向，而 MB8 则正好相反，纵向的高于横向，纵向和横向的强度通常相差 20% 以上。一般地讲，各向异性随着变形程度的增大而增强。由于各向异性产生的主要原因是变形过程（如轧制、挤压等）中镁合金晶粒沿着特定的方向拉长，使得整体上晶粒呈现择优取向分布。若采用再结晶退火，发生重结晶，得到取向方向各异的等轴晶，可以消除各向异性。就工作温度而言，MB1 合金适合在 150℃ 以下工作，而 MB8 合金耐热性更高，可以在 200℃ 以下长期工作。就焊接性而言，MB8 比 MB1 差一些。MB1 和 MB8 合金常用的热处理工艺是退火。MB1 的退火温度常选 300～400℃，而 MB8 合金的退火温度低一些，常用 280～320℃。退火温度不宜过高，否则晶粒长大明显，力学性能和耐腐蚀性均降低。例如，对采用交叉轧制的 MB1 合金进行退火处理，退火以后 MB1 合金的抗拉强度下降，而断后生长率明显增加，当在 330℃ 时效 30min 时（实验时退火温度范围选择 300～450℃，退火时间范围选择 30～360min），合金的性能最佳，抗拉强度为 205MPa，断后伸长率为 24.1%[228]。

Mg-Al-Zn 系合金包括 MB2、MB3、MB5、MB6、MB7。其中，MB2 和 MB3 合金的合金化程度低，热处理强化效果不明显，常在热加工或退火后使用。MB2 和 MB3 合金的退火温度常用 250～350℃。若合金的成分不均匀，热加工后合金内部易形成呈纤维状分布的带状微观组织，各向异性更明显，横向性能大幅度降低。因此，热加工前，需要对铸锭进行均匀化退火处理。均匀化退火温度应低于合金的共晶温度（Mg-Al 系合金的共晶温度为 437℃，加 Zn 后共晶温度将降低）。升温时，可采用分段式的加热方式，以避免过烧。第一阶段可选用 390～400℃，第二阶段可选用 420～430℃，均匀化退火时间主要依工件大小而定，如约 10h。

Mg-Zn-Zr 系合金中变形合金有 MB15、MB22、MB25 等。MB15 合金含 Zn 的质量分数为 5.0%～6.0%、含 Zr 的质量分数为 0.3%～0.9%，含 Mn 的质量分数约为 0.1%。平衡时，MB15 合金的组织为 α（Zn 等元素在 Mg 中的固溶体）＋MgZn，组织中存在强化相，经过热处理后，合金的强度可以得到较大幅度的提高。MB15 合金常用的热处理工艺为 T1 和 T6。镁合金在挤压变形或者锻造变形后，通常需要采用 T1 热处理，即人工时效处理，以提高强度。T6 热处理，即先进行淬火固溶处理，然后再进行人工时效处理。采用 T1 和 T6 热处理后，合金的强度相近，但 T6 处理后塑性较差，且 T6 处理较 T1 处理多了一道淬火工序。因此，实际生产中多采用 T1。人工时效的温度常选择 150～170℃。时效时间和工件的大小有关，如 MB15 棒材、型材可选用 10h，锻件可选用 24h。若采用 T6，淬火温度可选择 500～525℃，当加热到 400℃以上时，MgZn 开始溶解并进入 α 固溶体中，更高的淬火温度（大于 530℃）会引起过烧。经 T1 或 T6 热处理后，MB15 合金的综合力学性能高，可应用于机翼长桁、摇臂等承力较大的零件。

9.2.4.2 耐热变形镁合金

为提高镁合金的耐热性，合金化是最常用的方法，可以合金化 Mn 和稀土元素（包括 Sc、Y、Nd、Ce、La 等），形成各类合金系。其中，Mn 有利于提高镁合金的持久强度和蠕变强度。稀土 Sc 和 Y 在镁中的溶解度高，有利于提高镁合金的短时高温强度，但对镁合金的持久强度和蠕变强度的提升作用不明显。稀土 Nd、Ce 和 La 的添加有利于提高镁合金的抗蠕变能力，其作用 Nd＞Ce＞La，也可以采用混合稀土。另外，Th 的添加可以提高镁合金的持久强度和蠕变强度，但对短时高温强度的提升作用不明显。按照耐热性，耐热变形镁合金可以分为三类。第一类长期工作温度不高于 150℃，第二类长期工作温度不高于 200℃，第三类长期工作温度不高于 300℃。

耐热变形镁合金常用的牌号是 MA11 和 MA12。MA11 合金属于 Mg-Nd-Mg 系，其主要合金元素有质量分数为 2.5%～3.5% 的 Nd、1.5%～2.5% 的 Mn 和 0.1%～0.22% 的 Ni。

其常用的热处理工艺为 T6，固溶温度常选用 500℃左右，时效温度常用 175℃左右，时效时间依工件大小而定，例如选择 24h 左右。MA11 合金可以在 250℃以下使用。MA12 合金属于 Mg-Nd-Zr 系，含有质量分数为 2.5%～3.5% 的 Nd 和 0.3%～0.8% 的 Zr，其中 Nd 可以和 Mg 形成 Mg_9Nd 化合物，Zr 可以起到细化晶粒的作用。其常用的热处理工艺也为 T6，固溶温度和时效温度比 MA11 可以稍微高一些，常选用 530℃左右，时效温度常用 200℃左右，时效时间依工件大小而定，常用时效时间为 16h 左右。MA12 合金可以在 200℃以下使用。

9.2.4.3 超轻镁合金

在镁合金中加入 Li 合金化，可以将晶体结构由六方结构转变为立方结构，滑移系增多，从而使镁合金的变形能力得以大幅度提高。另外，由于 Li 的密度小（仅为 0.53g/cm³），Mg-Li 合金的密度为 1.30～1.65g/cm³，比常用的镁合金小 10％～30％。Mg-Li 合金因强度高、塑韧性好，加工性能优良、焊接性好，适合应用于航空航天领域中的人造卫星、导弹发射装置，以及民用领域中的笔记本电脑外壳等。

在三类 Mg-Li 合金中，第一类由 α 相组成，具有最高的强度，但是塑性较低。具体在使用时，加入 Al、Zn、Mg 等合金元素，可以提高合金的强度。例如，在 Li 的质量分数为 4.5％～5.5％的 Mg-Li 合金中，加入质量分数为 5.5％的 Al、1.0％的 Zn、0.5％的 Mn 和 0.8％的 Sn，合金的密度为 1.7g/cm³，经过稳定化退火热处理后，合金的屈服强度可以达到 200MPa，断后伸长率在 8％左右。

为了提高 Mg-Li 合金的强度，可以加入 Al、Mn、Zn 和稀土（Nd、Ce、La）等合金化元素。例如，在塑性变形能力良好的 Mg-14Li 合金中，加入质量分数为 1％的 Al 和 0.2％的 Mn 后，合金的密度为 1.4g/cm³，经过固溶强化和稳定化处理后，可以获得良好的塑性和韧性的匹配，合金的屈服强度达到约 100 MPa，断后伸长率保持在 10％以上，而且比弹性模量很高，可以用作航天结构件等。

需要指出的是，金属 Li 的化学性质十分活泼，容易和空气中的 N、O、H 等发生反应。因此，Mg-Li 合金的热处理必须在惰性气体保护下进行，才能得到优异的性能。

几种变形镁合金的典型热处理工艺见表 9-16。从表中可以看出，这几类变形镁合金常用的热处理工艺为退火，包括完全退火和去应力退火。随变形镁合金的牌号、退火目的以及合金状态的不同，退火的温度和时间也需要相应调整。

表 9-16　几种变形镁合金的典型热处理工艺[141,210]

合金牌号	完全退火		去应力退火（板材）		去应力退火（冷挤压件或锻件）	
	温度/℃	时间/h	温度/℃	时间/h	温度/℃	时间/h
MB1	340～400	3～5	205	1	260	0.25
MB2	350～400	3～5	150	1	260	0.25
MB3	—		250～280	0.5	—	—
MB8	280～320	2～3	—	—	—	—
MB15	380～420	6～8	—	—	260	0.25

9.2.5　镁合金常见的热处理缺陷及其控制

镁合金常见的热处理缺陷有变形、性能不足或不均匀、过烧和表面氧化等。其具体原因及控制方法如表 9-17 所示。

表 9-17　镁合金常见的热处理缺陷及其控制[210]

缺陷	具体说明	控制方法
变形	镁合金在高温下强度很低、很软。加热不均匀、加热速度过快、装炉方式不当或淬火冷却过急等,容易造成变形。尤其是当零件形状复杂,尺寸相差较大时,更容易变形	进行一次去应力退火;降低加热速度或者采取分段加热;壁厚相差较大时,采用石棉绳包扎薄壁部分,使得加热和冷却更均匀;零件的变形可在淬火状态下矫正
性能不足	主要是由不完全淬火造成的(如淬火温度过低,加热时间不足等)。某些合金对冷却速度比较敏感,冷却过慢,也会导致性能不足	采用重复淬火来解决
力学性能不均匀	主要原因是加热或冷却不均匀,尤其是对于形状复杂的零件,在厚壁处强化相溶解不充分,而且冷却较慢	可以采用二次淬火来矫正
过烧	可以通过外观检查、性能试验、断口观察、显微组织分析等方法发现。过烧零件表面通常会出现强烈氧化的金属瘤,塑性降低,低倍试样表面出现小孔;组织中固溶体晶粒长大,共晶体量增加,晶界氧化,甚至出现微孔洞等	严格控制炉温,降低淬火加热速度或采用分段加热
表面氧化	镁合金表面氧化后,会出现灰黑色的粉末,零件喷砂后,表面残留小孔洞。主要由加热温度过高或者炉内温度局部下降吸入水分和空气造成	调整炉温和增强炉内保护气氛

9.3　铜及铜合金的热处理

人类对于铜及铜合金的应用有着古老的历史,青铜时代(以使用青铜器为标志的人类物质文化发展阶段)处于石器时代和铜石并用时代之后,早于铁器时代,在世界范围内的编年范围大约从公元前 4000 年至公元初年。

9.3.1　纯铜及其热处理

纯铜具有导电导热性好、化学稳定性高、耐蚀性好、无磁性、塑性变形能力强等优点。纯铜的性能特点及应用见表 9-18。

表 9-18　纯铜的性能特点及应用[210,229-231]

性能特点	具体说明	应用
导电导热性好	铜的导电导热性仅次于银居于第二位。杂质对铜的导电导热性影响很大,通常会降低铜的导电导热性。加入微量 Cr、Zr 等元素,可以起到固溶强化的作用。冷变形对导电率影响较小,纯铜的冷变形量达到 80%,其导电率降低不到 3%	集成电路、靶材、各种导线、电缆、电气开关、电器材、冷凝器、散热器、热交换器、结晶器内壁等
化学稳定性高、耐腐蚀性好	铜暴露在大气中,能在表面生成绿色保护膜[$CuSO_4 \cdot 2Cu(OH)_2$],可以降低腐蚀速率,但对 NH_4OH、NH_4Cl、碱性氧化物、氧化性矿物酸和含硫气体不耐蚀。铜在海水中的腐蚀速率较慢,通过加入 As 等合金元素可以进一步降低腐蚀速率。在常温干燥气体和没有 CO_2 的潮湿气体中几乎不发生氧化。当温度超过 130℃ 时,铜开始氧化,并在其表面生成黑色的 CuO 薄膜;随着温度的升高,铜氧化变得剧烈,在表面生成红色的 Cu_2O 薄膜。铜与其他金属接触时,容易加速被接触金属的腐蚀,可以采用镀锌的方法改善	冷热水的配水设备、热水泵、废热厂锅炉的改造等
无磁性	铜是抗磁性物质,磁化率极低。Fe、Co、Ni 等铁磁性杂质在铜中呈不溶状态时,对铜的磁性影响很大	用来制造不受磁性干扰的磁学仪器,如罗盘、航空仪器、炮兵瞄准环等
塑性变形能力强	铜具有面心立方晶格,滑移系多,塑性变形能力强,退火铜不经中间退火可以压缩 85%~90% 而不产生裂纹	可以用轧制、挤压和拉拔等制备成丝线材、棒材、型材、管材和板材等

　　工业纯铜,又称紫铜,铜含量为 99.5%~99.95%,在工业中用量很大。其常用的热处理工艺是退火,主要用于消除应力、降低硬度、改变晶粒尺寸。根据不同的退火目的,工业纯铜的退火包括去应力退火、软化退火和再结晶退火。其中去应力退火和再结晶退火既可以用于中间工序,也可以用于最终工序。而软化退火通常用于中间工序,如铜带材制备过程中,冷粗轧和冷精轧之间需要经过软化退火,以实现大的变形量。工业纯铜常用的退火温度为 500~700℃。对于含氧铜,为了防止其在还原性气氛中退火时变脆或开裂("氢病"),需要注意:①退火之前把工件清洗干净;②在中性或者微氧化气氛中退火;③选择低于 500℃ 的温度退火。退火温度和时间对晶粒尺寸的影响很大。当退火温度较低(<500℃)时,晶粒长大缓慢,退火时间对晶粒尺寸的

影响较小。当退火温度较高（>500℃）时，晶粒长大的速度快，退火时间对晶粒尺寸的影响很大。因此，高温退火时，应尽量采用较短的保温时间，以避免晶粒过度长大。

9.3.2 铜合金简介

与纯铜相比，铜合金的强度更高。纯铜的强度不高，抗拉强度仅为230～240MPa，硬度为40～50HB，伸长率为50%。使用冷作硬化方法可将铜的抗拉强度提高到400～500MPa，硬度提高到100～200HB。但与此同时，伸长率急剧下降到2%左右。因此，要进一步提高合金的强度，并保持较高的塑性，就必须在铜中加入适当的合金元素使其合金化。进行合金化的重要依据是相图。从现有的二元相图可以看出，有22个元素在固态铜中的极限溶解度大于0.2%，可用于固溶强化。但是常用的只有锌、铝、锡、锰、镍，它们在铜中的固溶度均大于9.4%。有些元素如铂、钯、铟、碳等在铜中的固溶度也很大，但这些元素会使合金的塑性下降，故不用作固溶强化元素。通过固溶强化，铜的强度由240MPa提高到650MPa。

有很多元素在固溶态铜中的溶解度随温度的降低而剧烈减少，但可能具有淬火时效强化效果，最突出的是Cu-Be合金。含质量分数为2%的Be的铜合金热处理后强度可达1400MPa，接近高强度合金钢的强度。此外，Cu-Ni-Al、Cu-Ni-Si、Cu-Cr-Zr、Cu-Fe-P等合金也具有良好的淬火时效强化效果。

按照化学成分，铜合金可分为黄铜、白铜和青铜三大类。

① 黄铜。Cu-Zn合金因呈黄色被称为黄铜。Cu-Zn二元合金为简单黄铜；以Cu-Zn为基础，合金化得到三元、四元乃至多元合金，为复杂黄铜。简单黄铜的牌号用H+数字表示，后面的数字代表铜含量（质量分数），如H62表示含铜质量分数为62%的黄铜，其余为Zn元素。复杂黄铜的牌号，是在简单黄铜牌号的基础上，以第三种含量最多的元素标记，如HMn56-2表示含铜量为56%，含Mn量为2%，其余为Zn元素，该种黄铜被称为锰黄铜。黄铜具有良好的导热性和耐蚀性等，用途十分广泛，如空调室内机和室外机之间的连接管、散射器、水路中的阀门等。

② 白铜。Cu-Ni合金因呈白色被称为白铜。牌号上用B+数字表示。例如B20表示含Ni的质量分数为20%，其余为铜。在Cu-Ni合金的基础上，合金化其他元素，可以得到三元、四元乃至多元的Cu-Ni合金，被称为复杂白铜。

如铁白铜，铝白铜等。白铜有较好的耐蚀性，在海洋工程等领域有重要应用。

　　③ 青铜。除了黄铜和白铜之外的铜合金统称为青铜。按照合金元素可分为铍青铜、铝青铜和锡青铜等。牌号上以 Q 和主要合金化元素的符号和数字表示，Q 代表青铜，数字代表主加元素的质量分数。例如，QSn7 表示含 Sn 的质量分数为 7% 的锡青铜，其余为铜元素。青铜器早在我国古代就有广泛的应用，可以用于制作鼎、钱币、武器和工具等。

9.3.3　铜合金的热处理

　　铜合金常用的热处理工艺包括退火、淬火和回火。退火包括坯料退火、软化退火和成品退火等。淬火和回火又被称为固溶时效，以提高铜合金的强度为主要目的，主要用于 Cu-Fe-P、Cu-Ni-Si 等时效强化型铜合金。具体如表 9-19 所示。

表 9-19　铜合金常用热处理工艺[210,232,233]

类别	含义	具体应用	备注
软化退火，或中间退火	两次冷轧之间以软化为目的的再结晶退火	冷轧后的合金产生纤维组织并发生加工硬化，经过把合金加热到再结晶温度以上，保温一定的时间后缓慢冷却，使合金再结晶成细化的晶粒组织，获得好的塑性和低的变形抗力，以便继续进行冷轧加工	这种退火是铜合金轧制中的最主要的热处理
成品退火	冷轧到成品尺寸后，通过控制退火温度和保温时间来得到不同状态和性能的最后一次退火	成品退火有控制状态和性能的要求，如获得软(M)状态、半硬(Y2)状态制品以及通过控制晶粒组织来得到较好的深冲性能制品等	成品退火除再结晶温度以上退火，还有再结晶温度以下的低温退火
坯料退火	热轧后的坯料退火，消除加工硬化，均匀化组织	再结晶退火来消除热轧时不完全热变形所产生的硬化，以及通过退火使组织均匀	
淬火-回火(时效)	通过淬火得到过饱和固溶体，时效时析出第二相	某些具有能溶解和析出的以及发生共析转变的固溶体合金，在高于相变点温度时，经过保温使强化相充分溶解，形成均匀固溶体后又在急冷中形成过饱和固溶体的淬火状态，再经过低温或室温，使强化相析出或相变来控制合金性能	时效强化型铜合金的主要热处理方式，如 Cu-Fe-P、Cu-Ni-Si 和 Cu-Cr-Zr 合金等

9.3.3.1 铜合金的退火

对于铜合金的退火，最主要的工艺参数为退火温度和退火时间，其次还有冷却速度和升温速率等。铜合金的退火工艺选择的依据包括合金成分、工件大小、工件的组织状态，以及退火的目的和要求等。一般应遵循加热均匀、氧化少、节能降耗等原则。在实际退火过程中，退火炉中温度的均匀性将直接影响铜合金产品性能的均匀性和一致性。如果炉温不均匀，可能会造成同一批次处理的铜合金强度、硬度和电导率等性能有较大的差别。因此，要根据所处理的铜合金产品的特点来选择合适的退火炉，并且要熟悉退火炉中温度场的分布，并将需要处理的铜合金放在合适的位置。表 9-20 列出了部分常用铜合金的退火工艺制度。

表 9-20　部分常用铜合金的退火工艺制度[232,233]

合金牌号	退火温度/℃		保温时间/min
	中间退火	成品退火	
HPb59-1，HMn58-2，QAl7，QAl5	600～750	500～600	30～40
HPb63-3，QSn6.5-0.1，QSn6.5-0.4，QSn7-0.2，QSn4-3	600～650	530～630	30～40
BFe3-1-1，BZn15-20，BAl6-1.5，BMn40-1.5	700～850	630～700	40～60
QMg0.8	500～540		30～40
B19，B30	780～810	500～600	40～60
H80，H68，HSn62-1	500～600	450～500	30～40
H95，H62	600～700	550～650	30～40
BMn3-12	700～750	500～520	40～60
TU1，TU2，TP1，TP2	500～650	380～440	30～40
T2，H90，HSn70-1，HFe59-1-1	500～600	420～500	30～40
QCd1.0，QCr0.5，QZr0.4，QTi0.5	700～850	420～480	30～40

退火温度主要依工件的合金成分、组织状态、尺寸及热处理要求而定。其中，合金成分变化会影响相图中的临界转变温度，是退火温度选择时首先要考虑的。工件的组织状态与热处理要求相结合，决定了退火温度是取上限还是取下限。此外，工件的尺寸和装炉量也是实际生产中需考虑的因素。对于实际铜

合金产品的退火温度，需要通过工艺试验来确定，选择既能够达到性能要求，又能够得到比较高的成品率的退火温度。

退火时间最重要的影响因素是退火温度，当退火温度较高时，退火时间通常要短一些。另外，还要考虑工件的尺寸和装炉量，以工件能够热透和达到特定的要求为目的。一般地讲，铜合金工件尺寸越大，装炉量越大，所需要的退火时间越长。

冷却方式选择的依据是退火的目的和要求。对于铜合金退火后的冷却，可以采用炉冷、空冷、风冷或水冷等方式。如果空冷能够满足要求，优先选择空冷的方法，例如，铜合金的成品退火多选择空冷。

退火升温速率的选择，主要需考虑铜合金工件的性质、形状、尺寸及状态等。对于形状复杂的铜合金工件，升温过快，容易在工件内部产生比较大的热应力，造成工件翘曲、变形或开裂，此时需要升温慢一些。当工件尺寸比较大，或者装炉量比较大时，热透需要较长的时间，为防止过烧，升温速率可以慢一些，或者可以采用分段升温的方法，即先将温度升高到较低温度，保温一段时间，等整个工件内部温度均匀以后，再继续升温至退火温度。此外，考虑到生产效率，在允许快速升温时，应选择较高的升温速率。

9.3.3.2　铜合金的固溶-时效

固溶-时效是时效强化型铜合金（如 7025 和 C194 合金）主要的热处理方式[234]。时效强化型铜合金具有强度高、导电性好的特点，在高速铁路接触线、高压电器开关等领域有重要的应用[235]。固溶和时效处理分别对应于淬火和回火。对于固溶，固溶温度、固溶时间和冷却速度是最重要的参数。固溶温度依铜合金中共晶体的温度和固溶线的温度而定，选择的温度应高于固溶线并低于共晶体的熔点。固溶时间以强化相能够完全溶解为宜。冷却速度根据铜合金的成分和工件的尺寸、形状而定，既不能过快，以避免应力过大而变形开裂；又不能过慢，否则无法达到良好的固溶效果。此外，固溶的加热速度要考虑工件的尺寸、形状和装炉量，要热透，而且不能产生过大的应力，同时还受到炉子实际升温速率的限制。淬火转移时间要短，避免实际淬火温度过低。对于时效处理，时效温度和时效时间是最重要的参数。时效处理以能够在铜基体中析出均匀分布的第二相粒子为宜，时效温度主要和工件的合金成分有关，而时效时间主要取决于时效温度，通常在一定温度范围内，"高温短时间"和"低温长时间"可达到类似的效果。表 9-21 为部分铜合金固溶-时效的热处理工艺。

表 9-21　部分铜合金固溶-时效的热处理工艺[232-234,236,237]

合金牌号	固溶（淬火）			时效（回火）	
	加热温度/℃	保温时间/min	冷却介质	加热温度/℃	保温时间/min
QBe2	700～800	15～30	水	300～350	120～150
QCr0.5	920～1000	15～60		400～450	120～180
QZr0.2	900～920	15～30		420～440	120～150
QTi7.10	850	30～60		400～450	120～180
BAl6-1.5	890～910	120～180		495～505	90～120
Cu-Ni-Si	950	60		450	240
Cu-Al-Fe-Be	950	120		350	120
Cu-Al-Fe-Ni	950	120		450	120
C194	850	60		500	210

9.3.3.3　铜合金热处理炉内气氛控制

铜合金比较容易和氧、硫等气氛发生反应，因此热处理时，炉内气氛的选择与控制对于铜合金的产品质量十分关键。对于铜合金，根据热处理时的介质、气氛情况，可分为普通热处理、保护气氛热处理和真空热处理，下面分别加以说明。

（1）普通热处理

普通热处理是最经济、最常用的一种热处理方式。根据加热方式，普通热处理包括电加热、煤气加热等。以采用煤气为燃料的加热炉为例。当炉内空气过剩时，燃烧充分，炉内含氧量较高，为氧化性气氛。当炉内空气不足时，燃料燃烧不充分，形成较多的 CO 和 CO_2，为还原性气氛。当炉内空气的量合适时，为中性气氛。因此，可以通过控制炉内空气的量来控制炉内气氛。

普通热处理时，炉内气氛的选择主要根据铜合金的成分和工件的技术要求而定。通常，由于铜氧化会影响工件表面品质，造成烧损大、部分低熔点成分（如 Sn、Zn 等）挥发等，常采用中性气氛或还原性气氛。当某些铜合金在热处理时易发生吸氢、渗硫等，为防止氢脆等发生，可选用微氧化气氛。现在，普通热处理炉常采用电加热的方式，此时要控制炉内气氛，则需要采用保护性气氛热处理的方法。

（2）保护性气氛热处理

保护性气氛热处理对热处理炉的要求是密封性比较好，同时也要求具有可以生产价格合理的保护性气体的条件。所选用的保护性气体需要满足以下要求：首先，能够对铜合金热处理起到氧化防护等作用；其次，不与铜合金发生反应，且不会对热处理炉造成腐蚀；最后，供应稳定，价格合理。

与前述采用控制燃烧的方法产生保护性气氛不同，现在常用的保护性气氛退火则采用提高炉体的密封性，并通入保护性气体的方法。所通入的保护性气体具有成分可控、纯度高的特点，防护效果好，可以有效地提高热处理后铜合金的表面质量。例如，电感应加热连续退火炉，将保护性气氛热处理用于在线连续退火，在提高产品质量的同时，大大提高了生产效率。

保护性气体的常用制造方法见表 9-22。当保护性气氛采用多种气体组成的混合气时，不同气体之间的比例十分重要。如氮气与氢气的比例，首先氢气存在爆炸极限（4.0%～75.6%），配比时需要考虑安全问题；其次，氢气的热导率比氮气高，可以提高热传导速率，有利于提高铜合金热处理组织的均匀性。如黄铜适合采用加氢保护热处理。此外，气氛保护热处理时，通过强风对流，可将铜合金表面的润滑剂等挥发性物质带走，有利于表面质量的提高。

表 9-22 保护性气体的制造方法[233]

方法	具体内容
氨分解气体法	液氨汽化后进入填充有镍触媒剂的裂化器内，在 750～850℃下，裂化生成氨和氢，经净化除水除残氨后送入炉内。这种保护性气体适用于黄铜的退火。按计算 1kg 氨可生成 1.97m³ 的氢和 0.66m³ 的氮
氨分解气体燃烧净化	如果需要降低氨的比例，可烧掉部分氢，在燃烧过程中增加氮
氨分解气体加入氮气（空气分离法或液氮汽化）	经净化后送入炉内，可根据需要得到不同比例的氢氮混合保护性气体
瓶装氮氢	用量较少时，可用瓶装氮和瓶装氢作为保护性气体
煤气燃烧法	一般含 96% 的氮和小于 4% 的一氧化碳和氢，需净化后使用
纯氮，空气分离法制氮	一般纯度可达 99.9%。碳分子筛变压吸附空分制氮新工艺，采用了无油压缩机，氮中含氧小于 5×10⁻⁶，露点为 −65℃。这对于含氧量较高的纯铜、锡磷青铜的退火是最适宜的

（3）真空热处理

热处理时，将铜合金工件周围的空气抽成真空的热处理方式为真空热处理。根据加热元件在热处理炉内与炉胆的相对位置，可以分为外热式真空炉和内热式真空炉。外热式真空炉的加热元件在炉胆外部，具有结构简单、装料方便等优点，但是升温速率慢，对炉胆材料的要求高。内热式真空炉的加热元件在炉胆内部，具有升温快、对炉胆材料要求低等优点，但是具有炉子结构比较复杂、降温慢等缺点。根据抽真空后炉内气体的含量，又可分为低真空和高真空炉。真空热处理可以最大限度地降低空气等气体对铜合金热处理的影响。通常，需要边抽真空边加热，等加热结束后，温度降至 100℃ 以下，再撤去真空。由于真空的导热性差，影响热处理效率低，逐渐被保护性气氛热处理所替代或者与之相结合。较为常用的方法是将真空抽好以后，充入与铜合金不发生反应的惰性气体（如氩气等），同时保持一定的负压，并进行加热处理。

9.3.3.4 铜合金用热处理炉

热处理炉是进行铜合金热处理的关键装备，选用合适的热处理炉对于生产合格的产品、降低生产成本、提高生产效率十分重要。对于常见的热处理要求，可从现有的热处理炉中选择，对于特殊的热处理要求，则需要定制热处理炉。热处理炉选用的首要原则是满足热处理工艺要求、可以实现预想的功能、达到预期的效果；其次是温度控制精确度满足使用要求，要便于操作；最后要考虑经济、环保、自动化、数据采集等要求。下面对铜合金的热处理炉进行简单介绍。

（1）普通铜及铜合金热处理炉

铜合金的种类多，产品包括板、带、棒、管、丝、线、箔等产品，而且同一类铜合金又有多种规格。为满足实际生产需求，同时考虑到生产效率、生产成本，需选用不同类型的热处理炉。按照热处理炉的结构，可分为箱式炉、车底式炉、步进炉、井式炉、辊底式炉、立式淬火炉、卧式淬火炉、链式炉、气垫炉、钟罩炉、罩式炉、单膛推料炉、双膛推料炉等。按照加热源，可分为煤气炉、电阻炉、感应炉等。按照炉内气氛，可分为常规退火炉、保护性气氛退火炉和真空退火炉等。各种热处理炉的主要技术性能及性能比较如表 9-23、表 9-24 所示。

表 9-23 热处理炉的主要技术性能[232,233]

名称	产品类型	最高温度/℃	炉膛尺寸/mm			燃料		燃耗/(m³/t)	装料量/t	生产率/(t/h)	炉内介质
			高	宽	长	类型	功率/kW				
箱式炉	带卷	—	900	1300	6700	煤气			3	—	
	板材	950	5000	1800	11000	电	350	—	4~5	—	
车底式炉	板材	850	835	1400	4500	电	250			1.3	
		900	1100	2470	4400	煤气		400	10	2	
		950	835	1400	4500	煤气				1.5	

续表

名称	产品类型	最高温度/℃	炉膛尺寸/mm			燃料		燃耗/(m³/t)	装料量/t	生产率/(t/h)	炉内介质
			高	宽	长	类型	功率/kW				
矩形罩式炉	板材	900	1100	1160	3250	煤气	—	200	10	2	
		800	—	—	—	电	375	—	4	1	
钟罩式炉	卷材	900	—	—	—	电	135	—	—		分解氨/氨气
井式炉	卷材	850	1900	φ960	—	电	144	—	0.3-1	0.35	
		650	—	—	31750	电	85	—	0.3		
双腔推料炉	卷材	700	1245	1430	9700	电	640	—	60	4.5	
			600	1000	9950	电	280			3~1.5	
单腔推料炉	卷材	700	1060	1050	10000	电	620	—	19	1.5	分解氨/氨气
步进炉	板材	1250	1550	3600		电	—	800	50	5	
辊底式炉	卷材	650	—	—	—	煤气	—	20	—	5	
		580	—	—	6700	甲烷		135	—	2	
		600	533	2048	4850	煤气	450	—	—	1	
链式炉	卷材	700	1050	1200	10000	电	280	—	4	0.75~1	
		460	700	750		电	280		10		
立式牵引炉	卷材	700	—	—	—	电	180		8	0.75	
立式淬火炉	铍青铜带	850	800	600	500	电	90				分解氨
卧式淬火炉	铍青铜带	950	270	330		电	160			0.25	分解氨
井式真空炉	卷材	900	1070	800		电	100			0.12~0.18	真空

表 9-24　各种热处理炉对比[232,233]

内容	钟罩炉	罩式炉	单、双腔推料炉	真空炉
退火卷重/t	4.5~7.5	20	单 1、双 2	2
热源	电	煤气	电	电
温度均匀性/℃	±5	±10	±15	±10

续表

内容	钟罩炉	罩式炉	单、双膛推料炉	真空炉
表面品质	光洁	氧化脱锌严重	氧化脱锌较严重	氧化脱锌较轻
热效率/%	>55	20	32	11
传热方式	对流	对流	对流	辐射
装料方式	卷垛	板垛	单卷	小卷垛
炉衬材料	陶瓷材料	耐火砖	耐火砖	耐火砖
密封性能	好	差	较好	较好
保护性气体	$N_2+25\%H_2$	无	N_2	N_2
循环情况	强循环	无	有	无
控制水平	单板机自动控制	人工	人工	人工
投资	中等	较大	较大	中
适用性	大中小企业	中小企业	中小企业	中小企业
整体水平	一般	落后	落后	较先进

（2）常用的铜合金热处理炉

随着铜合金产品要求的提高和生产技术的进步，铜合金的热处理向着高效率、自动化、清洁无污染等方向发展。热处理炉的发展方向包括：改进设计，提高热利用效率；提高热处理速度，实现快速热处理，如快速退火炉，提高生产效率；在保护性气氛热处理过程中，加快循环与通风，提高加热温度的均匀性，提升产品质量一致性；与其他工序组合，形成自动化生产线；提高数据采集和利用能力，利用大数据技术发现和控制热处理质量缺陷，提升产品质量、提高成品率等。下面以铜板带材生产中常用的气垫式退火炉为例来说明。

气垫式退火炉是连续热处理的新技术，当带材通过炉子时，上下表面被均匀喷射的高温气流托起悬浮在热处理炉中，上下喷气相距80mm，被托浮的带材达到无接触。在气垫炉的工作过程中，铜带材一边漂浮、一边前进，在漂浮的过程中与热空气进行热交换，完成加热过程[238]。表9-25为国内外主要企业的气垫炉装备。

表 9-25　国内外各企业的气垫炉装备[238]

公司	生产品种及技术指标	时间及产能
Novelis 铝业公司	汽车铝合金薄板盖板件车身翼板、顶板、门板	2013 年投产 200kt/a
	汽车板、罐料带卷	
	汽车板、罐料、PS板基铝箔带坯等	2013 年达 1000kt/a

续表

公司	生产品种及技术指标	时间及产能
美国 Alcoa 铝业公司	汽车铝合金板带,厚 0.2mm～280mm 宽≤5400mm	2013 年完成
Aleris 国际公司	铝合金薄板带,汽车、航空航天、交通运输与国防兵器工业 80m/min	2003 年 80kt/a,2011 年改建 2013 年投产,300k/a
	汽车铝板带	2011 年 1 月达成合作协议
Hydro 铝业公司	商用汽车铝板,0.7～12mm,涂层线速度 100m/min,退火线速度 30m/min,厚 0.7～3mm,宽 900～2130mm	涂层线 2003 年,30kt/a,退火线 2008 年,40kt/a
力拓加铝日本三公司	ABS 板,连续退火、表面处理生产线汽车铝合金薄板	2009 年改造而成 50kt/a
西南铝业(集团)有限责任公司	航空航天板、汽车板厚 0.8～6mm,宽 1000～2500mm,速度 25m/min	2009 年 12 月,16kt/a
广西南南铝加工有限公司	汽车板、航空航天板,厚 0.2～3.5mm,宽 1200～2650mm,速度 100m/min	2015 年,55kt/a
南山铝业	汽车板厚 0.3～3mm,宽 1000～2300mm,速度 60m/min	2015 年
天津忠旺	宽 1060～2650mm	2016 年
爱励	宽 1060～2650mm,厚 0.3～4mm,速度 100m/min	2016 年

　　气垫炉常用于铜带材的退火热处理,由于具有连续工作的特点,又称为气垫式连续退火炉。目前,铜带材的生产中,采用气垫炉可以实现单独退火,也可以实现在线退火。在气垫式连续退火生产线中,将清洗、表面处理等工序与退火结合起来,能够不间断地进行退火热处理,可实现板带材高质量、高效率生产。与钟罩式退火炉相比,气垫式退火炉具有退火时间短的特点,可实现快速退火,特别适用于带材。带材通常厚度比较薄,若采用气垫式退火炉,仅需要几秒(薄带)到数十秒(厚带)即可完成退火。

　　若有比较高的要求,可在气垫炉的首尾段分别设立开卷和卷取装置,而且不同卷之间可以焊接起来,可实现 24h 不间断生产。具体结构上,气垫炉由开卷、焊接(将相邻两卷铜带连接起来)、脱脂、炉体、酸洗(去除表面氧化物)、剪切、卷取等部分组成,铜带材经过气垫炉以后就完成了整卷的热处理,而且由于存在酸洗等工序，带材表面质量比较好。其中控制辊和活套塔用于调控铜带的张力，铜带材在热处理过程中处于微张力状态，热处理之后的残余应力比较小。在气垫式退火炉中，退火温度由炉体的加热功率控制，通常是多段加热，有多个热电偶进行测温，并控制均温区，以确保铜带材在炉体内部移动过程中温度的一致性。退火时间由炉体的长度和带材的传送速度决定，炉体长度是固定的，带材传送速度越快，退火时间越短。如需保护性气氛，可将保护性气体，如氢气和氮气混合气，充入炉体内。退火后，铜带的表面质量和均匀性得到了很好的控制。表 9-26 列出了连续退火炉与气垫式退火炉技术参数的对比。

表 9-26　连续退火炉与气垫式退火炉技术参数对比[232,233]

项目	连续退火炉	气垫式退火炉
退火带材规格($H \times B$)/(mm×mm)	(0.15～1.6)×(200～640)	(0.1～1.5)×(500～1050)
带卷内径/外径/mm	$\phi500/\phi820$	$\phi500/\phi1300$
炉内最高温度/℃	800	750±5
带材最高温度/℃	700±5	700±5
带材出冷却室温度/℃	80～100	70～80
带材退火时间/min	2～10	4～50
加热区额定功率/kW	160	600
最大生产能力/(t/h)	1.0	4.7
活套塔补偿长度		
炉前/m	15.2	60
炉后/m	10.0	60

9.4　钛及钛合金的热处理

钛及钛合金是十分重要的新型结构材料，在航空航天、造船、化工、冶金、医疗等领域有重要而广泛的应用[239]。航空航天、海洋工程等领域的快速发展，对材料的服役性能提出了更高的要求，推动了钛合金材料及技术的快速进步。

钛及钛合金具有比强度高、耐热性好、抗蚀性优良等优点[240]。钛的密度（4.5g/cm³）是铝的 1.7 倍，但仅为铁的 60%，由于强度比较高，其比强度比铝和铁都高。钛及钛合金在比较宽的温度范围内均具有优异的性能，耐热性优于铝合金，某些钛合金耐温达到 500℃以上。此外，钛合金在大气及海洋环境中具有很好的耐蚀性，适用于制造舰艇等关键装备。钛合金的弹性模量约为铁的一半，弹性好，适用于制作高尔夫球头等产品。而且，钛合金的生物相容性好，可用于制造植入人体的医疗器件等，在生物医学领域有非常重要的应用。然而，钛及钛合金具有导热性差、耐磨性差，易受氢、氧等污染等缺点，选用时需注意。

　　地壳中，钛的丰度为 0.6%，居金属材料第四位，仅次于铝、铁和镁。另外，我国是世界上钛储量最丰富的国家，钛储量占世界探明储量的 80% 以上。

9.4.1　纯钛及其热处理

　　钛在元素周期表中属于 IV_B 族元素，原子序数为 22，相对原子质量为 47.9。钛在高温下化学活性非常大，强烈地与卤素、氧、硫、碳、氮及其他元素发生反应。钛与氟在室温下即可发生反应，与氯在 350℃、与溴在 360℃、与碘在 400℃ 发生反应。氢、氮、氧和碳与钛相互作用后会大大改变合金的性质。钛易吸氢引起氢脆，一般要求氢含量小于 0.015%～0.02%。在低温和不太高的温度下，钛在空气中具有很高的耐蚀稳定性。加热到 600℃ 时钛被氧氮化膜所覆盖。在低温下氧通过氧化膜的扩散速度非常小，所以它可以很好地保护金属不被破坏。钛在水中，包括在海水中有很高的抗蚀性。钛在各种浓度的硝酸中都很稳定，在大多数有机酸和化合物中抗蚀性也很高。氢氟酸对钛有强烈的腐蚀作用。钛腐蚀性能突出特点是不发生局部腐蚀和晶间腐蚀，一般皆为均匀腐蚀。

　　虽然工业纯钛中所含的杂质含量比高纯钛中要高，但是，其退火后仍为单相 α 组织，它仍属于 α 合金。根据杂质含量的不同，工业纯钛可以分为三个等级：TA1，TA2 和 TA3。其中 TA 表示 α 型钛合金，数字表示合金的序号，序号越大，钛的纯度越低。随着杂质含量的增多，钛合金强度升高，塑性降低。

　　对于工业纯钛，不能采用热处理强化，只能采用冷变形强化。纯钛的热处理多采用再结晶退火和去应力退火，退火温度分别为 540～700℃ 和 450～600℃，退火后常采用空冷。

9.4.2　钛合金简介

　　钛合金是钛和其他金属（如 Al、V 等）组成的合金，从 20 世纪 50 年代发展起来，最初主要针对航空发动机的应用发展了高温钛合金以及结构钛合金，20 世纪 70 年代开发出一批耐蚀钛合金，20 世纪 80 年代以来耐蚀钛合金和高强钛合金得到了进一步发展，主要用于制作飞机发动机的压气机部件、火箭、导弹和高速飞机的结构件，以及舰船等的壳体。

第一个实用的钛合金是 Ti-6Al-4V 合金，由于它的耐热性、强度、塑性、韧性、成形性、可焊性、耐蚀性和生物相容性均较好，成为钛合金工业中的王牌合金，该合金使用量已占全部钛合金的 75%～85%。在 Ti-6Al-4V 的基础上，发展了一系列钛合金，如 Ti-6Al-4V-10Nb[241]、Ti-6Al-4V-0.5Ni-0.05Ru[242] 等，其他许多钛合金都可以看作是 Ti-6Al-4V 合金的改型。

钛是同素异构体，熔点为 1668℃，在低于 882.5℃时呈密排六方晶格结构，称为 α 钛；在 882.5℃以上呈体心立方晶格结构，称为 β 钛。在钛中添加不同的合金元素，由于合金元素对 α 相和 β 相的稳定化作用不同，经过相应的处理后，可以得到具有不同相组成的基体组织。按照基体组织的不同，钛合金可以分为 α 钛合金、β 钛合金、α-β 钛合金，牌号上分别对应于 TA、TB、TC。

（1）α 钛合金

α 钛合金的组织为 α 单相，实际上是其他合金元素在 Ti 中的固溶体。该类合金的抗氧化性强，高温强度和抗蠕变性能好，耐磨性优于纯钛。热处理对该类合金的强化效果不明显。而且其热稳定好，可以应用于 500～600℃。此外，α 钛合金在低温时有良好的韧性，可以在超低温下应用。

（2）β 钛合金

β 钛合金的组织为 β 单相，实际上是合金元素在 β 相中的固溶体。室温下有很高的强度，但高温下不稳定。经过淬火和时效处理后，强度可以达到 1600MPa。β 钛合金中含有 Mo、Cr、V 等 β 相稳定化元素，采用正火或淬火工艺可以将 β 相保留到室温，属于亚稳态，主要在 350℃以下应用。

（3）α-β 钛合金

α-β 钛合金由 α 相和 β 相两相组成，为双相钛合金。该类合金组织稳定，塑韧性及高温变形性好。经过淬火和时效处理后，强度可以大幅度提高。热稳定性明显优于 β 钛合金，但比 α 钛合金略差一些，可长时间应用于 400～500℃。Ti-6Al-4V 就属于这一类钛合金，应用十分广泛。

三种钛合金中最常用的是 α 钛合金和 α-β 钛合金；α 钛合金的切削加工性最好，α-β 钛合金次之，β 钛合金最差。

除了按照基体组织的分类方法之外，钛合金还可以按照用途进行分类，可以分为高强钛合金、耐热钛合金、耐蚀钛合金、低温钛合金、特殊功能钛合金（包括 Ti-Fe 储氢合金和 Ti-Ni 形状记忆合金）等。

9.4.3　钛合金的热处理

对于钛合金，其通过调整热处理工艺可以获得不同的相组成和组织，进而具有不同的性能。α 相、β 相及 α—β 双相的相组成各有特点，组织常见等轴组织、针状组织和混合组织等。通常，具有等轴组织的钛合金塑性、疲劳强度和热稳定性好；而具有针状组织的钛合金的断裂韧性、持久强度和蠕变强度好；具有混合组织的钛合金的性能介于两者之间。常用的热处理方法有：退火、固溶和时效处理、形变热处理、化学热处理等。

（1）退火

钛合金的退火包括去应力退火、再结晶退火、等温退火、双重退火和真空退火等。其中，去应力退火的目的是消除钛合金在铸造、变形加工等过程中产生的内应力，起到稳定组织和减小变形的作用。去应力退火的温度通常选在相变点以下 100～200℃，退火时间由工件应力状态和尺寸等决定。

再结晶退火的温度应高于该合金的再结晶温度通常为熔点的 35%～45%，退火保温时间依工件的尺寸和组织状态而定。

工业钛合金的去应力退火和再结晶退火热处理工艺见表 9-27。

表 9-27　工业钛合金的去应力退火和再结晶退火热处理工艺[210]

合金成分	α-β/β 转变温度/℃	再结晶温度/℃		去应力退火温度/℃	再结晶退火	
		开始	终了		温度/℃	冷却方式
工业纯钛	885～949	580	700	430～540	670～700	空冷
Ti-5Al	1000～1025	750	850	550～600	800～850	空冷
Ti-5Al-2.5Sn	1000～1025	750	900	550～650	800～850	空冷
Ti-5Al-2.5Sn-3Cu-1.5Zr	950～980			550～650	750～800	
Ti-2Cu	890～930				680～800	空冷
Ti-2Al-1.5Mn	910～950	720	840	520～560	740～760	空冷
Ti-3.5Al-1.5Mn	920～960	760	860	545～585	740～760	空冷
Ti-2.25Al-11Sn-5Zr-1Mo-0.25Si	930～960			480～510	900+500	空冷（双重退火）
Ti-5Al-4V	950～990	700	850	600～650	750～800	空冷

合金成分	α-β/β 转变温度/℃	再结晶温度/℃		去应力退火温度/℃	再结晶退火	
		开始	终了		温度/℃	冷却方式
Ti-6Al-4V	980~1010	700	850	600~650	700~800, 940+680	空冷（双重退火）
Ti-6Al-2.5Mo-2Cr-0.5Fe-0.3Si	960~1000	780	900	530~620	(820~870)+(600~650)	双重冷却
Ti-3Al-7Mo-11Cr	750~800	500	770	550~650	790~800	

等温退火常用于 α-β 型钛合金的热处理。钛合金的等温退火指的是首先将钛合金加热到较高温度（通常高于再结晶温度），然后冷却到 β 相具有高稳定性的某一温度（通常低于再结晶温度），保温一段时间，空冷。例如，第一阶段先将钛合金加热到 900℃，然后冷却到 600℃，保温 2h，从炉子中取出空冷。等温退火处理比简单退火处理后钛合金的热稳定性更高、持久强度更好、塑性更好。

双重退火与等温退火不同，它是两次退火。首先将钛合金加热到较高温度（通常高于再结晶温度），保温一段时间后，冷却到室温，完成第一次退火；然后再将钛合金加热到较低温度（通常低于再结晶温度），保温一段时间后，冷却到室温，完成第二次退火。该工艺能够使合金更接近于平衡状态，有利于钛合金组织和性能在长期服役时的稳定，适用于耐热钛合金。工业钛合金的等温退火及双重退火热处理工艺如表 9-28 所示。

表 9-28　工业钛合金等温退火及双重退火热处理工艺[210]

合金牌号	等温退火			双重退火		
	第一阶段温度/℃	第二阶段温度/℃	第二阶段持续时间/h	第一阶段温度/℃	第二阶段温度/℃	第二阶段持续时间/h
BT3-1	870~920	600~650	2	870~920	550~600	2~5
BT8	920~950	570~600	1	920~950	570~600	1
BT9	950~980	530~580	2~12	950~980	530~580	2~12
BT14	790~810	640~660	0.5	—	—	—
BT18	—	—	—	900~980	550~650	2~8

真空退火可以有效地防止氧化和污染，也是消除钛合金氢脆的主要手段之一。钛合金的真空退火有利于合金中氢的逸出，可以降低钛合金表层的含氢量，因此能消除氢脆。此外，由于真空退火比较清洁，工件的表面质量好，残

余应力较小；氧化少，力学性能优良。相对于其他退火方式，真空退火的温度要适当低一些，以避免钛合金表层元素挥发过快。退火时间主要依钛合金工件的尺寸而定，随着工件厚度的增加，退火时间需要相应延长。

真空退火时，由于真空中热传导速度慢，冷却速度通常较低，可以避免工件内部应力过大造成翘曲、变形或开裂。如需要，可以向炉内通入冷的 He 气或 Ar 气以提高冷却速度。一般地讲，可以在温度降低到 250℃ 以下后通入空气，在钛合金工件表面形成一层氧化膜。这层氧化膜可以对钛合金工件表面起防护作用，阻碍钛合金受环境中气体的作用，以提高服役过程中钛合金组织和性能的稳定性。

（2）固溶和时效处理

钛合金进行固溶和时效处理的目的是通过时效强化方法提高其强度。固溶和时效处理主要适用于 α-β 钛合金和含有少量 α 相的亚稳 β 钛合金。对这两类钛合金，固溶时，将钛合金加热到较高温度下，保温过程中，合金元素可以溶入 α 相和 β 相中，快速冷却后可以得到过饱和的 α 固溶体和亚稳定的 β 相。时效处理过程中，在中等温度下，亚稳相发生分解，在钛合金基体上析出弥散分布的第二相质点，从而达到强化合金的目的。

第一阶段：固溶。对于 α-β 钛合金，固溶温度主要根据相图而定，由于两相钛合金的临界转变温度较高，通常选在 α-β 相到 β 相转变点以下 40～100℃，即两相区的上部范围，并非选择 β 单相区，以避免加热温度过高使晶粒过度长大，导致钛合金韧性降低。β 钛合金中含有大量 β 相稳定元素，临界温度较低，此时固溶温度常选在 α-β 相到 β 相转变点以上 40～80℃ 进行。固溶时间依固溶温度、工件的尺寸和成分而定。通常，固溶温度较高时，固溶时间可以稍微短一些；工件的尺寸越大，合金化程度越高，所需要的固溶时间越长。冷却方式可根据钛合金的成分、尺寸和形状，选择水冷或空冷。

第二阶段，时效处理。时效温度和时效时间的选择主要根据钛合金的成分和预期达到的处理效果。钛合金常用的时效温度范围为 425～500℃。钛合金实际生产过程中，可以选择更高的时效温度，如 500～550℃，此时虽然可能已经发生了过时效，但是钛合金的塑性更好。时效时间主要根据合金成分来选择，对于亚稳相分解较快的合金成分（如 α-β 钛合金），时效时间短一些；对于亚稳相分解较慢的合金成分（如 β 钛合金），时效时间长一些，常用 1～24h。选择不同的时效温度和时效时间，可以得到不同的强度和塑性组合。实际生产工艺的确定，需要通过工艺试验（或者通过查手册，并结合设备实际情况），绘制出时效温度和时效时间与强度和塑性的关系曲线，根据钛合金工件热处理对于强度和塑性的要求，选择相应的时效温度和时效时间。

对于某些具有特殊性能需求的钛合金，需要复杂的热处理制度。例如，BT22 钛合金，退火状态下强度高达 1080MPa，强化以后强度可达 1300MPa，截面淬透厚度可达 250mm，主要用于大型锻件和大型整体锻件，适合制造高负载承力结构件，如飞机起落架扭力臂和支架、350～400℃下长期工作的机身、机翼受力件及操作系统等的紧固件[243]。B22 合金属于近 β 型钛合金，其名义成分为 Ti-5Al-5Mo-5V-1Cr-1Fe。其热处理包括：在 820～850℃加热 1～3h，随炉冷至 740～760℃，在此温度下保温 1～3h，在空气中冷却；之后于 550～650℃加热 2～6h，在空气中冷却。此热处理工艺包括三个阶段：等温退火、淬火和时效处理。第一阶段为等温退火，即 820～850℃保温后，降温到 740～760℃，其目的是消除加工硬化；第二阶段为淬火，即 740～760℃保温 1～3h 后的空冷，此阶段合金元素固溶入 β 相中，起稳定 β 相的作用，其目的是得到亚稳的 β 相；第三个阶段为时效处理，即 550～650℃的高温时效处理，其目的是析出强化相。时效温度的高低根据工件所需要的强度和塑性而定。

钛合金的形变热处理是将塑性变形和热处理结合起来的一种处理方法，是形变强化与相变强化的结合[244]。通过形变热处理，可以起到细化组织等组织调控的作用，进而提升钛合金的力学性能等使用性能。例如，TA15 钛合金，在 850～1050℃进行形变热处理，可以碎化组织中的初生 α 相，随后对形变热处理后的试样进行 930℃/1h/空冷＋915℃/1h/空冷＋530℃/6h/空冷处理以后，原来条状初生 α 相发生球化，抗拉强度明显提高[245]。

钛合金的化学热处理，包括渗碳、渗氮、碳氮共渗等，可以在钛合金表面形成一层致密的保护层，产生压应力，有利提高钛合金的表面强度、硬度、断裂韧性、耐蚀性等性能[97,103,107,246,247]。

参考文献

[1] 王先逵.机械加工工艺手册:单行本.第一卷.工艺基础卷.材料及热处理 [M].3版.北京:机械工业出版社, 2008.

[2] 王忠诚,齐宝森.典型零件热处理工艺与规范(上) [M].北京:化学工业出版社, 2017.

[3] 李豪.稀土镁合金动态再结晶动力学研究 [D].重庆:西南大学, 2019.

[4] 朱达川,陈家钊,李宁,等.锂对工业纯铜再结晶温度的影响 [J].稀有金属材料与工程,2001, 30 (2):157-159.

[5] 周年润,陈康华,方华婵.复合添加 Zr、 Cr 和 La 对铝再结晶温度的提高作用 [J].粉末冶金材料科学与工程,2008,13 (4):208-213.

[6] 贺晓燕,周世平,王健,等.Cu 对 AgCe 合金机械性能及再结晶温度的影响 [J].贵金属,2008, 29 (2):11-14.

[7] 胡赓祥,蔡珣,戎咏华.材料科学基础 [M].3版.上海:上海交通大学出版社,2010.

[8] 夏立芳.金属热处理工艺学 [M].哈尔滨:哈尔滨工业大学出版社,1986.

[9] 肖凯.铸态 AZ31 镁合金热压缩过程中的再结晶行为 [J].材料工程,2012,40 (2):9-12.

[10] 杨续跃,孙争艳.强变形 AZ31 镁合金的静态再结晶 [J].中国有色金属学报,2009,19 (8):1366-1371.

[11] 段晓鸽,江海涛,刘继雄,等.工业纯钛 TA2 冷轧板再结晶过程的研究 [J].稀有金属,2012,36 (3):353-356.

[12] BALACHANDRAN S, KUMAR S, BANERJEE D. On recrystallization of the α and β phases in titanium alloys [J]. Acta Materialia,2017,131:423-434.

[13] LUO J, XIONG W, LI X, et al. Investigation on high-temperature stress relaxation behavior of Ti-6Al-4V sheet [J]. Materials Science and Engineering:A,2019,743:755-763.

[14] SEMIATIN S L, BIELER T R. The effect of alpha platelet thickness on plastic flow during hot working of TI－6Al－4V with a transformed microstructure [J]. Acta Materialia,2001,49 (17):3565-3573.

[15] 敬凤婷,陈荣春,张迎晖,等.稀土钇对 B10 白铜合金静态再结晶行为的影响 [J].机械工程材料,2021,45 (6):39-45.

[16] 冷金凤,任丙辉,周庆波,等.Sc 和 Zr 对 7075 铝合金再结晶行为的影响(英文) [J].中国有色金属学报(英文版),2021,31 (9):2545-2557.

[17] 谢誉璐.微量 Ca 对 AZ31 镁合金热变形行为及动态再结晶行为的影响 [D].重庆:重庆大学,2020.

[18] 石娇,王宇,杨志勇,等.均匀化退火对 6005A 铝合金组织及性能的影响 [J].热处理技术与装备,2021,42 (3):13-15.

[19] 刘金炎,阙石生,邓桢桢,等.均匀化退火工艺对 AA8014 铝合金组织的影响 [J].轻合金加工技术,2021,49 (7):22-27,41.

[20] 史晓明,王春霞,韦乾欢,等.均匀化退火对 7050 铝合金微观组织和腐蚀性能的影响 [J].特种

铸造及有色合金，2021，41（9）：1119-1123.

[21] 王智祥，袁孚胜，王建，等.均匀化退火工艺对 Cu-Si-Ni 合金组织和性能的影响 [J].特种铸造及有色合金，2010，30（3）：203-206.

[22] 宋成猛，彭建，刘天模.AZ10 镁合金均匀化退火工艺研究 [J].材料导报，2007，21（z2）：382-384.

[23] 吴桂潮，许晓静，王彬，等.完全退火态 40Cr 钢 ECAP 加工后的拉伸性能 [J].热加工工艺，2010，39（17）：16-17，20.

[24] 韩明轩，刘丝嘉.完全退火态和固溶淬火态 2219 铝合金板材成形极限分析 [J].化工管理，2018（13）：173-174.

[25] 张海仑.冷轧 304 奥氏体不锈钢不完全退火工艺研究 [D].沈阳：东北大学，2012.

[26] 袁士春，张艳，王天斌，等.GCr15 球化退火材料表层片状珠光体的成因及危害 [J].轴承，2021（3）：62-66.

[27] 史啸峰，柳萍，李波，等.中碳碳素结构钢 S55C 的球化退火工艺 [J].金属热处理，2021，46（5）：193-195.

[28] 李晓晓.冷轧带钢退火粘结缺陷影响因素的研究及控制措施分析 [J].中国金属通报，2021（9）：199-200.

[29] 曾云，张越，李博鹏，等.正火预处理对调质 26CrMoV 钢 ϕ195mm 棒材横向－20℃冲击功的改善 [J].特殊钢，2021，42（5）：75-77.

[30] 周国安，马宏昊，沈兆武，等.正火处理对 Cu/Al 爆炸焊接板显微结构及力学性能的影响 [J].焊接学报，2019，40（6）：46-51.

[31] 徐国建，柳晋，陈冬卅，等.正火温度对电弧增材制造 Ti-6Al-4V 组织与性能的影响 [J].焊接学报，2020，41（1）：39-43.

[32] 崔辰硕，高秀华，苏冠侨，等.正火对高 Cr 马氏体耐热钢组织和性能的影响 [J].东北大学学报（自然科学版），2018，39（1）：40-44.

[33] 周建强，陈伟栋，朱协彬，等.正火温度对球墨铸铁的组织与力学性能的影响 [J].安徽工程大学学报，2021，36（4）：12-16.

[34] 刘雄义.钢轨气压焊焊后正火处理工艺的探讨 [J].铁道标准设计，2006，50（5）：8-10.

[35] 陈乃录，潘健生，廖波.用冷却曲线估测动态条件下淬火油的淬火烈度 [J].金属热处理，2002，27（12）：46-48.

[36] 丁盛，马良，许仁伟，等.硝盐浴淬火烈度的计算及分析 [J].金属热处理，2016，41（4）：133-136.

[37] 淬火油的淬火烈度分类 [J].金属热处理，2002，27（2）：48-52.

[38] 王忠诚，王东.热处理常见缺陷分析与对策 [M].2 版.北京：化学工业出版社，2012.

[39] 朱成林，高秀华，王明明，等.淬火温度对 12Cr14Ni2 不锈结构钢组织及力学性能的影响 [J].东北大学学报（自然科学版），2021，42（6）：781-788.

[40] 张艳，王振旭，徐豫，等.淬火温度对 40Cr13 塑料模具钢耐腐蚀性能的影响 [J].机械工程材料，2021，45（1）：80-84.

[41] 马文高.淬火温度对铬钼马氏体耐磨钢组织和力学性能的影响 [J].上海金属，2021，43（4）：38-43.

［42］ 赵喜伟,安俊涛.淬火温度对超高强海工钢屈强比的影响［J］.宽厚板,2021,27（3）：41-43.

［43］ 郭晓光,唐殿福.缩短淬火保温时间可行性的研究［J］.沈阳大学学报,2004,16（2）：38-41.

［44］ 刘勇,冯媛媛,刘鑫,等.淬火保温时间对35CrMo钢调质性能的影响［J］.石油和化工设备,2021,24（5）：50-52.

［45］ 宋之敏,黄婉霞,刘民治.淬火保温时间对Cu-Zn-Al合金形状记忆效应的影响［J］.金属热处理,2003,28（11）：28-31.

［46］ 王锦永,曹洪波,齐希伦,等.淬火冷却速度对L80-13Cr厚壁钢管组织性能的影响［J］.钢管,2020,49（1）：61-64.

［47］ 吴占文,符寒光,李鹏军,等.淬火冷却速度对ZG30Si2Mn3B组织和性能的影响［J］.铸造技术,2006,27（11）：1169-1172.

［48］ 谢学林,杨钢,傅骏,等.淬火冷却速度对耐热钢1Cr12Ni3Mo2VN组织和性能的影响［J］.特殊钢,2010,31（1）：57-59.

［49］ 侯豁然,刘清友,孙新军,等.淬火冷却速度对碳素钢显微组织的影响［J］.钢铁,2004,39（1）：44-46,71.

［50］ 莫易敏,杨君健,王玥琦,等.装炉方式对等高齿热处理畸变一致性的影响研究［J］.机械传动,2019,43（6）：106-111.

［51］ 曹芬,黄根良.齿轮的热处理畸变与控制［J］.金属热处理,2002,27（11）：51-53.

［52］ 刘卫华.车轮感应淬火开裂分析及改善［J］.金属加工（热加工）,2021（2）：95-97.

［53］ 谭砚,左永平.浅谈20CrMo钢液压缸渗碳淬火硬度不足问题［J］.金属加工（热加工）,2022（1）：72-74.

［54］ 孙炳超,郑美珠.20钢轴套淬火软点的消除［J］.热处理技术与装备,2017,38（5）：36-39.

［55］ 李永梅,王思涛,邬晓颖,等.装甲车辆端联器淬火软点原因分析［J］.新技术新工艺,2017（8）：77-79.

［56］ 李付伟.轴承滚子盐浴淬火软点原因分析［J］.热处理技术与装备,2020,41（1）：49-52.

［57］ 刘福定,陈坤平.输出轴淬火软点软带的成因与解决方法［J］.理化检验（物理分册）,2012,48（12）：812-813,817.

［58］ 陆洪波,林爱云.大轧辊淬火上端软带超宽、脱肩问题的探讨［J］.江苏冶金,2005,33（2）：15-16.

［59］ 张度宝,李成涛,方可伟,等.回火温度对42CrMo4高强钢力学性能及应力腐蚀敏感性的影响［J］.材料导报,2021,35（16）：16133-16137.

［60］ 高彩茹,屈兵兵,田余东,等.回火温度对在线淬火Q690q桥梁钢显微组织和力学性能的影响［J］.东北大学学报（自然科学版）,2021,42（7）：927-932,946.

［61］ 陈杰,李建,张昕,等.回火温度对NdCeFeB烧结磁体微观结构及磁性能的影响［J］.磁性材料及器件,2021,52（3）：20-24.

［62］ 陈建超,郭龙鑫,郑磊,等.回火时间对Q420qENH钢板拉伸性能和组织的影响［J］.四川冶金,2021,43（5）：37-40.

［63］ 张庆素,冯伟,胡晓波,等.回火时间对SA738Gr.B钢埋弧焊熔敷金属组织与性能的影响［J］.机械制造文摘（焊接分册）,2021（4）：5-8.

［64］ 刘立县,王东阳,王建国,等.回火时间对07MnNiMoDR钢板组织和性能的影响［J］.宽厚板,

2019，25（4）：15-16.

[65] 蔡志鹏,王梁,潘际銮,等.回火冷却速度对贝氏体焊缝韧性的影响［J］.清华大学学报（自然科学版），2015，55（10）：1045-1050.

[66] 梁雁斌.回火冷却速度对E550钢焊接接头低温冲击性能的影响［J］.中国战略新兴产业，2018（22）：181-182.

[67] 张占平,齐育红,DELAGNS,等.钢的回火时间-温度-硬度动力学关系［J］.材料热处理学报，2004，25（1）：41-45.

[68] 刘士峰.钢的晶界马氏体形成与低温回火脆性［D］.天津：河北工业大学，2009.

[69] 许倩倩.表面热处理工艺对钩舌疲劳性能影响研究［D］.北京：北京交通大学，2016.

[70] CAO XQ，YU DP，XIAO M，et al. Design and characteristics of a laminar plasma torch for materials processing［J］. Plasma Chemistry and Plasma Processing，2016，36（2）：693-710.

[71] 董斌,杜影,唐海山,等.45号钢齿轮表面淬火影响因素和质量控制［J］.起重运输机械，2021（22）：35-39.

[72] 柳会,尚德广,刘小冬,等.激光表面热处理下Cu薄膜的疲劳性能［J］.北京工业大学学报，2012，38（5）：695-699.

[73] 余德平,张斌,宋文杰,等.钢轨钢的层流等离子体束表面淬火过程仿真模型［J］.工程科学与技术，2021，53（6）：185-193.

[74] 齐晓华.感应加热器在金属零件表面淬火中的应用研究［D］.成都：西南交通大学，2010.

[75] 郝倍锋.感应加热表面淬火的组织特点及缺陷分析［J］.科技风，2015（24）：106.

[76] 胡连平,毕彦梅.滚轮表面淬火缺陷分析及工艺改进［C］//2015第六届先进节能热处理技术与装备研讨会论文集.北京：金属加工（热加工），2015：95-96.

[77] 顾剑锋,李沛,钟庆东.物理气相沉积在耐腐蚀涂层中的应用［J］.材料导报，2016，30（9）：75-80.

[78] 王连红,刘崇,樊菁,等.沉积温度对电子束物理气相沉积制备YBCO薄膜性能与结构的影响［C］中国力学学会办公室.中国力学大会——2013论文摘要集.西安：西安交通大学出版社2013：288-288.

[79] 曲帅杰,郭朝乾,代明江,等.物理气相沉积中等离子体参数表征的研究进展［J］.表面技术，2021，50（10）：140-146，185.

[80] 高丽华,冀晓鹃,侯伟骜,等.等离子物理气相沉积准柱状结构YSZ涂层的制备及抗热震性能［J］.材料导报，2019，33（12）：1963-1968.

[81] 李美姮,张重远,孙晓峰,等.电子束物理气相沉积热障涂层的高温氧化行为［J］.金属学报，2002，38（9）：989-993.

[82] 张传鑫,宋广平,孙跃,等.电子束物理气相沉积技术研究进展［J］.材料导报，2012，26（z1）：124-126，146.

[83] 曹永泽.强磁场下物理气相沉积Fe-Ni纳米晶薄膜微观结构演化及其对磁性能的影响［D］.沈阳：东北大学，2013.

[84] 王铄,王文辉,吕俊鹏,等.化学气相沉积法制备大面积二维材料薄膜:方法与机制［J］.物理学报，2021，70（2）：121-134.

[85] 殷腾,蒋炳炎,苏哲安,等.载气对化学气相沉积中气体流场、反应物与热解炭沉积率影响的仿真

研究 [J]. 新型炭材料，2018，33（4）：357-363.

[86] 由甲川，赵雷，刁宏伟，等. 沉积温度对等离子体化学气相沉积制备硅氧薄膜微结构的影响 [J]. 人工晶体学报，2021，50（3）：509-515.

[87] 廖春景，董绍明，靳喜海，等. 沉积温度及热处理对低压化学气相沉积氮化硅涂层的影响 [J]. 无机材料学报，2019，34（11）：1231-1237.

[88] 杨树敏，贺周同，朱德彰，等. 压力对热丝化学气相沉积的 CH4/H2/Ar 气氛中的纳米金刚石薄膜生长的影响 [J]. 功能材料与器件学报，2009，15（4）：399-403.

[89] 于盛旺，黑鸿君，胡浩林，等. 不同压力下硬质合金表面微波等离子体化学气相沉积 SiC 涂层规律性的研究 [J]. 人工晶体学报，2011，40（4）：876-881.

[90] 魏乃光，蒋立朋，李冬旭，等. 化学气相沉积法制备 ZnSe 多晶材料的缺陷研究 [J]. 人工晶体学报，2020，49（1）：152-157.

[91] 李昆强，乔玉琴，刘宣勇. 钛表面铜离子注入对细菌和细胞行为的影响 [J]. 无机材料学报，2020，35（2）：158-164.

[92] 郑立，钱仕，刘宣勇. 氮离子注入诱导 TiO$_2$ 涂层在可见光下的抗菌能力 [J]. 中国有色金属学报（英文版），2020，30（1）：171-180.

[93] 陈钰焓，赵子强，赵云彪，等. 碳离子注入辅助在 6H-SiC 表面制备石墨烯 [J]. 北京大学学报（自然科学版），2021，57（3）：407-413.

[94] 孙勇，王迪平，陈洪，等. 离子注入机金属铝离子源的气源的优选 [J]. 电子工艺技术，2021，42（3）：147-149，169.

[95] 彭德全，白新德，周庆刚，等. 钼离子注入对纯锆耐蚀性的影响 [J]. 稀有金属材料与工程，2004，33（6）：589-593.

[96] 柯海鹏，欧雪雯，柯少颖. He 离子注入对 Ge 中缺陷行为的影响研究 [J]. 人工晶体学报，2020，49（12）：2244-2251.

[97] 庄唯，王耀勉，杨换平，等. 钛合金渗碳处理研究进展 [J]. 材料导报，2020，34（z2）：1344-1347，1355.

[98] 唐殿福，卯石刚. 钢的化学热处理 [M]. 沈阳：辽宁科学技术出版社，2009.

[99] 于兴福，王士杰，赵文增，等. 渗碳轴承钢的热处理现状 [J]. 轴承，2021（11）：1-9.

[100] 姜霞霞，贾涛，王会，等. 航空轴承钢渗碳热处理组织演变行为研究 [J]. 东北大学学报（自然科学版），2021，42（12）：1701-1708.

[101] 张柱柱，陈跃良，姚念奎，等. 冲击载荷作用下 38CrMoAl 渗氮钢损伤机理和耐腐蚀性能 [J]. 航空学报，2021，42（5）：194-205.

[102] 黄嘉豪，史文. 55 钢的离子渗氮 [J]. 上海金属，2019，41（6）：34-38.

[103] 李文生，张文斌，武彦荣，等. TC4 钛合金不同气源激光渗氮行为 [J]. 中国有色金属学报，2020，30（4）：817-828.

[104] 慕芷涵，陈炜. 3.5NiCrMoV 钢的离子渗氮 [J]. 热处理，2020，35（6）：46-48.

[105] 陈尧，纪庆新，魏坤霞，等. 不同渗氮温度下 38CrMoAl 钢低氮氢比无白亮层离子渗氮 [J]. 中国表面工程，2018，31（2）：23-28.

[106] 郭健，陆建明. 真空脉冲渗氮研究 [J]. 真空，2002（6）：32-34.

[107] 杨闯，刘静，马亚芹，等. 不同压力对 TC4 钛合金真空脉冲渗氮的影响 [J]. 表面技术，2015，

44 (8)：76-80，114.

[108] 张云江. 固体渗氮剂：201210532782.4 [P]. 2012-12-12.

[109] 张文昊. 35CrMo钢进行不同阶段渗氮研究 [J]. 中国科技纵横，2015 (23).

[110] 毛汀，吴贵阳，李珊，等. 盐浴渗氮对P110钢耐硫腐蚀性能的影响 [J]. 石油与天然气化工，2020，49 (6)：76-81.

[111] 吴娇琦，丁百全，房鼎业. 纳米TiO_2的流化床渗氮反应 [J]. 华东理工大学学报（自然科学版），2005，31 (5)：575-579.

[112] 程正翠，尚乃霖，练学兵. 电解气相离子催化渗氮新工艺 [J]. 热处理，2006，21 (2)：54-55，68.

[113] 吕铁铮. 碳氮共渗初探 [J]. 机电信息，2021 (8)：61-62.

[114] 游平平，赵明鹏. 12Cr2Ni4A钢主动齿轮两次碳氮共渗工艺研究 [J]. 热处理技术与装备，2021，42 (2)：26-29.

[115] 卢锐，柯文敏，张朝铭，等. 薄壁零件碳氮共渗淬火质量控制研究 [J]. 金属加工（热加工），2021 (3)：69-71.

[116] 李立群，王广超. 12CrNi3A钢零件的碳氮共渗 [J]. 热处理，2019，34 (3)：34-37.

[117] 欧阳德来，胡圣伟，陶成，等. Ti-6Al-2Zr-1Mo-1V合金TiB2/TiB渗硼层实验和模拟（英文）[J]. 中国有色金属学报（英文版），2021，31 (12)：3752-3761.

[118] 衣晓红，樊占国，张景垒，等. TC4钛合金的固体渗硼 [J]. 稀有金属材料与工程，2010，39 (9)：1631-1635.

[119] 黄波，孙勇，段永华，等. 纯钛的熔盐渗硼 [J]. 材料科学与工程学报，2016，34 (1)：105-108，172.

[120] N. MAKUCH. 硅化镍对镍硅合金表面气体渗硼层硬度、弹性模量和断裂韧性的影响（英文）[J]. 中国有色金属学报（英文版），2021，31 (3)：764-778.

[121] 赵晓博. 低温固体粉末渗铬机理的研究 [D]. 济南：山东大学，2011.

[122] 马朝平，胡建军，刘妤. 材料表面渗金属技术的研究进展 [J]. 重庆理工大学学报（自然科学），2016，30 (10)：65-70.

[123] 李安敏，胡武，王海超，等. Al-5Ti-B-RE细化剂对热浸渗铝层的组织与性能的影响 [J]. 广西大学学报（自然科学版），2013，38 (5)：1239-1244.

[124] 门昕皓. 共渗工艺的研究应用及进展 [J]. 内燃机与配件，2019 (24)：91-92.

[125] YOU Y，YAN JH，YAN MF. Atomistic diffusion mechanism of rare earth carburizing/nitriding on iron-based alloy [J]. Applied Surface Science，2019484：710-715.

[126] YAN M F，LIU Z R. Study on microstructure and microhardness in surface layer of 20CrMnTi steel carburised at 880℃ with and without RE [J]. Materials Chemistry and Physics，2001，72 (1)：97-100.

[127] YUAN Z X，YU Z S，TAN P，et al. Effect of rare earths on the carburization of steel [J]. Materials Science and Engineering：A，1999，267 (1)：162-166.

[128] DRAGOMIR D，COJOCARU M，DRUGA L，et al. Influence of rare earth metals on carburizing kinetics of 21NiCrMo2 Steel [J]. Advanced Materials Research，2015，1114：206-213.

[129] 赵文军，刘国强，蔡红，等. 20Cr2Ni4A齿轮钢稀土渗碳工艺研究 [J]. 铸造，2018，67 (9)：

831-835.

[130] 桂伟民,刘义,张晓田,等.稀土元素对中碳钢组织、力学性能和渗氮的影响 [J].材料研究学报,2021,35(1):72-80.

[131] 钟厉,门昕皓,周富佳,等.38CrMoAl钢喷丸预处理与稀土催渗等离子多元共渗复合工艺研究 [J].表面技术,2020,49(3):162-170.

[132] 何炫,屈银虎,成小乐,等.稀土钒共渗工艺对工件尺寸精度的影响 [J].西安工程大学学报,2020,34(5):68-74.

[133] 潘诗良,薄鑫涛,毛强标,等.高性能机械零部件的复合热处理 [J].热处理,2019,34(2):1-6.

[134] 张亮,李茂军,司乃潮.复合热处理对7075铝合金组织和力学性能的影响 [J].有色金属工程,2019,9(9):93-98.

[135] 胡月娣,沈介国.节能高效渗碳复合热处理工艺 [J].金属热处理,2010,35(11):76-78.

[136] 杨敬东.40Cr蜗杆的复合热处理 [J].机械工程师,2004(5):46-47.

[137] 何志平.45钢的离子渗氮——激光复合热处理 [J].金属热处理,1990,15(5):12-16.

[138] 李映婵,陈东风,祖勇,等.焊后热处理对16MND5钢焊接组织结构与残余应力的影响 [J].原子能科学技术,2021,55(10):1850-1856.

[139] 廖柯熹,姚安林,张淮鑫.天然气管线失效故障树分析 [J].天然气工业,2001,21(2):94-96,2.

[140] 王忠诚,齐宝森.典型零件热处理工艺与规范(下) [M].北京:化学工业出版社,2017.

[141] 文九巴.金属材料学 [M].北京:机械工业出版社,2011.

[142] 勇泰芳.高档数控机床主轴轴承国产化技术路线 [C]//中国轴承工业协会,国家大型轴承技术研究中心.2016上海国际轴承峰会论文集.北京:中国轴承工业协会,2016:203-212.

[143] 宋亚龙.考虑失效相关的机床主轴可靠性评估及优化设计 [D].兰州:兰州理工大学,2020.

[144] 田国富,于海峰.再制造机床主轴的剩余寿命预估 [J].机械制造,2017,55(9):56-59.

[145] 邓小雷,林欢,王建臣,等.机床主轴热设计研究综述 [J].光学精密工程,2018,26(6):1415-1429.

[146] 王文奎.精密机床主轴的选材及其热处理工艺 [J].金属热处理,2002,27(11):42-43.

[147] 毛羽,代艳霞,严瑞强.数控机床主轴金属材料热处理工艺中的误差与技术研究 [J].中国金属通报,2018(6):112-113.

[148] 唐仁奎,廖丽.CA6132主轴选材与加工工艺及热处理设计 [J].科学咨询(科技·管理),2013(7):83.

[149] 刘泽亚,杨小军.38CrMoAl钢的开发性试验研究 [J].热处理,2021,36(1):17-21.

[150] 杨刚.渗氮工艺对机床主轴用38CrMoAl钢性能的影响 [J].铸造技术,2014,35(7):1450-1452.

[151] 胡守瑶,路明辉,金红兵.38CrMoAl钢生产工艺的改进 [J].江苏冶金,2008,36(4):71-72.

[152] 管敏超.38CrMoAl锁轴气体渗氮密集式装炉的应用 [J].金属加工(热加工),2018(11):58-60.

[153] 李继成,董天春,赵军,等.B/FL413F柴油机曲轴材料替代的试验研究 [J].车用发动机,2004

（2）：46-48.

[154] 陈爱军,商治.6L240 型柴油机曲轴材料选用分析 [J].内燃机车,2004（7）：10-12,53.

[155] 刘建华,丁锋,季斌.大功率内燃机曲轴材料及热处理趋势 [J].内燃机与配件,2013（2）：22-24.

[156] 张伟华,杨军,隆孝军.Q12V240ZL D 燃气机曲轴材料选择与分析 [J].柴油机,2011,33（2）：47-49,53.

[157] 张淑梅.R425 DOHC 型柴油机曲轴材料优化选择试验 [J].大众汽车,2014（1）：71-72.

[158] 付建平.正火温度对 QT500-7 球墨铸铁硬度的影响 [J].金属加工（热加工）,2020（8）：79-81.

[159] 李艳红.汽车半轴杆部裂纹分析 [J].冶金与材料,2020,40（1）：111,113.

[160] 何智慧,郭洪飞,刘霞,等.半轴断裂失效分析 [J].信息记录材料,2019,20（5）：62-63.

[161] 吴德刚,赵利平,郑喜平.感应淬火对汽车半轴疲劳寿命的影响 [J].热加工工艺,2017,46（14）：194-196.

[162] 钟翔山,钟礼耀.半轴的表面淬火 [J].工程机械,2006,37（11）：66-68,115.

[163] 张雷雷,张晓云.凸轮轴感应热处理时工艺参数的选取 [J].金属加工（热加工）,2021（9）：22-24.

[164] 杨超林,缪志桥,黄云飞,等.发动机凸轮轴断裂失效分析和预防 [J].内燃机与配件,2021（8）：117-118.

[165] 谢洪来.冷激合金球墨铸铁及凸轮轴铸造方法：94118311.4 [P].1994-11-24.

[166] 谢帅.高铁车轴用 34CrNiMo6 钢的热处理工艺研究 [J].中国设备工程,2020（22）：14-15.

[167] 蔡红,叶俭,王丽莲,等.高铁车轴用 34CrNiMo6 钢的热处理工艺 [J].金属热处理,2012,37（4）：95-98.

[168] 马佳明,叶俭,王丽莲.高铁车轴用结构钢的热处理和力学性能 [J].热处理,2012,27（2）：63-65.

[169] 陈翠凤,魏晓光,赵兴华,等.球墨铸铁齿轮断齿的原因分析及防止措施 [J].现代铸铁,2021,41（2）：13-16.

[170] 陈言俊,梁如国,刘健,等.铌贝氏体球墨铸铁齿轮的铸造技术 [J].铸造,2004,53（5）：399-402.

[171] 付梦.机械齿轮材料选择及设计优化 [J].内燃机与配件,2021（7）：30-31.

[172] 明兴祖,金磊,肖勇波,等.齿轮材料 20CrMnTi 的飞秒激光烧蚀特征 [J].光子学报,2020（12）：73-82.

[173] 邱荣春,陈葵,文毅,等.航空齿轮材料 16Cr3NiWMoVNbE 二次叠加渗碳热处理工艺研究 [J].机械传动,2020,44（8）：165-170.

[174] 文超,庄军,金海宁,等.我国轨道交通齿轮材料及热处理技术的发展现状与趋势 [J].失效分析与预防,2021,16（5）：339-346.

[175] 文超,董雯,刘忠伟,等.渗碳合金钢及其制备方法和应用：201410297447.X [P].2014-06-26.

[176] 叶永生,李明珠,张丽娟.碳素工具钢和低合金工具钢中碳化物微细化热处理工艺 [J].金属加工（热加工）,2016（7）：13-13,14.

[177] 刘志奇 . T10A 碳素工具钢的热处理工艺技术分析 [J] . 煤矿机械，2005，26（9）：77-78.

[178] 程赫明，谢建斌，李建云 . 9SiCr 合金刃具钢在不同介质淬火后性能比较 [J] . 航空材料学报，2004，24（4）：14-17.

[179] 寇元哲 . 模具钢 CrWMn 碳化物偏析的热处理工艺研究 [J] . 模具技术，2017（2）：60-63.

[180] USTINOVSHIKOV Y，PUSHKAREV B，IGUMNOV I. Fe-rich portion of the Fe-Cr phase diagram：Electron microscopy study [J] . Journal of Materials Science，2002，37（10）：2031-2042.

[181] AL-MANGOUR B. Powder metallurgy of stainless steel：State-of-the art，challenges，and development [M] . 2015：37-80.

[182] 余存烨 . 现代铁素体不锈钢应用综述 [J] . 石油化工腐蚀与防护，2010，27（4）：1-3，7.

[183] 严道聪，王贞应，马振宇，等 . 退火温度对铁素体不锈钢 Y0Cr17SiS 组织和性能的影响 [J] . 特殊钢，2021，42（4）：78-80.

[184] 赵庆宇，秦焱，万焱 . 激光焊接 1Cr17 铁素体不锈钢温度场数值模拟 [J] . 宽厚板，2021，27（3）：37-40.

[185] 国家能源局 . 压水堆核电厂用不锈钢 第 46 部分：蒸汽发生器用 06Cr13Al 不锈钢板：NB/T 20007.46—2017 [S] . 北京：原子能出版社，2017.

[186] 王官涛，周永浪，赵卓，等 . 添加 Si 对马氏体不锈钢淬火-配分组织和性能的影响 [J] . 材料工程，2021，49（8）：97-103.

[187] 党杰 . 20Cr13 马氏体不锈钢表面粗糙分析及改进 [J] . 工业加热，2021，50（3）：57-60.

[188] 徐斌，李鸿亮，王雪林，等 . 30Cr13 马氏体不锈钢连铸坯的实验研究 [J] . 甘肃冶金，2021，43（2）：53-56.

[189] 曹龙韬，龚兰芳，陈智江 . 304 奥氏体不锈钢管焊接接头开裂原因 [J] . 理化检验（物理分册），2021，57（5）：76-79.

[190] 纪开盛，宋广胜，宋鸿武，等 . 304 不锈钢固溶处理过程中的退火孪晶机制（英文）[J] . 中南大学学报（英文版），2021，28（7）：1978-1989.

[191] 王松涛，杨柯，单以银，等 . 高氮奥氏体不锈钢与 316L 不锈钢的冷变形行为研究 [J] . 金属学报，2007，43（2）：171-176.

[192] 何耀宇，杨吉春，张文怀，等 . 增氮降镍对 12Cr18Ni9 奥氏体不锈钢耐晶间腐蚀性能的影响 [J] . 内蒙古科技大学学报，2016，35（2）：107-109.

[193] 乔亚杰，程孝成 . 06Cr19Ni10 不锈钢关节轴承断裂分析 [J] . 理化检验（物理分册），2012，48（11）：762-765，769.

[194] 范吉明 . 06Cr19Ni10 奥氏体不锈钢球罐的焊接 [J] . 企业技术开发，2014，33（20）：86-87，131.

[195] 程华旸，赵艳丽，邓话，等 . 热处理和冷作硬化对不锈钢力学性能的影响 [J] . 科技视界，2019（22）：5-7.

[196] 陈国辉 . 沉淀硬化不锈钢 PH15-7Mo 热处理工艺研究 [D] . 广州：华南理工大学，2008.

[197] 张世杰 . Fe-Cr 系耐热合金组织与性能研究 [D] . 天津：河北工业大学，2014.

[198] 刘宇，侯利锋 . 10Cr17 铁素体热交换器用无缝钢管的试制 [J] . 山西冶金，2017，40（4）：15-17.

[199] 王燕飞，孙洪忠 . 屏过中 12Cr1MoVG 与 16Cr23Ni13 的焊接工艺 [J] . 现代制造技术与装备，

2011 (4)：52，56.

[200] 刘焕龙,孙玉强,张胜涛,等.奥氏体不锈钢 2Cr25Ni20 铸态组织下的碳化物固溶温度研究 [J].河南冶金，2019，27 (4)：17-19，45.

[201] 周光明.06Cr25Ni20 不锈钢表面氧化层去除方法的研究与应用 [J].山西冶金，2021，44 (3)：47-49.

[202] 陆月娇.TiC 强化珠光体热强钢的高温性能研究 [D].南京：东南大学，2011.

[203] 高为国,董丽君,胡凤兰,等.35CrMo 钢大型叶轮的热处理工艺研究 [J].湖南工程学院学报 (自然科学版)，2009，19 (4)：23-26.

[204] 丁宏莉,王立民,张秀丽.回火和时效对 1Cr12Ni2WMoVNbN 马氏体热强钢组织与性能的影响 [J].热加工工艺，2010，39 (14)：166-168，170.

[205] 李丹,曾明,廖慧敏,等.一种马氏体耐热钢：201810473092.3 [P].2018-05-17.

[206] 曹冬梅,李海东.灰铸铁的力学性能提升及热处理研究 [J].机械工程师，2014 (10)：82-83.

[207] 史淑,张连宝.灰铸铁激光表面热处理中碳的扩散 [J].北京工业大学学报，2000，26 (1)：50-52.

[208] 潘连明,杨志刚,陈琳,等.内燃机车用球墨铸铁活塞的热处理工艺研究 [J].轨道交通装备与技术，2021 (1)：62-64.

[209] 李佐锋.等温淬火球墨铸铁的热处理及应用 [J].农业装备与车辆工程，2007，45 (6)：11-13.

[210] 王群骄.有色金属热处理技术 [M].北京:化学工业出版社，2008.

[211] 王祝堂.话说高纯铝 (二) [J].金属世界，2004 (4)：36-37，53.

[212] 侯晓霞,赵岩.稀土铈变质对 ZL102 合金铸态力学性能的影响 [J].热加工工艺，2016，45 (13)：111-112，116.

[213] 赵岩,侯晓霞.提高温度对 ZL102 锶变质效果的影响 [J].热加工工艺，2016，45 (3)：96-97，106.

[214] 马自力.新型 Al-Sr-RE 复合细化变质剂及其在 ZL 102 合金中的作用 [J].稀有金属，2001，25 (1)：60-63.

[215] 邓朝飞,安宁.热处理对铸造 ZL102 合金组织和性能的影响 [J].热加工工艺，2011，40 (24)：216-217，227.

[216] 赵爱彬,张莹莹,王运玲.退火温度对 ZL102 组织和性能的影响 [J].热加工工艺，2009，38 (24)：138-139，142.

[217] 张硕,陈元筠,原超.ZL101A 铝合金铸造-热处理一体化工艺 [J].铸造，2019，68 (5)：501-507.

[218] 于洋,石新泰.铸铝 ZL301 合金热处理性能试验研究 [J].中国机械，2014 (15)：121.

[219] 李明,程丛高,李敏伟.退火温度对 LF6M 铝合金组织及其阳极氧化膜微观结构的影响 [J].表面技术，2010，39 (6)：33-35，86.

[220] 王想生,赵彬,冯震宙.硬铝合金 2A12 的蠕变损伤行为及分析 [J].航空材料学报，2008，28 (5)：103-106.

[221] 王兴国,吴文林,陈正林,等.LY12 硬铝合金损伤缺陷的空气耦合超声检测 [J].中国机械工程，2017，28 (21)：2582-2587.

[222] 贺永东,张新明,曹志强.微量 Cr、 Mn、 Zr、 Ti、 B 元素对铸态 AlZnMgCu 合金的晶粒细化效果的影响（英文）[J].稀有金属材料与工程,2010,39（7）:1135-1140.

[223] 贺永东,张新明,游江海.复合添加微量铬、锰、钛、锆对 Al-Zn-Mg-Cu 合金组织与性能的影响[J].中国有色金属学报,2005,15（12）:1917-1924.

[224] 郭鹏.新型超高强 Mg-Gd-Y-Zn-Zr 合金的成分设计及热处理工艺优化[D].哈尔滨:哈尔滨工业大学,2018.

[225] 倪培君,王猛,乔日东,等.变形镁合金缺陷及其无损检测研究进展[J].兵器装备工程学报,2020,41（7）:158-163.

[226] 冯义成,吴义邦,王雷,等.双级时效热处理 ZM5 合金的显微组织和力学性能[J].特种铸造及有色合金,2021,41（2）:138-141.

[227] 车波,卢立伟,吴木义,等.预时效对变形镁合金组织与力学性能的影响[J].材料导报,2021,35（21）:21249-21258.

[228] 张修庆,刘玉玲.退火工艺对交叉轧制 MB1 镁合金组织及性能的影响[J].上海航天,2019,36（2）:90-95.

[229] 宋金涛,刘海涛,宋克兴,等.稀土铈与磷相互作用对纯铜晶粒尺寸和导电性能的影响[J].材料导报,2021,35（z2）:329-332.

[230] 林茜,谢普初,胡建波,等.不同晶粒度高纯铜层裂损伤演化的有限元模拟[J].物理学报,2021,70（20）:107-115.

[231] 宝磊,王翮,乐启炽,等.挤压温度对高纯铜组织演变规律的影响[J].沈阳工业大学学报,2020,42（4）:402-406.

[232] 郭凯旋.铜和铜合金牌号与金相图谱速用速查及金相检验技术创新应用指导手册[M].北京:知识出版社,2005.

[233] 张毅,陈小红,田保红.铜及铜合金冶炼、加工与应用[M].北京:化学工业出版社,2017.

[234] 李冬梅,韩敬宇,董闯.高硬导电 Cu-Ni-Si 系铜合金强化相成分设计[J].物理学报,2019,68（19）:195-208.

[235] 雷静果,刘平,井晓天,等.高速铁路接触线用时效强化铜合金的发展[J].金属热处理,2005,30（3）:1-5.

[236] 张锦志,王有超,米国发.固溶时效对新型 Cu-Al-Fe 系铝青铜合金机械性能的影响[Z].河南省机械工程学会,河南省铸造学会,河南省铸锻工业协会.2011 河南省铸锻工业年会论文集.2011:148-154.

[237] 蔡薇,柳瑞清,谢水生,等.固溶时效工艺对 C194 合金性能的影响[J].热加工工艺,2006,35（1）:32-33,36.

[238] 侯帅,花福安,白梅娟,等.气垫炉漂浮技术研究综述[J].轻合金加工技术,2018,46（5）:6-14.

[239] 郝芳,辛社伟,毛友川,等.钛合金在装甲领域的应用综述[J].材料导报,2020,34（z1）:293-296,327.

[240] 牛文娟,邱贵宝,白晨光.高性能钛合金低成本制备方法综述[J].材料导报,2007,21（z2）:335-337.

[241] 孙红,余黎明,刘永长,等.热处理过程对 Ti-6Al-4V-10Nb 合金显微组织和拉伸性能的影响（英

文）[J]．中国有色金属学报（英文版），2019，29（1）：59-66.

[242] 刘强，赵密锋，祝国川，等．热处理对石油管材用 Ti-6Al-4V-0.5Ni-0.05Ru 钛合金组织和性能的影响 [J]．稀有金属材料与工程，2021，50（7）：2557-2567.

[243] 罗雷，毛小南，杨冠军，等．BT22 钛合金简介 [J]．热加工工艺，2009，38（14）：14-16.

[244] 王晓晨，郭鸿镇，王涛，等．热处理对 β 相区形变热处理 TC21 钛合金锻件组织性能的影响 [J]．航空材料学报，2012，32（1）：1-5.

[245] 朱景川，王洋，尤逢海，等．TA15 钛合金的形变热处理 [J]．材料热处理学报，2007，28（z1）：106-109.

[246] 李海斌，崔振铎，李朝阳，等．化学热处理改善 Ti-6Al-4V 钛合金耐空蚀性能的研究 [J]．功能材料，2014，45（7）：7148-7152.

[247] 向庆，姜雪婷，赵丹，等．碳氮复合渗处理温度对 TA2 钛合金组织结构及耐蚀性的影响 [J]．贵州师范大学学报（自然科学版），2021，39（5）：87-91.